三北工程建设水资源承载力与林草资源优化配置研究

《三北工程建设水资源承载力与林草资源优化配置研究》项目组

U0302615

科学出版社

北京

内 容 简 介

三北工程区大部分区域地处干旱半干旱区，水资源稀缺，如何根据水资源承载力科学布局和实施三北工程区林草植被建设成为亟待解决的科学问题。本书从不同空间尺度，系统分析三北工程区水资源承载能力现状及变化趋势，确定基于水资源约束的林草植被理论分布格局，提出不同空间尺度乔灌草水平衡的林草资源配置方案。

本书可供从事林业、生态建设、生态恢复以及地理学、环境科学和遥感应用等领域的科研、教学、工程技术、管理人员，大专院校、研究院所的研究生和本科生参考。

审图号：GS 京（2022）0340 号

图书在版编目（CIP）数据

三北工程建设水资源承载力与林草资源优化配置研究 /《三北工程建设水资源承载力与林草资源优化配置研究》项目组著 . —北京：科学出版社，2022.7

ISBN 978-7-03-072722-0

Ⅰ . ①三… Ⅱ . ①三… Ⅲ . ①三北地区–防护林带–水资源–承载力–研究 ②三北地区–防护林带–林业资源–资源配置–研究 ③三北地区–防护林带–草原资源–资源配置–研究 Ⅳ . ①S727.2

中国版本图书馆 CIP 数据核字（2022）第 120818 号

责任编辑：李晓娟／责任校对：樊雅琼
责任印制：吴兆东／封面设计：陈　敬

科 学 出 版 社 出版
北京东黄城根北街 16 号
邮政编码：100717
http://www.sciencep.com

北京建宏印刷有限公司 印刷

科学出版社发行　各地新华书店经销

*

2022 年 7 月第 一 版　开本：787×1092　1/16
2022 年 7 月第一次印刷　印张：16 1/2
字数：500 000

定价：218.00 元
（如有印装质量问题，我社负责调换）

《三北工程建设水资源承载力与林草资源优化配置研究》项目组

领导小组

　组　长　彭有冬

　副组长　张　炜　　郝育军　　冯德乾

　成　员　孙国吉　　李　冰　　刘世荣　　吴宏伟　　赵千钧

专家指导委员会

　组　长　郑　度

　副组长　李文华　　蒋有绪

　成　员　周成虎　　夏　军　　张守攻　　尹伟伦　　安黎哲　　朱教君

课题组

　组　长　谢高地

　副组长　卢　琦　　刘　冰　　厉建祝　　肖　玉

　成　员　(按姓氏音序排列)

　　　　　包　军　　包岩峰　　曹晓明　　陈政昊　　程中双　　崔桂鹏

　　　　　樊迪柯　　盖力强　　高　森　　胡建军　　纪　平　　焦　钰

　　　　　李晓松　　李　兴　　李亦秋　　刘婧雅　　刘庆新　　刘煊孜

　　　　　鲁春霞　　秦克玉　　宋红竹　　苏　晨　　孙传昊　　孙尚伟

　　　　　王　锋　　王鸿猛　　王洋洋　　魏永新　　县培东　　辛咏恒

　　　　　徐超璇　　徐　洁　　许俊安　　张彩霞　　张昌顺　　张景波

　　　　　张云敏　　赵　瑛　　郑昭贤

前　　言

　　三北防护林体系建设工程（以下简称三北工程）是同我国改革开放一起实施的重大生态工程，是生态文明建设的一个重要标志性工程。工程建设范围包括我国西北、华北北部及东北西部的 13 个省（自治区、直辖市）和新疆生产建设兵团，总面积达 449.28 万 km²，约占我国陆地总面积的 46.7%。经过 40 多年的持续建设，工程建设取得巨大生态、经济、社会效益，成为全球生态治理的成功典范。但由于三北工程区大部分区域地处我国干旱半干旱区，干旱少雨是区域显著的气候特征。因此，从推进三北工程建设可持续发展的长远考虑，统筹造林种草的实际需要和区域水资源承载力，开展科学绿化，合理配置林草植被，建设绿水平衡的林草生态系统，实现该区域生态、经济和社会可持续发展成为亟待研究解决的科学问题。

　　为准确掌握三北工程区水资源时空分布、水资源承载力、生态用水潜力等，科学布局和实施三北工程建设，2019~2020 年，国家林业和草原局委托中国科学院地理科学与资源研究所领衔启动了"三北工程建设水资源承载力与林草资源优化配置"研究项目，成立了项目研究领导小组和专家指导委员会，组建了由多方参加的项目组。项目研究历时两年多，分别从三北工程区、典型重点工程区、重点县 3 个空间尺度上开展研究工作，采取野外调查、遥感监测、数据统计等方法，基本摸清了三北工程区水资源时空分布现状，研究提出了基于主要依靠自然降水优化配置三北工程区林草资源的技术方案，为指导未来三北工程建设高质量发展提供科学决策依据。

　　研究结果表明，三北工程区平水年降水量小于 200 mm 的面积占总面积的 47.12%，降水量在 200~450 mm 的占 32.12%，降水量大于 450 mm 的占 20.76%；从降水变化趋势看，三北工程区 35% 的区域年降水量呈现明显增长趋势，60% 的区域年降水量基本维持稳定，仅有 5% 的区域年降水量有下降趋势。三北工程区除东北平原和河套平原外，绝大部分区域的地下水埋深在 10m 以上，不能直接被植被利用。2010 年以来，三北工程区大部分地区地下水平均埋深增加，地下水位下降。三北工程区降水产生的河川径流量扣除供给农业、居民、工业以及城市植被水资源消耗量，剩余部分的 30% 可供重点区域林草植被建设灌溉之用。整个三北工程区林草植被建设灌溉可用水量为 569.91 亿 m³。

　　本研究基于不同气候带植被生态需水量阈值、三北工程区植被可利用有效降水量、灌溉水量等确定三北工程区水资源可承载植被。三北工程区水资源可承载乔灌草植被总面积为 184.14 万 km²，林草植被覆盖率可达到 41.00%，其中森林植被覆盖率可达到 11.99%，灌丛植被覆盖率可达到 3.17%，草原植被覆盖率可达到 25.84%。此外，三北工程区水资源可承载荒漠植被覆盖率可达到 26.76%。与现状对比，未来三北工程区乔灌草植被均有较大的增长空间。根据现状植被与水资源可承载植被空间分布栅格对比分析，初步研究确定了升级改造、生态修复、灌溉补水、维持管护四种植被优化配置模式。

项目研究在三北工程区尺度上采用的是 1km×1km 的栅格数据，研究精度有待进一步提升。项目研究得到了国家林业和草原局有关司局单位、三北工程区有关省（自治区）、地（市）、县（区、旗）林业和草原主管部门的大力支持，在此表示诚挚的谢意！

因数据统计口径不同，书中数据难免存在误差，不足之处请读者多多批评。

项目组

2022 年 4 月 8 日

目　　录

第1章 ┃ 绪　　论

1.1　研究背景

三北防护林体系建设工程（以下简称三北工程）范围包括我国西北、华北及东北西部的 13 个省（自治区、直辖市），总面积达 449.28 万 km^2，占我国陆地总面积的 46.7%，涵盖了我国 95% 以上的风沙危害区和 40% 的水土流失区。按照最初的总体规划，三北工程的建设期从 1978 年开始，到 2050 年结束，共分三个阶段、八期工程。三北工程规划建设任务完成后，将使三北地区的森林覆盖率由 5.05% 提高到 14.95%；林地面积由 $2.31×10^7$ hm^2 增加到 $6.08×10^7$ hm^2；林木总蓄积量由 7.2 亿 m^3 增加到 $4.27×10^9$ m^3；林业年产值由 9 亿元增加到 $2.1×10^{10}$ 元；农作物产量提高 10%~15%；水土流失得到基本控制；沙化面积不再扩大等；在祖国北疆初步构筑起一道抵御风沙、保持水土、护农促牧的"绿色长城"。三北工程是迄今为止人类历史上规模最大、建设持续时间最长、生态治理难度最大的生态防护林建设工程。

1978~2018 年，经过 40 年建设，三北工程区按期完成造林任务，40 年累计完成造林面积 $4.61×10^7$ hm^2，占同期规划造林任务的 118.16%；林草植被初步得到恢复，植被生产力有所提高；森林资源总量持续增长，森林蓄积逐步提高；农田防护林建设显著增加低产区粮食产量；沙化土地得到有效治理；水土流失治理成效明显；区域生态环境安全有效改善；带动工程区社会经济综合发展。与此同时，工程建设中出现的造林树种单一，林分老化、退化，后期经营管理水平低等问题也逐渐显露并亟待解决。而且，由于造林面积逐渐增大，可用于造林的后备土地资源立地条件越来越差，造林难度增大。此外，由于三北工程区大部分区域地处西北干旱半干旱的水资源稀缺地区，随着"西部大开发"战略、"一带一路"倡议等陆续实施，三北工程区水资源供需矛盾将日益凸显。水资源短缺成为三北工程高质量发展的主要制约因素。

党和国家领导人对新时代三北工程建设高度重视，如三北工程 40 年表彰大会召开时，李克强总理作出批示，要求"要牢固树立新发展理念，坚持绿色发展，尊重科学规律，统筹考虑实际需要和水资源承载力等因素，继续把三北工程建设好，并与推进乡村振兴、脱贫攻坚结合起来，努力实现增绿与增收相统一，为促进可持续发展构筑更加稳固的生态屏障"。可见，雨养林草植被建设无疑已经成为三北工程区生态建设的重点。三北工程未来的建设需要牢固树立以水定绿的发展理念，从造林种草的实际需要和水资源承载力相适应出发，以不同区域的自然降水为主要依据，因地制宜发展雨养林草植被，建设稳定高效可持续的生态系统。本书在三北工程区、典型重点工程区、重点县 3 个空间尺度上，基于降水量及其地表分配，开展水资源承载能力与林草资源优化配置研究，编制基于水平衡的乔灌草植被优化配置方案，为科学恢复林草植被资源、发展雨养林草植被提供科学支撑。

本书主要从三北工程区尺度，分析区域降水时空格局及其变化趋势，确定乔灌草植被承载能力，提出乔灌草植被优化配置方案。

1.2 文献综述

荒漠化是全球干旱半干旱地区面临的重大挑战。植被建设是众多国家用来缓解荒漠化的重要措施。由于自然和人为因素的影响，如干旱的气候、过牧、采伐、垦殖等，我国北方荒漠化形势仍然严峻（Zhang and Huisingh，2018；Xu and Ding，2018；Na et al.，2019；Zhang et al.，2020a，2020b）。1970 年以来，我国北方地区实施了多项工程与措施以治理荒漠化（Shao et al.，2018；Wen et al.，2019）。三北工程因其空间范围最大和时间跨度最长，成为其中最具影响力的一项工程。

近些年，三北工程建设颇受学术界关注。统计数据显示，造林地面积显著增加，但是来自遥感（remote sensing，RS）的林地面积增加甚微（Duan et al.，2011；Xu，2011；国家林业和草原局，2018）。Ahrends 等（2017）指出，中国北方造林明显地阻止与逆转了森林覆盖损失，但是仅增加了高度较低、稀疏和零星分布的人工林面积。Deng 等（2019）认为，1978 年以来三北工程区范围内的植被覆盖有所增加，但部分归因于温度和降水的增加。Gerlein-Safdi 等（2020）利用 QuikSCAT 卫星的微波数据和来自 GOME-2 卫星的太阳诱导叶绿素荧光（solar-induced chlorophyll fluorescence，SIF）数据研究发现，三北工程区植被生物量在增加，造林可以增加生态系统生产力并控制荒漠化进程。由于水资源短缺、病虫害等，人工种植乔木和灌木的总体成活率低，三北工程因而受到批评（Wang et al.，2010）。造林过程中不恰当的物种选择导致更多的水资源消耗（Zheng et al.，2012），在干旱发生时更容易出现枯梢现象。外来植物物种会导致生物多样性下降，表土层破坏，土壤水分竞争性利用、土壤养分损失等问题，损害当地自然物种的生境（Xu，2011）。

三北工程被关注的核心点是造林对干旱和半干旱气候区水资源和水循环的消极影响。一般来说，森林植被比荒地/农田的蒸散（发）量大，当土地类型从荒漠/草地/农田向森林植被转变时，由于蒸散（发）的增加，地表径流与地下水补给量减少。庞忠和等（2018）研究发现，鄂尔多斯高原北部沙漠区，虽然降水量较小，但由于包气带岩性为细砂和粉砂，土壤水入渗较快，地下水补给量较大；地表恢复成沙蒿、柠条、沙柳等时，地下水补给量显著减少。Deng 等（2019）指出，1978 年以来三北工程区碳蓄积的增加是以蒸散过程中更多的水消耗为代价的。Wen 等（2019）报道，黄土高原的延河流域植被恢复减少了土壤流失，同时提供了更少的水资源。Cao 等（2020）认为，三北工程在没有足够降水维持树木生长的区域造林将会导致地下水位加速下降，进而导致干旱半干旱区域生态系统退化问题进一步恶化（Jia and Shao，2014）。Ge 等（2020）利用天气研究与预报模型（weather research and forecasting model，WRF 模型）研究了造林对黄土高原水文的影响。研究结果显示，造林工程实施以来，蒸散量增加导致径流和土壤水分减少。由于造林减少了农业和人类聚居区可获得的水资源，而且对降水没有任何益处，Ge 等（2020）提示，进一步造林会对黄土高原区域当地水安全造成威胁。

森林与地下水位之间的关系也备受关注。地下水埋深的变化会对以地下水为水分来源的植被生长产生明显影响。金晓媚等（2007）研究发现，银川平原适宜植被生长的地下水埋深范围为 1 ~ 6 m，埋深 3.5 m 左右时植被长势最好，此情况下地下水矿化度为 0.9 g/L 时对该地区植被的生长最为有利。当地下水埋深超过 5 m 时，对植被的影响逐渐减弱；当地下水埋深超过 8 m 时，对植被基本没有影响（孙宪春等，2008）。银川盆地适宜于植被生长的地下水埋深范围为 2 ~ 4 m，且当地下水矿化度小于 2.5 g/L 时，地下水水质利于植被发育（金晓媚等，2008）。柴达木盆地乌图美仁地区植被的地下水埋深范围为 0.4 ~ 3 m，埋深 0.9 m 时植被长势最好；埋深小于 2 m，地下水矿化度小于 3.5 g/L 时植被发育也较好。其中，芦苇、沙蒿和柽柳对地下水埋深的变化较为敏感，当地下水埋深小于 2 m 时，植被生长较好；而白刺则对地下水埋深的依赖性较小。当地下水溶解性总固体小于 3 g/L 时，植被长势较好（金晓媚等，2016）。黑河下游额济纳绿洲荒漠适宜植被生长的地下水埋深范围为 2 ~ 5 m，当地下水埋深超过 5.5 m 时，几乎没有植被发育（齐蕊等，2017）。随着向塔里木河下游间歇性输水工程的实施，输水河道附近的天然草本植被又重新成片地出现，耐旱的乔木、灌木随着地下水位升至其生长适宜水位，长势也得以重新恢复（陈亚宁等，2003）。雍正等（2020）发现，2009 ~ 2017 年，塔里木河下游段地下水埋深平均抬升了 3.75 m，对下游植被恢复效果明显，下游归一化植被指数（normalized differential vegetation index，NDVI）平均值由 0.05 提升至 0.15。但是，也有一些植被对地下水位变化并不敏感。平缓沙地地区的沙柳等半灌木植被生长与潜水位埋深虽有关系但不密切，地下水埋深较大（>5 m）的沙丘和流动沙丘地区的沙蒿等耐干旱沙生植物生长基本不依赖地下水，地下水开采对沙地、沙丘上生长的耐干旱植被物种影响较小（范磊等，2018）。

森林植被能够影响水文过程、促进降水再分配、影响土壤水分运动以及改变产流汇流条件等，从而缓和地表径流，增加土壤径流和地下径流，在一定程度上起到了削峰补枯、控制土壤侵蚀、改善河流水质等作用（张志强等，2001），其中森林对河川径流量的影响以及削减洪峰和增加枯水径流的功能最受关注。由于自然条件、研究方法、区域面积等因素的不同，以及森林与径流错综复杂的关系，森林影响河川径流总量的结论存在三种观点（李文华等，2001）：①森林的存在对河川年径流量影响不大；②森林的存在可增加年径流量；③森林的存在会减少年径流量。尽管目前多数研究结果总体倾向于第三种观点，但由于森林与水分的关系极其复杂，不同自然地理环境以及不同结构类型的森林对大气降水的截留、林内降水的再分配、地表径流、地下径流以及蒸散发的影响不尽相同，进而造成水分循环和水量平衡的时空格局与过程的差异，因此在实际研究中还需要根据具体条件进行具体分析，而不能将某一环境条件下得出的结果作为一般规律加以应用。

三北工程的最初目的就是解决西北、华北、东北西部地区木料、燃料、肥料、饲料俱缺的问题，治理风沙危害和水土流失，提高农田生产力等。三北工程实施以来，在防风固沙、水土保持、粮食与果品生产、农田防护等方面发挥了重要作用，此外还提供了固碳释氧、气候调节等生态系统服务。这些贡献对当地、区域和国家范围人类福祉非常重要（Zheng et al.，2016；Chu et al.，2019；Cao et al.，2020）。三北工程显著改善了当地居民生计，对实现中国北方贫困地区可持续发展目标具有非常重要的意义（Wang et al.，2013）。因此，继续实施三北工程仍有必要。

但是，植被建设需要遵循自然规律，在区域水资源承载能力范围内，同时考虑三北工程区植被对人类福祉的各种贡献，以实现三北工程效益最大化为目的来开展植被建设。Jiang 等（2019）在分析黄土高原土壤保持与产水量关系的基础上发现，植被覆盖度应控制在 30%~40%（不超过 50%）以使生态恢复项目的效果最大化。张琨等（2020）基于生态系统土壤保持、产水、碳固定三项服务获取综合指数与植被覆盖度的定量分析，提出了黄土高原不同区域植被覆盖度阈值，其中林地区域植被覆盖度阈值为 44%，林地-草地区域植被覆盖度阈值为 70%，草地区域植被覆盖度阈值为 62%，草地-沙漠区域植被覆盖度阈值为 34%，但是沙漠区域生态系统服务综合指数随植被覆盖度增加而持续增加，但沙漠区域受自然条件限制难以承载高强度生态恢复措施。可见，不同区域植被覆盖度阈值存在较大差异，这主要是由来自降水的水分限制造成的。

此外，三北工程需要进行一些调整，如在整个工程区大范围使用的造林树种应该被不同区域的当地物种取代，单纯的乔木造林应该逐渐转变为向水资源消耗较少的灌木和草本植被建设转变，纳入更多的经济树种以同时实现生态与经济目标，造林需要基于降水而不是灌溉，传统的积极造林应该转变为自然恢复（Feng et al.，2016；Ahrends et al.，2017；Zastrow，2019；Gerlein-Safdi et al.，2020；Xu et al.，2020；Zhang et al.，2020a，2020b）。

在本书中，我们根据降水来优化植被建设空间布局，最大限度地减少对水资源的"消极"影响。同时将分析 1980~2018 年降水时空格局，预测未来 30 年降水量，通过水量平衡方程计算有效降水量，计算干旱区可用于造林的灌溉水量以及不同气候带植被需水量，确定植被建设潜在空间分布，通过对比现有土地覆被和潜在植被空间分布提出植被建设优化方案。

1.3　技术路线

以整个三北工程区为研究分析单元，分析降水时空格局变化，预测未来 30 年降水变化趋势，结合土地利用现状，从宏观尺度研究不同植被区域基于水资源承载力的乔灌草优化配置方案（图 1-1），具体内容如下。

（1）三北工程区水资源空间格局与变化趋势分析

基于气象站点实际观测数据和遥感反演方法，通过空间插值法与模型运算，分析栅格尺度多年平均降水空间格局；通过气候水文要素倾向率和 Mann-Kendall 非参数检验法预测未来 30 年降水量；结合不同地理位置、海拔、地形与坡度、植被覆盖等参数下地表径流系数，模拟现状及未来 30 年以降水为来源的植被可利用有效降水量，分析三北工程区植被可利用有效降水空间分布格局；基于 InVEST 模型模拟计算区域产水量，扣除工农业生产及生活用水后，明确区域尺度生态建设灌溉可利用水资源量；分析三北工程区地下水空间格局及地表水埋深变化趋势。

（2）基于水资源约束的三北工程区林草植被承载潜力及其空间格局确定

分析植被生长与生态需水关系，确定不同区域植被生态需水量阈值参数。基于栅格尺度植被可利用有效降水，利用不同区域植被生态需水量阈值参数，确定基于有效降水的三

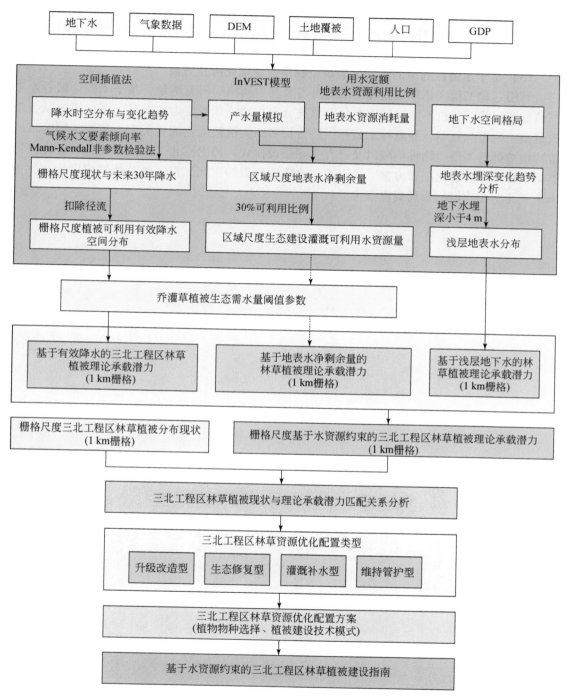

图 1-1　三北工程区水资源承载力与林草优化配置研究技术路线

北工程区林草植被理论承载潜力及其空间分布格局。基于区域尺度生态建设灌溉可利用水资源量以及乔灌草植被生态需水量阈值参数，确定基于地表水净剩余量的林草植被理论承载潜力。基于三北工程区地下水埋深空间格局及植被可利用地下水埋深阈值，确定基于浅层地下水的林草植被理论承载潜力。综合基于有效降水、生态建设灌溉可利用水资源量和地下水的林草植被理论承载潜力，确定三北工程区综合植被理论承载潜力及其空间格局。

（3）基于水资源约束的不同区域理论林草资源优化配置方案

利用三北工程区林草植被理论承载潜力及其空间格局研究结果，基于不同区域乔灌草植被分布现状，分析不同区域现有林草植被分布与理论承载潜力的匹配关系，提出从升级改造型、生态修复型、灌溉补水型和维持管护型四类植被优化配置类型。根据不同区域地带性植被群落类型、物种构成以及已有生态建设模式，提出三北工程区不同植被优化配置类型下林草资源优化配置方案，提出基于水资源约束的三北工程区林草植被建设指南，为未来三北工程建设的布局提供参考。

第 2 章 三北工程区概况

2.1 地 理 位 置

本书中三北工程区范围采用三北五期工程的边界范围,包括边界内部没有进入三北五期工程范围的市辖区或县。本书中三北工程区的土地面积为 449.28 万 km²。三北工程区范围东起黑龙江的抚远市,西至新疆的乌孜别里山口,北抵国界线,南沿天津、汾河、渭河、洮河下游、布尔汗布达山、喀喇昆仑山,东西长 4880 km,南北宽 2163.39 km。地理位置在东经 73°29′~135°5′,北纬 33°50′~53°20′(图 2-1),主要包括我国西北、华北及东北西部的 13 个省(自治区、直辖市),约占我国陆地总面积的 46.7%,涵盖了我国 95% 以上的风沙危害区和 40% 的水土流失区。

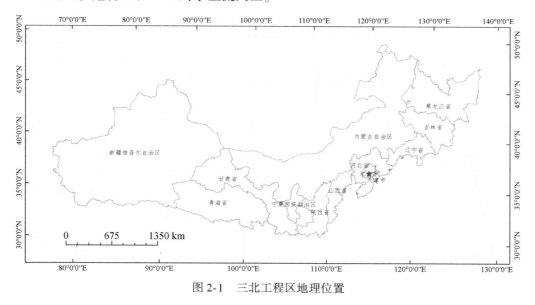

图 2-1 三北工程区地理位置

2.2 自 然 条 件

2.2.1 气候

三北工程区跨越多个气候区(图 2-2),自西向东可大致划分为青藏高原区、干旱区、半干旱区、半干旱–半湿润过渡区、半湿润区。其中西北地区仅东南部少数地区为温带季风气候，其他的大部分地区为温带大陆性气候和高寒气候，冬季严寒而干燥，夏季高温，降水稀少，呈现出面积广大、干旱缺水、荒漠广布及风沙较多的特点，以干旱区和半干旱–半湿润过渡区为主。华北地区和东北地区则均属于温带季风气候，其中华北地区主要呈现出夏季高温多雨、冬季寒冷干燥的特征，属暖温带地区和半湿润区；东北部则由于纬度高、气温低、蒸发量较少而形成冬季寒冷漫长、夏季温暖短暂的气候特征，也属于半湿润区。

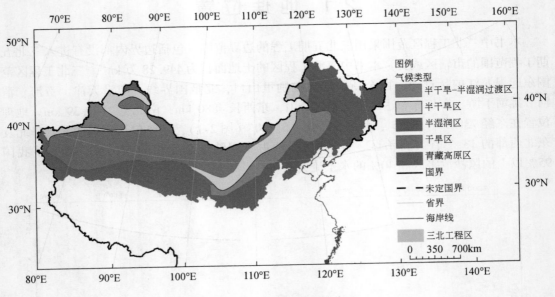

图 2-2　三北工程区气候分区

2.2.2　地形地貌

三北地区海拔为 $-160 \sim 7365$ m（图 2-3）。地形包括天山山脉、阿尔泰山脉、昆仑山脉、阿尔金山脉、祁连山脉、阴山山脉、大兴安岭、小兴安岭、塔里木盆地、准噶尔盆地、吐鲁番盆地、柴达木盆地、河西走廊、三江平原、松嫩平原等山地、平原、盆地、沙漠、戈壁。自然景观从西到东可以分为青藏高原、戈壁荒漠、荒漠草原、戈壁沙滩、黄土高原、内蒙古高原、华北平原和东北平原。

2.2.3　植被

三北工程区的植被种类丰富多样，随着气候及地形条件从西向东呈现出由荒漠向草原和森林过渡的特征，典型的植被类型有荒漠草原、草甸草原、落叶阔叶林、针阔混交林以及针叶林等。植被覆盖率空间分布格局差异明显，西部植被覆盖率最低，自西向东随着由荒漠向草原及森林的过渡整体上植被覆盖率不断增加，全区植被覆盖率最高值为 0.95，最

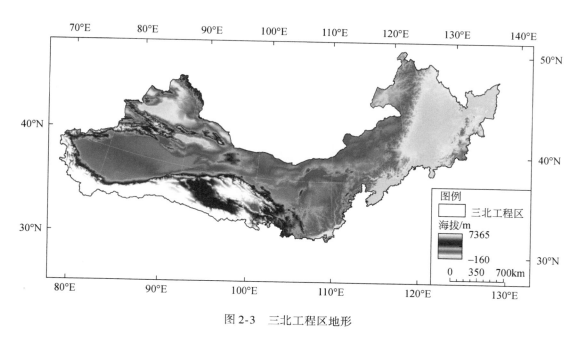

图 2-3　三北工程区地形

低值为 0。随着时间的变化，三北工程区平均植被覆盖率由 2000 年的 0.21 上升至 2015 年的 0.24。在空间上，大部分区域植被覆盖率增加，其中位于中部的黄土高原地区和位于东部的农牧交错带地区植被覆盖率增加最为明显。

2.2.4　水系

流经三北工程区的主要河流水系自西向东依次为塔里木河、额尔齐斯河、黄河、渭河、滦河、海拉尔河、嫩江以及松花江（图 2-4）。其中西部的塔里木河为我国最大的内流河；中部的渭河是黄河的最大支流；东部河流分布较为丰富，其中松花江水系和辽河水系均属于中国七大水系。主要的内流河湖包括青海的青海湖、托素湖、察尔汗盐湖等，新疆的博斯腾湖、罗布泊（已干涸）、阿克赛钦湖、赛里木湖、艾比湖、乌伦古湖、艾丁湖等，内蒙古的乌梁素海等，黑龙江的镜泊湖、五大连池等。

2.2.5　土壤

三北工程区由于其范围较广，多种地形地貌类型共存，因此其土壤类型十分丰富，共计 182 种，分布面积前十的土壤类型分别为荒漠风沙土、暗棕壤、草甸土、栗钙土、淡寒钙土、黄绵土、潮土、草毡土、灰棕漠土和淡棕钙土，这与三北工程区内沙漠与草原面积占比较大的特征相符。其中分布面积最广的是荒漠风沙土，主要分布在西部和中部沙漠地区，占地面积为 49.54 万 km²，占整个三北地区面积的 11.03%，其次为暗棕壤，面积达 25.02 万 km²，分布面积最小的为脱潜水稻土，仅为 5.19 km²（表 2-1）。

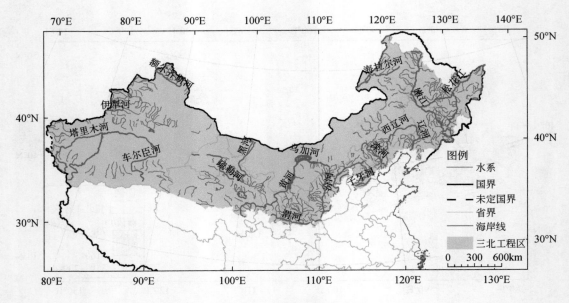

图 2-4　三北工程区水系

表 2-1　三北工程区面积占比前 20 土壤类型

土壤类型	面积/万 km²	面积占比/%
荒漠风沙土	49.54	11.03
暗棕壤	25.02	5.57
草甸土	20.73	4.61
栗钙土	20.62	4.59
淡寒钙土	20.53	4.57
黄绵土	16.43	3.66
潮土	15.70	3.49
草毡土	15.29	3.40
灰棕漠土	14.60	3.25
淡棕钙土	13.28	2.96
草原风沙土	13.24	2.95
石膏灰棕漠土	13.01	2.90
石膏棕漠土	12.99	2.89
寒冻土	12.84	2.86
棕钙土	10.41	2.32
含盐石质土	9.62	2.14
褐土	9.46	2.11
冷钙土	9.07	2.02
淡栗钙土	9.01	2.01
棕壤	8.16	1.82

2.2.6 土地覆被

2015 年，三北工程区的土地覆被类型由常绿针叶林、常绿阔叶林、落叶针叶林、落叶阔叶林、针阔混交林、灌丛、草甸草地、典型草地、荒漠草地、高寒草甸、高寒草原、灌丛草地、水田、水浇地、旱地、城镇建设用地、农村聚落、沼泽、内陆水体、河湖滩地、冰雪、裸岩、裸地和沙漠 24 种土地覆被类型构成。其中，裸岩面积最大，为 101.67 万 km²，占三北工程区总面积的 22.63%，主要分布在西北荒漠区；其次是沙漠，面积为 48.88 万 km²，占三北工程区总面积的 10.88%，主要分布在西北地区的塔里木盆地、准噶尔盆地、柴达木盆地、阿拉善高原、鄂尔多斯高原北部等地区。再次是典型草地，面积为 46.50 万 km²，占三北工程区总面积的 10.35%，主要分布在内蒙古东部与中部地区；旱地、草甸草地、荒漠草地、水浇地和落叶阔叶林也在所有土地覆被类型中占有较高的比例，分别占三北工程区总面积的 8.72%、7.98%、7.34%、5.46% 和 5.44%。旱地、水浇地主要分布在东北平原、华北平原和黄土高原等地区。草甸草地主要分布在内蒙古东部、新疆北部等地区。荒漠草地主要分布在内蒙古西部及新疆等地区。落叶阔叶林主要分布在长白山、燕山、太行山及黄土高原南部等地区（图 2-5 和图 2-6）。

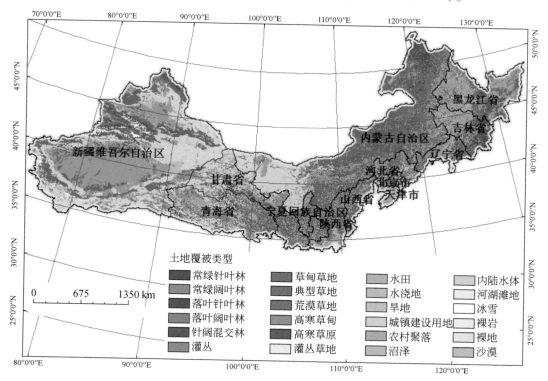

图 2-5 2015 年三北工程区土地覆被类型分布

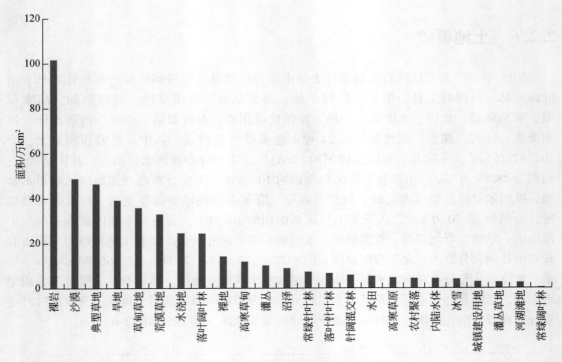

图 2-6　2015 年三北工程区土地覆被类型面积

2.3　各类分区

2.3.1　三北工程分区

三北工程区共包含 4 个分区，分别为东北华北平原农区、风沙区、黄土高原丘陵沟壑区和西北荒漠区（图 2-7）。其中东北华北平原农区面积为 64.46 万 km²，占三北工程区总面积的 14.35%；风沙区面积为 104.05 万 km²，占三北工程区总面积的 23.16%；黄土高原丘陵沟壑区面积为 30.65 万 km²，占三北工程区总面积的 6.82%；西北荒漠区面积为 250.12 万 km²，占三北工程区总面积的 55.67%。

2.3.2　三北工程生态防护体系建设地区

三北工程生态防护体系建设地区共包含 4 个一级分区，分别为东部丘陵平原区、内蒙古高原区、黄土高原区和西北高山盆地区（图 2-8）。其中西北高山盆地区面积最大，为 237.93 万 km²，占比达 52.96%，其次是内蒙古高原区和东部丘陵平原区，面积分别为 94.98 万 km² 和 80.38 万 km²，占比达 21.14% 和 17.89%，黄土高原区面积最小，为 35.99 万 km²，占比仅为 8.01%。

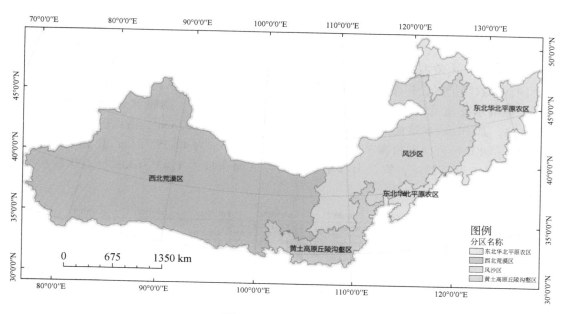

图 2-7　三北工程分区

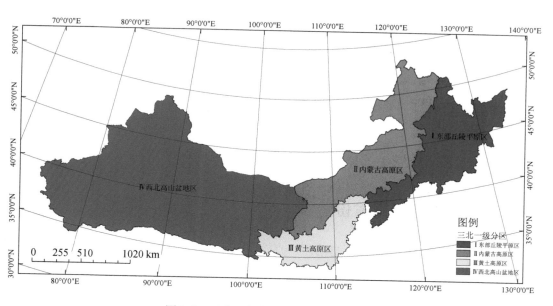

图 2-8　三北工程生态防护体系建设地区

　　三北工程生态防护体系建设地区进一步划分为 29 个生态防护林体系建设区，分别为三江平原农田防护区、松嫩平原农田防护区、辽河平原农田防护区、长白山西麓丘陵水土保持区、燕山太行山水源涵养区、华北平原农田防护区、呼伦贝尔高原灌草固沙护牧区、大兴安岭北部山地水源涵养区、大兴安岭南段山地丘陵水土保持区、锡林郭勒高原灌草固沙护牧区、乌兰察布高原灌草固沙护牧区、阴山山地林草水源涵养区、坝上高原林草护牧区、黄河河套农田防护区、鄂尔多斯高原林草固沙护牧区、贺兰山林草水源涵养区、黄土高原沟壑水土保持区、黄土丘陵沟壑林草水土保持区、汾渭河谷平原农田防护区、土石山地水源涵养区、内蒙古西部荒漠半荒漠草原护牧区、甘肃河西北山荒漠草原护牧区、河西走廊固沙农牧防护区、祁连山林草水源涵养区、柴达木盆地防风固沙区、阿尔泰山水源涵养区、准噶尔盆地荒漠绿洲防护区、天山林草水源涵养区、南疆盆地荒漠绿洲防护区（图2-9）。其中南疆盆地荒漠绿洲防护区面积最大，为85.45万 km²，占比达19.02%，其次是天山林草水源涵养区和松嫩平原农田防护区，面积分别为40.75万 km² 和28.44万 km²，占比达9.07%和6.33%，贺兰山林草水源涵养区面积仅为1.43万 km²，占比最小，仅为0.32%。

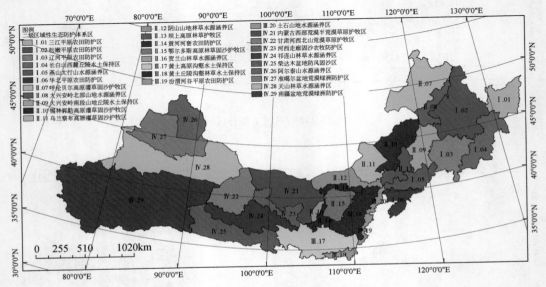

图2-9　三北工程二级区（生态防护林体系建设区）分区

2.3.3　三北工程不同省份

三北工程区共涉及13个省（自治区、直辖市），分别为北京、天津、河北、山西、内蒙古、辽宁、吉林、黑龙江、陕西、甘肃、青海、宁夏和新疆（图2-10）。其中新疆、内蒙古和宁夏全境均处于三北工程区范围内，面积分别为164.37万 km²、118.30万 km² 和6.64万 km²，占比分别达36.59%、26.33%和1.48%，其余各省（自治区、直辖市）中，面积最大的为青海38.22万 km²，占比达8.51%，其次为甘肃和黑龙江，面积分别为33.00万 km² 和32.59万 km²，占比分别达7.35%和7.25%，除北京和天津外，山西面积最小，为8.27万 km²，占比仅为1.84%。

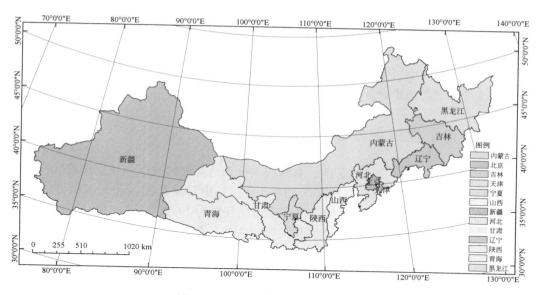

图 2-10 三北工程区不同省份分区

2.3.4 三北工程气候分区

三北工程区共包含 7 个气候带,自西向东分别为青藏高寒带、干旱暖温带、干旱中温带、半湿润暖温带、半干旱中温带、湿润中温带和寒温带(图 2-11)。其中干旱暖温带位于塔里木盆地及河西走廊,面积为 121.76 万 km²,占比达 27.10%;湿润中温带位于松嫩平原、三江平原及长白山,面积为 64.90 万 km²,占比达 14.44%;半干旱中温带位于内

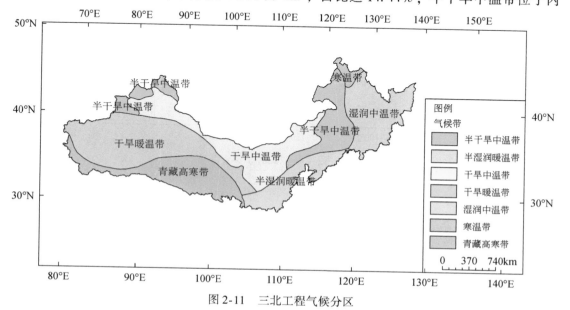

图 2-11 三北工程气候分区

蒙古高原东部，面积为 61.42 万 km²，占比达 13.67%；半湿润暖温带位于内蒙古高原南缘、华北平原，面积为 38.90 万 km²，占比达 8.86%；干旱中温带位于浑善达克沙地、鄂尔多斯高原、阿拉善高原以及准噶尔盆地，面积为 87.88 万 km²，占比达 19.56%；寒温带位于东北北部的大小兴安岭，面积为 6.24 万 km²，占比最小，仅为 1.39%；青藏高寒带位于青藏高原北部边缘地区，面积为 68.18 万 km²，占比达 15.18%。

2.3.5　三北工程植被分区

三北工程区共包含 5 个植被分区，自西向东分别为高原植被区、荒漠植被区、草原植被区、稀树灌草植被区和森林植被区（图 2-12）。其中荒漠植被区和乔木植被区面积最大，分别为 131.86 万 km² 和 120.92 万 km²，占比分别为 29.35% 和 26.92%，荒漠植被区主要分布在新疆中部和甘肃北部，森林植被区则主要分布在东北平原及华北平原；其次是高原植被区和草原植被区，面积分别为 72.08 万 km² 和 65.10 万 km²，占比分别为 16.04% 和 14.49%，高原植被区主要分布在青藏高原北部，草本植被区主要分布在新疆西北部和内蒙古、陕西和宁夏，稀树灌草植被区面积最小，仅为 59.32 万 km²，占比仅为 13.20%，呈带状分布于草原植被区与森林植被区中间的过渡带。

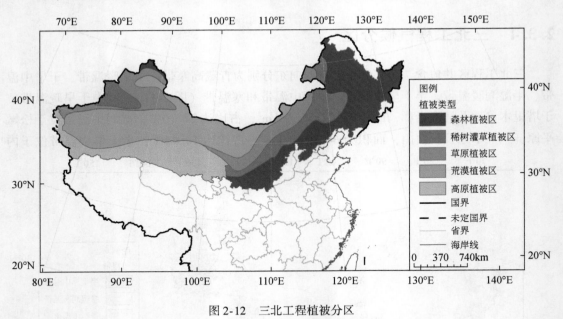

图 2-12　三北工程植被分区

2.3.6　三北工程重点建设区

三北工程区共包含 18 个重点建设功能区，分别为松辽平原重点建设区、松嫩平原重点建设区、海河流域重点建设区、科尔沁沙地重点建设区、毛乌素沙地重点建设区、呼伦贝尔沙地重点建设区、浑善达克沙地重点建设区、河套平原重点建设区、晋西北重点建设区、晋陕峡谷重点建设区、泾河渭河流域重点建设区、湟水河流域重点建设区、河西走廊重点建设区、柴达木盆地重点建设区、天山北坡谷地重点建设区、准噶尔盆地南缘重点建设区、塔里木盆地周边重点建设区和阿拉善地区重点建设区（图2-13）。

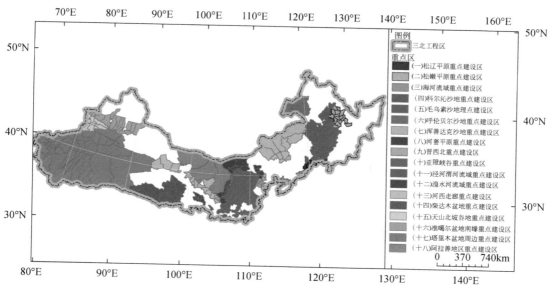

图 2-13　三北工程重点建设区

东北地区有 2 个重点建设区。松辽平原重点建设区位于辽宁，涉及鞍山、朝阳、葫芦岛及沈阳 4 个市，台安等 8 个县，面积为 10.32 万 km²。松嫩平原重点建设区位于黑龙江，涉及大庆、哈尔滨、齐齐哈尔及绥化 4 个市，望奎等 16 个县，面积为 5.06 万 km²。

华北地区有 8 个重点建设区。海河流域重点建设区位于河北，涉及保定、廊坊、秦皇岛及唐山 4 个市，涞水等 15 个县，面积为 2.13 万 km²。科尔沁沙地重点建设区包括科尔沁沙地及松嫩沙地，涉及黑龙江、吉林、辽宁及内蒙古 4 个省（自治区），大庆等 13 个市，科尔沁左翼后旗等 47 个旗（县），面积为 23.75 万 km²。毛乌素沙地重点建设区涉及内蒙古、宁夏和陕西 3 个省（自治区），鄂尔多斯等 4 个市区，达拉特旗等 25 个旗（县），面积为 14.92 万 km²。呼伦贝尔沙地重点建设区位于内蒙古呼伦贝尔市，涉及陈巴尔虎等 6 个旗（市），面积为 8.35 万 km²。浑善达克沙地重点建设区位于内蒙古锡林郭勒盟，涉及阿巴嘎旗等 12 个旗（市），面积为 20.12 万 km²。河套平原重点建设区位于内蒙古和宁夏，涉及巴彦淖尔等 6 个市，磴口等 25 个县（旗、区），面积为 10.32 万 km²。晋西北重点建设区位于山西朔州市和忻州市，涉及平鲁等 10 个县（区），面积为 1.71 万 km²。晋陕峡谷重点建设区位于山西和陕西，涉及临汾等 5 个市，大宁等 25 个县区，面积为 4.31 万 km²。

西北地区有 8 个重点建设区。泾河渭河流域重点建设区涉及甘肃、宁夏和陕西 3 个省（自治区），定西等 8 个市（区），临洮等 31 个县，面积为 6.43 万 km²。湟水河流域重点建设区位于青海海东市和西宁市，涉及乐都等 9 个县（区），面积为 1.57 万 km²。河西走廊重点建设区位于甘肃，涉及白银、嘉峪关、金昌、酒泉、武威和张掖 6 个市，景泰等 16

个县，面积为 11.84 万 km²。柴达木盆地重点建设区位于青海海西蒙古族藏族自治州，涉及都兰等 5 个县，面积为 19.00 万 km²。天山北坡谷地重点建设区位于新疆伊犁哈萨克自治州，涉及巩留等 9 个县，面积为 5.65 万 km²。准噶尔盆地南缘重点建设区位于新疆，涉及克拉玛依等 5 个市（自治州），精河等 14 个县，面积为 13.03 万 km²。塔里木盆地周边重点建设区位于新疆，涉及阿克苏等 5 个市（地区、自治州），库尔勒等 42 个县，面积为 104.12 万 km²。阿拉善地区重点建设区位于内蒙古阿拉善盟和乌海市，涉及阿拉善右旗等 6 个旗（区），面积为 24.08 万 km²。

2.4 地带性植被

三北工程区位于我国东北、华北和西北地区，地带性植被类型包括寒温带针叶林、温带针阔叶混交林、暖温带落叶阔叶林、温带草原、温带荒漠植被以及部分青藏高原高寒植被。

2.4.1 寒温带针叶林

寒温带针叶林分布于东北地区北部，海拔在 700~1100 m，河谷开阔，谷底宽坦，山势缓和。气候为寒温带大陆性气候，年平均气温在 -5.6~-1.2 ℃，冬季漫长，夏季短暂，年平均降水量为 360~500 mm。土壤为棕色针叶林土，土层较薄，仅 20~40 cm。植物建群种或优势种包括兴安落叶松、樟子松、白桦、越橘、笃斯越橘、岩高兰和狭叶杜香等。在山地地貌条件作用下，该区植被在垂直带上分为三种类型：山地寒温针叶林带、山地寒温针叶疏林带和亚高山矮曲林带。

山地寒温针叶林带又进一步分为山地下部、中部和上部寒温针叶林带。山地下部落叶针叶林亚带地带性植被为蒙古栎-兴安落叶松林。以兴安落叶松为单优势的林内，常混生较耐旱的蒙古栎、黑桦，其次为山杨、紫椴、水曲柳、黄檗等。林下灌木和草本植物较发育。灌木包括胡枝子、榛、毛榛；草本包括关苍术、大叶草藤、蕨菜和藓类。山地中部落叶针叶林亚带地带性植被为杜鹃-（樟子松）落叶松林。群落结构简单，林下草本植物与藓类不发达，下木以兴安杜鹃为主，其次有狭叶杜香、越橘、笃斯越橘等。山地上部落叶针叶林亚带地带性植被为藓类-（云杉）兴安落叶松林。森林层除兴安落叶松为单优势外，常混有少量散生的花楸和岳桦。林下有阴性树种，红皮云杉的更新幼苗，发展为小面积的红皮云杉纯林。林下藓类十分发育，覆盖率可达 90% 以上。

山地寒温针叶疏林带分布不普遍，仅分散在个别高峰。唯兴安落叶松能勉强生长，形成疏林，成为该区地带性植被。几乎为纯林，仅混生少量近灌木状的岳桦。优势下木为偃松，间或混生扇叶桦、笃斯越橘、越橘。灌木正常生长，不呈高山变型。

亚高山矮曲林带在该区呈孤岛状分布在个别高峰顶上。仅偃松能适应，不呈灌木状，而是平卧地面匍匐生长，形成稀疏的偃松矮曲林。在成丛的偃松之间，有团状分布的匍匐状矮灌木丛，如瘦桦、扇叶桦，但会变成低矮而匍匐的高山变种高山小叶桦。林下生长着以岩高兰、兴安刺柏、西伯利亚刺柏为主的小灌木，以及数量不多的各种草本植物。

2.4.2 温带针阔叶混交林

温带针阔叶混交林分布区域包括东北平原以北、以东的广阔山地，南端以丹东和沈阳一线为界，北部延至黑龙江以南的小兴安岭山地。地势起伏显著，包括小兴安岭、完达山、张广才岭、老爷岭、长白山等山脉。气候为海洋性温带季风气候。年平均气温低，冬季长而夏季短。无霜期为 125～150 天，植物生长期较短。雨量从南向北递减，完达山以南至长白山为 600～1000 mm，迎风东坡雨多，背风西坡雨少；至西北端的小兴安岭，降水量降至 450～600 mm。地带性土壤为暗棕壤，以山地暗棕壤为主。地带性植被为温性针阔叶混交林，以红松为主构成的针阔叶混交林，成为红松阔叶混交林。另外还有寒温带针叶林，主要树种为云杉、冷杉、落叶松。该区山地海拔跨度较大，水热条件差异明显，因此植被垂直分布带包括山地针阔叶混交林带、山地寒温针叶林带和亚高山矮曲林带。

山地针阔叶混交林带地带性植被为温性针阔叶混交林，主要为红松阔叶混交林。针叶树种除红松外，还有冷杉、紫杉、朝鲜崖柏。同时还有丰富的阔叶树种，如紫椴、风桦、水曲柳、花曲柳、黄檗、糠椴、千金榆、核桃楸、春榆及多种槭树。林下层有毛榛、刺五加、暴马丁香等。

山地寒温针叶林带包括山地下部和上部寒温针叶林亚带。山地下部寒温针叶林亚带地带性植被包括红松、鱼鳞云杉、红皮云杉、臭冷杉。山地上部寒温常绿针叶林亚带地带性植被包括鱼鳞云杉、臭冷杉。以鱼鳞云杉为主，其次是红皮云杉和臭冷杉，间或伴生阔叶树种花楸和森林状的岳桦。林下植物单纯，藓类特别发育。

亚高山矮曲林带植被树种为岳桦，形成矮曲林。在林木疏开处，混有偃松，甚至形成小片偃松矮曲林和岳桦矮曲林交错分布。在矮曲林之间的地势低平或河流两岸平坦地上，土壤多为冲积形成的亚高山草甸土，草本植物茂盛，是小叶章为优势的亚高山草甸。

沼泽位于该区东北部的穆棱、三江平原，植被主要是多种薹草、小叶章、柴桦、沼柳。低山和残丘分布蒙古栎，伴生紫椴、糠椴、黄檗和水曲柳，兴凯湖沙堤还有乌苏里赤松散生。灌木以榛和胡枝子为主，草本有芍药、铃兰、大叶草藤、蕨菜。

2.4.3 暖温带落叶阔叶林

暖温带落叶阔叶林主要位于东北东南部，华北南部，燕山山地与秦岭两大山体之间，地貌可分为山地、丘陵和平原三部分。冬季严寒干燥，盛行西北风，夏季酷热多雨，从海岸向西北递减。土壤为棕色森林土和褐土。植被为落叶阔叶林。地带性植被为落叶阔叶林，以栎林为代表。区域南部的栎林主要建群种为麻栎、栓皮栎，北部逐渐为蒙古栎和辽东栎。东部沿海各省份针叶树种以赤松林为主，向西则为比较耐旱的油松林；华山松则只限于西部各省份。落叶栎林在东部近海地方以蒙古栎和麻栎占据优势，离海较远则以辽东栎和栓皮栎为主。灌丛为大面积森林破坏后出现的次生性灌草丛。在东部以荆条、黄背草为主，向西比较耐旱的酸枣与白羊草逐渐增多，同时可混入一些草原区域的旱生种类，如针茅属植物在西部各省的灌草丛中往往集中出现，并占有一定比例。山区具有一定的垂直地带性，垂直带谱依次为山地落叶阔叶林、山地温性针叶林和亚高山灌丛草甸。在落叶阔叶林带中，往往杂有侧柏林和松林。针叶林带主要是云杉、冷杉林，有时也有落叶松林，以及由于针叶林破坏后出现的次生杨、桦林。灌丛、草甸带由各种中生的落叶灌丛和杂类草-草甸组成，其种类成分在不同地方略有差异。

2.4.4　温带草原

温带草原分布于松辽平原、内蒙古高原、黄土高原、新疆阿尔泰山区。气候为温带大陆性气候。土壤包括黑土、黑钙土、栗钙土、棕钙土、褐土、灰棕壤、草甸土、沼泽土、盐土、砂土、山地草原土。由于该区范围广阔，植被在纬向、经向和海拔上都存在明显的地带性分布规律。

纬向分布规律：北部以内蒙古高原的草原群系占优势，如大针茅、克氏针茅、戈壁针茅、羊草、线叶菊等，都是耐寒的。南部鄂尔多斯及黄土高原地区则以长芒草、白羊草、短花针茅等群系为代表，多是喜暖的。阴山山脉是南北两类草原的分界线。

经向（海陆变化）分布规律：①森林草原带多为山前低山丘陵地区，呈狭带状从呼伦贝尔高原、松辽平原经大同盆地直达黄土高原西侧。植被以草甸草地为主，但低山丘陵北坡和沙地、沟谷等处生长了岛状分布的森林。②典型草原带。温带草原区域的主体，地带性植被为典型草原。东北起至松辽平原中部，经内蒙古高原、鄂尔多斯高原达黄土高原西南部。这里已经不能形成森林植被，以典型草原植被占绝对优势，沙地上分布了榆树疏林以及蒿类半灌木丛。③荒漠草原带。该带内占优势的荒漠草原植被是由强旱生小型针茅建群，并含有一组强旱生小半灌木组成的特殊层片。小型针茅的种类是戈壁针茅、短花针茅、沙生针茅、石生针茅，旱生小半灌木代表种为女蒿、蓍状亚菊、灌木亚菊、冷蒿。呼伦贝尔森林和草原界限与 350 mm 降水线一致，而黄土高原森林和草原界线与 450 mm 降水线一致。

海拔（垂直）分布规律：①山地草原带。分为山地荒漠草原亚带、山地典型草原亚带、山地森林草原亚带。②山地落叶阔叶林带。以栎林为主，混有油松，即松栎林带。在干旱的荒漠草原，该垂直带不发育。③山地寒温针叶林带。以云杉和落叶松林为主。④亚高山灌丛带。⑤亚高山草甸带。⑥高山草甸带。⑦高山流石滩植被带。⑧冰川恒雪带。

该区主要垂直带谱：①温和湿润型。大兴安岭南段和大青山，基带为草原，往上依次是山地落叶阔叶林带、山地寒温针叶林带以及亚高原灌丛、草甸带。②温和干旱型。贺兰山，基带为荒漠草原，往上为山地典型草原和山地灌丛草原，草原带上部，为简化的落叶阔叶林带（灰榆疏林），再向上依次是寒温针叶林带（阳坡）、亚高山灌丛带、亚高山草甸带。③寒温干旱型。阿尔泰山东南段，基带为荒漠草原，之上为寒温性针叶林带、高寒草原、高山稀疏植被带。

由于该区地域宽广，本书按照东部和西部不同区域分别论述其植被分布特征。

2.4.5 温带荒漠植被

温带荒漠植被分布于我国西北部，包括新疆的准噶尔盆地与塔里木盆地、青海的柴达木盆地、甘肃和宁夏北部的阿拉善高原以及内蒙古鄂尔多斯台地的西端。气候属于干旱和半干旱大陆性气候，东部降水集中在夏季，而西部降水主要为冬春雨雪。该区受高空西风、东亚季风和地方性环流的综合影响，是我国风速大、沙暴多的地区。该区盆周高山覆盖现代冰川与永久积雪。夏季冰川与积雪消融以及季节性降水是河川径流主要来源，为荒漠中的植被和灌溉绿洲提供水源。荒漠河川径流可以将大量淡水供给荒漠中的植被，使得在稀疏的强旱生荒漠植被中能出现茂盛的森林、灌丛和草甸等非地带性植被，同时荒漠还为人工种植的林木和果园以及农作物提供水源。该区土壤包括棕钙土、荒漠灰钙土、灰棕漠土、棕漠土和龟裂土。温带荒漠区的植被类型包括丛生禾草荒漠草原、杂类草荒漠草原和小半灌木荒漠草原。

丛生禾草荒漠草原包括戈壁针茅草原、石生针茅草原、短花针茅草原、沙生针茅草原、东方针茅草原、高加索针茅草原、拟长舌针茅草原、无芒隐子草草原。杂类草荒漠草原主要为多根葱草原，分布区域从呼伦贝尔西南部，经蒙古高原的草原与荒漠地带，往西进入荒漠的山区，直达准噶尔盆地西部的扎伊尔山和巴尔鲁克山东麓。新疆多根葱草原群落总盖度可达40%。小半灌木荒漠草原包括女蒿草原、蓍状亚菊草原、灌木亚菊草原、驴驴蒿草原。

2.4.6 青藏高原高寒植被

三北工程西南部有一小部分区域位于青藏高原东北部、北部及西北部边缘区域。东北部区域主要是青藏高原位于青海境内区域，北部与西北部区域为昆仑山和帕米尔高原。

青藏高原东北部区域气候寒冷。风沙地区为风沙土，湖盆地带和干旱河谷为栗钙土，山地为高山灌丛草甸土和高山草甸土，海拔4100 m以上为高山寒漠土。地带性植被以高寒灌丛和高寒草甸为主。高寒灌丛的组成中，以金露梅、高山柳、杜鹃以及青藏高原特有种狭叶鲜卑花等为主。高寒草甸以中亚高山成分多种嵩草为主要建群种。该区海拔较高，气候严酷，垂直带谱简化。东南部少数峡谷海拔在3800 m以下谷坡分布有小片块状寒温性针叶林，绝大部分没有森林植被存在。3800 m以上为高寒灌丛带，上限为4200～4800 m。再上依次出现高寒草甸带、高山岩屑坡稀疏植被带和永久冰雪带。

青藏高原北部与西北部区域气候极为干旱寒冷，年降水量仅50～60 mm，形成了高寒荒漠植被带。

昆仑内部高原-高寒荒漠区位于昆仑山脉与喀喇昆仑山脉之间的羌塘高原北部地区，包括新疆南缘极为寒冷和荒凉的地区。植被绝大部分为低矮匍匐的多年生草类，以菊科、豆科、十字花科和禾本科为主，最重要的建群种包括垫状驼绒藜、西藏亚菊与硬叶薹草。地带性植被为垫状驼绒藜群系与西藏亚菊群系，以及以硬叶薹草为主并混有垫状驼绒藜的高寒荒漠草原植被。

帕米尔高原–高寒荒漠区在新疆境内包括萨里柯尔山与塔什库尔干山，以及两山之间的木吉–塔什库尔干宽谷和布伦库勒湖盆。帕米尔高原的植被多为高寒垫状小半灌木，其中以垫状驼绒藜和粉花蒿为主的高寒荒漠占主要优势。

2.5　植被空间分布

2.5.1　不同气候带的主要植被类型

根据 1∶100 万全国植被分布图以及三北工程区气候带分布图，得到不同气候带主要植被构成（图 2-14）。

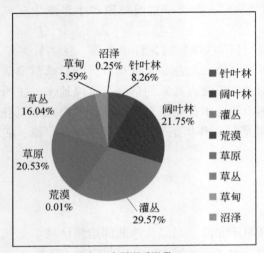

(a)半湿润暖温带

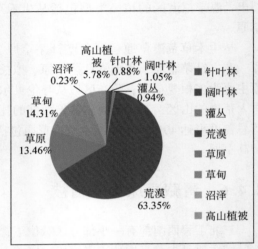

(b)干旱暖温带

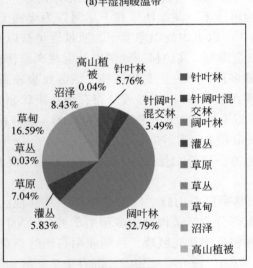

(c)湿润中温带

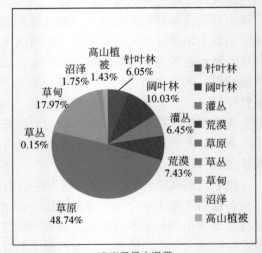

(d)半干旱中温带

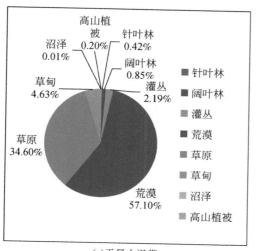

(e)干旱中温带

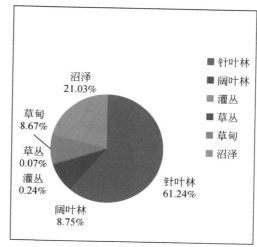

(f)寒温带

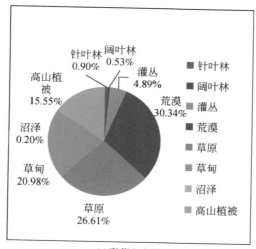

(g)青藏高寒带

图 2-14　三北工程区各气候带植被类型构成

（1）半湿润暖温带

位于燕山山脉、太行山脉及黄土高原南部。该区域主要植被类型是灌丛、草原、阔叶林和草丛。灌丛主要为温带落叶灌丛，草原主要为温带丛生禾草典型草原，阔叶林以温带落叶阔叶林为主，草丛主要为温带草丛。

（2）干旱暖温带

位于塔里木盆地及河西走廊。该区域的植被以荒漠、草原、草甸和高山植被为主。荒漠主要为温带半灌木、矮半灌木荒漠和温带灌木荒漠，草原主要为高寒禾草、薹草草原和温带丛生矮禾草、矮半灌木荒漠草原，草甸以温带禾草、杂类草草甸为主，高山植被以高山稀疏植被为主。

（3）湿润中温带

位于松嫩平原、三江平原及长白山。该区域主要植被类型包括阔叶林、草甸、沼泽和草原。阔叶林以温带落叶阔叶林为主，草甸主要为温带禾草、杂类草草甸和温带禾草、薹草及杂类草沼泽化草甸，沼泽主要为寒温带、温带沼泽，草原主要为温带禾草、杂类草草甸草原。

（4）半干旱中温带

位于内蒙古高原南缘，主要植被类型为草原、草甸和阔叶林。草原主要为温带丛生禾草典型草原，草甸主要为温带禾草、杂类草草甸，阔叶林主要为温带落叶阔叶林。

（5）干旱中温带

位于浑善达克沙地、鄂尔多斯高原、阿拉善高原及准噶尔盆地。该区域主要植被类型为荒漠、草原和草甸。荒漠主要为温带半灌木、矮半灌木荒漠和温带矮半森林荒漠，草原主要为温带丛生禾草典型草原和温带丛生矮禾草、矮半灌木荒漠草原，草甸主要为温带禾草、杂类草盐生草甸。

（6）寒温带

位于东北北部的大小兴安岭，主要植被类型为针叶林、沼泽、阔叶林和草甸。针叶林主要为寒温带和温带山地针叶林，沼泽主要为寒温带、温带沼泽，阔叶林主要为温带落叶阔叶林，草甸主要为温带禾草、杂类草草甸。

（7）青藏高寒带

位于青海北部地区，主要植被类型为草甸、草原、荒漠和高山植被。草甸主要为高寒嵩草、杂类草草甸，草原主要为高寒禾草、薹草草原，荒漠主要为温带半灌木、矮半灌木荒漠，高山植被主要为高山稀疏植被。

2.5.2　不同植被分区的主要植被类型

根据 1∶100 万全国植被分布图以及三北工程区植被分区图，得到不同植被分区主要植被构成（图 2-15）。

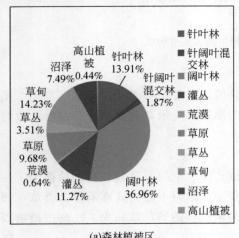

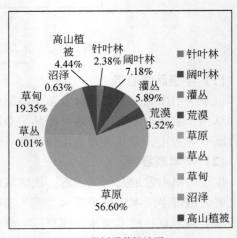

(a)森林植被区　　　　　　　　　　(b)稀树灌草植被区

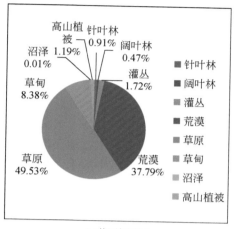

(c)草原植被区

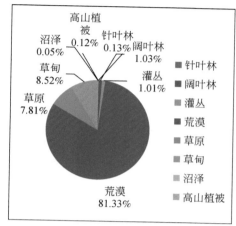

(d)荒漠植被区

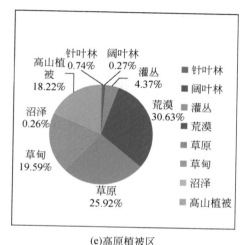

(e)高原植被区

图 2-15　三北工程区五个植被区的主要植被类型构成

（1）森林植被区

位于东北大兴安岭以东、长白山、燕山山脉及黄土高原东南部等区域，还有一小部分区域位于新疆阿尔泰山，其主要是阔叶林、针叶林、草甸和草原。阔叶林以温带落叶阔叶林为主，针叶林以寒温带和温带山地针叶林为主，草甸以温带禾草、杂类草草甸为主，草原以温带丛生禾草典型草原为主。

（2）稀树灌草植被区

位于森林植被区西北的狭长地带，包括呼伦贝尔东部、内蒙古高原东南缘，向西南一直延伸至祁连山，还有一小部分区域位于新疆西部伊犁河谷。该区域为森林向草原过渡区域，植被以草原、草甸、阔叶林和灌丛为主。草原主要为温带丛生禾草典型草原，草甸主要为温带禾草、杂类草草甸，阔叶林主要为温带落叶小叶疏林，灌丛主要为温带落叶灌丛。

（3）草原植被区

为稀树灌草植被区西北侧的狭长地带，包括呼伦贝尔西部，向西南经内蒙古高原、阴山山脉至祁连山北坡，还有一小部分位于阿尔泰山南麓，天山北麓与南麓。该区域植被类型主要为草原、荒漠和草甸。草原主要为温带丛生禾草典型草原和温带丛生矮禾草、矮半灌木荒漠草原，荒漠主要为温带半灌木、矮半灌木荒漠，草甸主要为温带禾草、杂类草盐生草甸。

（4）荒漠植被区

主要位于内蒙古西部的鄂尔多斯高原、阿拉善高原，新疆的塔里木盆地、准噶尔盆地等区域。该区域植被类型主要为荒漠、草原和草甸。荒漠主要为温带半灌木、矮半灌木荒漠和温带灌木荒漠，草原主要为温带丛生矮禾草、矮半灌木荒漠草原，草甸主要为温带禾草、杂类草盐生草甸。

（5）高原植被区

位于新疆南缘及青海北部区域，其植被类型主要为荒漠、草原、草甸和高山植被。荒漠主要为高寒垫状矮半灌木荒漠和温带半灌木、矮半灌木荒漠，草原主要为高寒禾草、薹草草原，草甸主要为高寒嵩草、杂类草草甸，高山植被主要为高山稀疏植被。

2.5.3　不同三北工程分区的主要植被类型

根据1∶100万全国植被分布图，总结了三北工程不同分区的植被类、植被亚类与主要植被类型（图2-16）。

（1）东北华北平原农区

植被以阔叶林、针叶林、草甸和沼泽为主。其中，阔叶林以温带落叶阔叶林为主，主要植被类型为蒙古栎林，糠椴、蒙椴、元宝槭林，白桦林等；针叶林以寒温带和温带山地针叶林为主，主要植被类型为兴安落叶松林、长白落叶松林、鱼鳞云杉林等；草甸以温带禾草、杂草类草甸为主；沼泽以寒温带、温带沼泽为主。

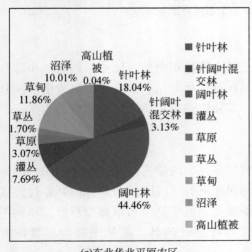

(a)东北华北平原农区

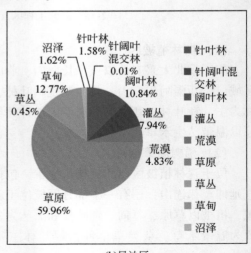

(b)风沙区

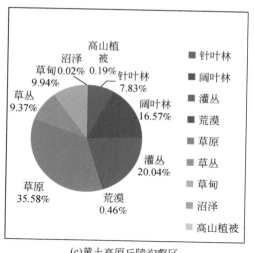

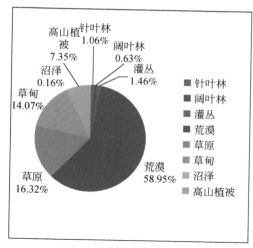

图 2-16　三北工程分区（四个一级重点区）的主要植被类型构成

（2）风沙区

植被以草原、草甸、阔叶林和灌丛为主。其中，草原主要为温带丛生禾草典型草原；草甸以温带禾草、杂类草盐生草甸为主；阔叶林主要为温带落叶阔叶林，主要植被类型包括白桦林、蒙古栎林、山杨林等；灌丛主要为温带落叶灌丛，主要植被类型包括虎榛子灌丛、荆条、酸枣灌丛、山杏灌丛等。

（3）黄土高原丘陵沟壑区

植被以草原、灌丛和阔叶林为主。其中，草原主要为温带丛生禾草典型草原；灌丛主要为温带落叶灌丛和亚高山落叶阔叶灌丛，温带落叶灌丛的主要植被类型包括沙棘灌丛、虎榛子灌丛、白刺花灌丛等，亚高山落叶阔叶灌丛的主要植被类型包括金露梅灌丛，毛枝山居柳、金露梅灌丛等；阔叶林主要为温带落叶阔叶林，主要植被类型包括山杨林、辽东栎林、刺槐林等。

（4）西北荒漠区

植被以荒漠、草原、草甸和高山植被为主。其中，荒漠以温带半灌木、矮半灌木荒漠，温带灌木荒漠和温带矮半森林荒漠为主；草原以高寒禾草、薹草草原和温带丛生禾草典型草原为主，高寒禾草、薹草草原的主要植被类型包括紫花针茅高寒草原和青藏薹草、紫花针茅高寒草原等；草甸主要为高寒嵩草、杂类草草甸和温带禾草、杂类草盐生草甸，高寒嵩草、杂类草草甸的主要植被类型包括小嵩草高寒草甸、线叶嵩草高寒草甸等；高山植被以高山稀疏植被为主，主要植被类型包括风毛菊、红景天、垂头菊稀疏植被，水母雪莲、风毛菊稀疏植被等。

2.5.4　不同三北工程生态防护体系建设地区主要植被类型

根据 1：100 万全国植被分布图，总结了三北工程不同分区的植被类、植被亚类与主要植被类型（图 2-17）。

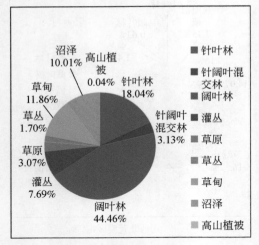

(a)东部丘陵平原区

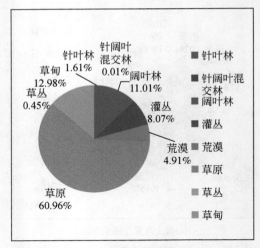

(b)内蒙古高原区

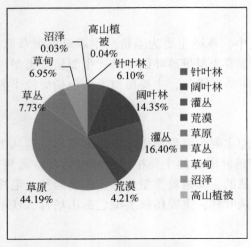

(c)黄土高原区

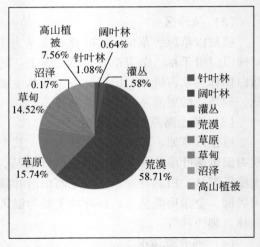

(d)西北高山盆地区

图 2-17　三北工程生态防护体系建设地区主要植被类型构成

（1）东部丘陵平原区

植被以阔叶林、针叶林、草甸和沼泽为主。其中，阔叶林以温带落叶阔叶林为主，主要植被类型为蒙古栎林，糠椴、蒙椴、元宝槭林，白桦林等；针叶林以寒温带和温带山地针叶林为主，主要植被类型为兴安落叶松林、长白落叶松林、鱼鳞云杉林等；草甸以温带禾草、杂草类草甸为主；沼泽以寒温带、温带沼泽为主。

（2）内蒙古高原区

植被以草原、草甸、阔叶林和灌丛为主。其中，草原主要为温带丛生禾草典型草原；草甸以温带禾草、杂类草盐生草甸为主；阔叶林主要为温带落叶阔叶林，主要植被类型包括白桦林、蒙古栎林、山杨林等；灌丛主要为温带落叶灌丛，主要植被类型包括虎榛子灌丛，荆条、酸枣灌丛，山杏灌丛等。

（3）黄土高原区

植被以草原、灌丛和阔叶林为主。其中，草原主要为温带丛生禾草典型草原；灌丛主要为温带落叶灌丛和亚高山落叶阔叶灌丛，温带落叶灌丛的主要植被类型包括沙棘灌丛、虎榛子灌丛、白刺花灌丛等，亚高山落叶阔叶灌丛的主要植被类型包括金露梅灌丛，毛枝山居柳、金露梅灌丛等；阔叶林主要为温带落叶阔叶林，主要植被类型包括山杨林、辽东栎林、刺槐林等。

（4）西北高山盆地区

植被以荒漠、草原、草甸和高山植被为主。其中，荒漠以温带半灌木、矮半灌木荒漠，温带灌木荒漠和温带矮半森林荒漠为主；草原以高寒禾草、薹草草原和温带丛生禾草典型草原为主，高寒禾草、薹草草原的主要植被类型包括紫花针茅高寒草原、青藏薹草、紫花针茅高寒草原等；草甸主要为高寒嵩草、杂类草草甸和温带禾草、杂类草盐生草甸，高寒嵩草、杂类草草甸的主要植被类型包括小嵩草高寒草甸、线叶嵩草高寒草甸等；高山植被以高山稀疏植被为主，主要植被类型包括风毛菊、红景天、垂头菊稀疏植被，水母雪莲、风毛菊稀疏植被等。

2.5.5 三北工程重点建设区的主要植被类型

三北工程区共包括18个重点建设区，由于自然地理与气候条件差别，不同区域植被类型存在差异。

（1）松辽平原重点建设区

位于辽宁西部和中部地区，植被以灌丛、草丛和阔叶林为主。灌丛为温带落叶灌丛，主要植被类型包括荆条、酸枣灌丛，山杏灌丛，绣线菊灌丛等；草丛为温带草丛，主要植被类型包括白羊草草丛、黄背草草丛等；阔叶林为温带落叶阔叶林，主要植被类型包括辽东栎林、蒙古栎林、刺槐林等。

（2）松嫩平原重点建设区

位于黑龙江西部松嫩平原，植被以草甸、草原和阔叶林为主。草甸为温带禾草、杂类草草甸，主要植被类型包括小白花地榆、金莲花、禾草草甸，拂子茅高禾草草甸等；草原为温带禾草、杂类草草甸草原，主要植被类型包括羊草、杂类草草甸草原，线叶菊、禾草、杂类草草甸草原等；阔叶林为温带落叶阔叶林，主要植被类型包括蒙古栎矮林、山杨林、蒙古栎林等。

（3）海河流域重点建设区

位于河北东部以及北京南侧与天津西侧区域，植被以草丛、灌丛和针叶林为主。草丛为温带草丛，主要植被类型包括荆条、酸枣、白羊草灌草丛，白羊草草丛等；灌丛为温带落叶灌丛，主要植被类型包括荆条、酸枣灌丛，二色胡枝子灌丛，绣线菊灌丛等；针叶林为温带针叶林，主要植被类型包括油松林。

（4）科尔沁沙地重点建设区

位于黑龙江西南部、吉林西部和辽宁西北部以及内蒙古东部地区，植被以草原、草甸和阔叶林为主。草原为温带禾草、杂类草草甸草原和温带丛生禾草典型草原，温带禾草、杂类草草甸草原的主要植被类型为贝加尔针茅、杂类草草甸草原，线叶菊、禾草、杂类草草甸草原等，温带丛生禾草典型草原的主要植被类型为大针茅草原，羊草、丛生禾草草原等；草甸为温带禾草、杂类草草甸，主要植被类型为小白花地榆、金莲花、禾草草甸，野古草、大油芒、杂类草草甸；阔叶林以温带落叶小叶疏林为主，主要植被类型为榆树疏林。

（5）毛乌素沙地重点建设区

位于陕西省榆林地区和内蒙古自治区鄂尔多斯市之间，植被主要为草原、荒漠和草甸。草原主要为温带丛生禾草典型草原，植被类型包括沙蒿、禾草草原，沙蓬、雾水藜、虫实沙地先锋植物群落，长芒草草原等；荒漠主要为温带半灌木、矮半灌木荒漠，植被类型包括籽蒿荒漠、黑沙蒿（油蒿）荒漠、红砂荒漠等；草甸主要为温带禾草、杂类草盐生草甸，主要植被类型为芨芨草盐生草甸、碱蓬盐生草甸、盐生杂类草盐生草甸等。

（6）呼伦贝尔沙地重点建设区

位于内蒙古呼伦贝尔市，植被主要为草原、草甸和阔叶林。草原主要为温带丛生禾草典型草原，主要植被类型包括羊草、丛生禾草草原，克氏针茅草原，大针茅草原等；草甸为温带禾草、薹草及杂类草沼泽化草甸，主要植被类型为小糠草、野大麦沼泽化草甸，针蔺、薹草沼泽化草甸等；阔叶林为温带落叶阔叶林，主要植被类型包括白桦林，白桦、山杨林，山杨林等。

（7）浑善达克沙地重点建设区

位于内蒙古中部浑善达克沙地，植被主要为草原、草甸、灌丛和阔叶林。草原为温带丛生禾草典型草原，主要植被类型为大针茅草原，克氏针茅草原，羊草、丛生禾草草原等；草甸为温带禾草、杂类草盐生草甸，主要植被类型包括芨芨草盐生草甸、芦苇盐生草甸等；灌丛为温带落叶灌丛，主要植被类型包括中间锦鸡儿灌丛、小叶锦鸡儿灌丛、虎榛子灌丛；阔叶林为温带落叶小叶疏林，主要植被类型为大果榆疏林、榆树疏林等。

（8）河套平原重点建设区

位于宁夏和内蒙古河套平原，主要植被为荒漠、草原。荒漠为温带半灌木、矮半灌木荒漠，主要植被类型包括红砂荒漠、籽蒿荒漠、红砂砾漠、松叶猪毛菜荒漠等；草原为温带丛生矮禾草、矮半灌木荒漠草原，主要植被类型包括戈壁针茅荒漠草原，藏锦鸡儿、矮禾草荒漠草原，短花针茅荒漠草原等。

（9）晋西北重点建设区

位于山西西北部的忻州和朔州，植被主要为灌丛、草原和阔叶林。灌丛为温带落叶灌丛，主要植被类型包括沙棘灌丛、虎榛子灌丛、柠条灌丛等；草原为温带丛生禾草典型草原，主要植被类型包括百里香、丛生禾草草原，茭蒿、禾草草原等；阔叶林为温带落叶阔叶林，主要植被类型包括小叶杨林、山杨林、刺槐林等。

（10）晋陕峡谷重点建设区

位于山西的临汾、吕梁以及陕西延安、渭南和铜川，植被主要为草丛、阔叶林。草丛为温带草丛，主要植被类型包括白羊草草丛，荆条、酸枣、白羊草灌草丛等；阔叶林为温带落叶阔叶林，主要植被类型包括辽东栎林、山杨林、刺槐林等。

（11）泾河渭河流域重点建设区

位于甘肃东南部、宁夏南部和陕西北部，植被主要为草原、阔叶林和灌丛。草原为温带丛生禾草典型草原，主要植被类型包括长芒草草原，百里香、丛生禾草草原，茭蒿、禾草草原等；阔叶林为温带落叶阔叶林，主要植被类型包括辽东栎林、山杨林、锐齿槲栎林等；灌丛为温带落叶灌丛，主要植被类型包括白刺花灌丛、虎榛子灌丛、沙棘灌丛等。

（12）湟水河流域重点建设区

位于青海东北部，植被主要为草原、灌丛和草甸。草原为温带丛生禾草典型草原，主要植被类型包括长芒草、赖草、蒿草原，短花针茅、长芒草草原等；灌丛为亚高山落叶阔叶灌丛，主要植被类型包括金露梅灌丛，毛枝山居柳、金露梅灌丛等；草甸为高寒嵩草、杂类草草甸，主要植被类型包括小嵩草高寒草甸、矮嵩草高寒草甸等。

（13）河西走廊重点建设区

位于甘肃中部和西部的河西走廊，植被主要为荒漠、草原和草甸。荒漠为温带半灌木、矮半灌木荒漠，主要植被类型包括红砂荒漠、籽蒿荒漠、珍珠猪毛菜荒漠等；草原为温带丛生矮禾草、矮半灌木荒漠草原，主要植被类型包括短花针茅荒漠草原，米蒿、矮禾草荒漠草原，沙生针茅荒漠草原等；草甸为温带禾草、杂类草盐生草甸，主要植被类型包括苦豆子、大叶白麻、胀果甘草、骆驼刺、花花柴盐生草甸，芨芨草盐生草甸等。

（14）柴达木盆地重点建设区

位于青海西部，植被主要为草甸、荒漠和草原。草甸为高寒嵩草、杂类草草甸，主要植被类型包括矮嵩草高寒草甸、黑褐薹草高寒草甸等；荒漠为温带半灌木、矮半灌木荒漠，主要植被类型包括蒿叶猪毛菜荒漠、蒿叶猪毛菜砾漠、合头草荒漠等；草原为高寒禾草、薹草草原，主要植被类型包括里氏早熟禾、糙点地梅高寒草原，青藏薹草、紫花针茅高寒草原等。

（15）天山北坡谷地重点建设区

植被主要为草甸、草原、荒漠和高山植被。草甸为温带禾草、杂类草草甸，主要植被类型包括早熟禾草甸，早熟禾、羽衣草草甸，鸭茅草甸，无芒雀麦草甸等；草原主要为温带丛生禾草典型草原，植被类型包括针茅、丛生禾草草原，植被类型包括羊茅草原，芨芨草、长芒草草原等；荒漠主要为温带半灌木、矮半灌木荒漠，植被类型包括博乐绢蒿砾漠、白茎绢蒿荒漠、驼绒藜沙漠等；高山植被为高山稀疏植被，主要植被类型包括风毛菊、红景天、垂头菊稀疏植被，雪莲花、厚叶美花草稀疏植被等。

（16）准噶尔盆地南缘重点建设区

位于新疆西北部，植被主要为荒漠、草甸和草原。荒漠为温带矮半森林荒漠，主要植被类型包括白梭梭荒漠、梭梭沙漠、梭梭壤漠；草甸为高寒嵩草、杂类草草甸，主要植被类型包括线叶嵩草高寒草甸、嵩草高寒草甸、细果薹草高寒草甸等；草原为温带丛生禾草典型草原，主要植被类型包括羊茅草原，针茅、丛生禾草草原，沟叶羊茅草原，克氏针茅草原等。

（17）塔里木盆地周边重点建设区

位于新疆南部，植被主要为荒漠、高山植被、草原和草甸。荒漠为温带半灌木、矮半灌木荒漠，主要植被类型包括红砂砾漠、合头草荒漠、红砂荒漠等；高山植被为高山稀疏植被，主要植被类型包括风毛菊、红景天、垂头菊稀疏植被，三指雪莲花、西藏扁芒菊稀疏植被等；草原为高寒禾草、薹草草原，主要植被类型包括紫花针茅高寒草原，青藏薹草、紫花针茅高寒草原等；草甸为温带禾草、杂类草盐生草甸，主要植被类型包括芦苇盐生草甸、含胡杨的芦苇盐生草甸、疏叶骆驼刺盐生草甸等。

（18）阿拉善地区重点建设区

位于内蒙古西部，植被主要为荒漠。荒漠主要为温带半灌木、矮半灌木荒漠和温带灌木荒漠，温带半灌木、矮半灌木荒漠主要植被类型包括短叶假木贼荒漠、短叶假木贼砾漠、灌木亚菊荒漠等，温带灌木荒漠主要植被类型包括霸王荒漠、白皮锦鸡儿荒漠、齿叶白刺荒漠等。

第3章 | 水资源空间格局与变化趋势

水与植被之间存在着相互依存、相互制约的复杂关系，水是植被生存的支柱，是植被承载力的决定性影响因素，本章对三北工程区降水量、植被可利用有效降水量、生态植被建设灌溉可用水量进行定量分析，为确定三北工程区水资源对植被承载力提供数据基础。

3.1 降水时空格局分析

降水是水的主要来源。自然状态下，一个区域降水量的多少，决定了该区域存在何种植被类型。一般来讲，年降水量少于 200 mm，天然植被为荒漠；年降水量在 200 ~ 400 mm，天然植被为草原；年降水量在 400 ~ 800 mm，天然植被为森林草原；年降水量大于 800 mm，天然植被为森林。不同的地形地貌影响降水的时空分布。三北工程区海拔一般在 100 ~ 500 m，其中盆地占工程区总面积的 37%，平原占 11%，丘陵和山地约占 27%，高原约占 25%。这些盆地、平原、丘陵和山地与高原纵横交错，构成了复杂的地形地貌。根据中国气候区划，三北工程区覆盖了我国寒温带、中温带、暖温带和高原亚温带、亚寒带和寒带的湿润半湿润区、干旱半干旱和极干旱区等气候类型区。就自然景观而言，包括了森林、森林草原、草原、半荒漠和荒漠的自然景观类型。上述自然地理因子决定了三北工程区降水存在显著的空间分异。在全球气候变化影响下，同一地区在时间尺度上的降水波动也异常显著。深入分析三北工程区降水的时空格局演变，是计算和确定水资源植被承载力的必要前提。

3.1.1 平水年降水量状况评估

本研究采用平水年降水量对三北工程区降水状况进行分析评估。平水年是指降水量保证率为 50% 的年份。对一个地区而言，平水年降水量就是正常年份的降水量。

3.1.1.1 研究方法

（1）基础数据来源

以过去近 40 年逐日气象观测站点的降水数据作为主要数据源，包括三北工程区 700 多个县级站点 1980 ~ 2018 年连续（部分不连续）的降水数据。

（2）皮尔逊Ⅲ型（P-Ⅲ）曲线法

中国水文分析计算中规定的水文频率计算分布线型是皮尔逊Ⅲ型曲线（P-Ⅲ型曲线），采用均值、变差系数和偏态系数来确定皮尔逊Ⅲ型密度曲线（王文川等，2015）。P-Ⅲ型曲线的概率密度函数表达式如下：

$$f(x) = \frac{\beta^{\alpha}}{\Gamma(\alpha)}(x-a_0)^{a-1}e^{-\beta(x-a_0)} \tag{3-1}$$

式中，x 为站点降水量；参数 α、β、a_0 为皮尔逊Ⅲ型分布的形状、尺度和位置参数，$\alpha>0$，$\beta>0$，$x>a_0$；e 为自然对数的底。

P-Ⅲ型曲线的概率密度函数数字特征如下：

$$E(x) = \frac{\alpha}{\beta} + a_0 \tag{3-2}$$

$$C_{\mathrm{v}} = \frac{\sqrt{\alpha}}{\alpha+\beta a_0} \tag{3-3}$$

$$C_{\mathrm{s}} = \frac{2}{\sqrt{\alpha}} \tag{3-4}$$

可推论，皮尔逊Ⅲ型密度曲线中的总体参数即均值 $E(x)$、变差系数 C_{v} 和偏态系数 C_{s} 与式（3-1）中的三个参数具有如下关系：

$$\alpha = \frac{4}{C_{\mathrm{s}}^2} \tag{3-5}$$

$$\beta = \frac{2}{\bar{x}C_{\mathrm{v}}C_{\mathrm{s}}} \tag{3-6}$$

$$a_0 = \bar{x}\left(1 - \frac{2C_{\mathrm{v}}}{C_{\mathrm{s}}}\right) \tag{3-7}$$

式中，$E(x)$ 为样本均值；C_{s} 为偏差系数；C_{v} 为变差系数。

频率计算中，需要求出指定频率 P 所对应的随机变量 x_p，这要通过对密度曲线进行积分，求出等于或是大于 x_p 的累计频率 P 值，即

$$P = P(x \geqslant x_p) = \int_{x_p}^{+\infty} f(x)\,\mathrm{d}x \tag{3-8}$$

当 $E(x)$，C_{s}，C_{v} 给定后，可唯一确定 α，β，a_0，因此只要 $E(x)$，C_{s}，C_{v} 已知，可通过积分求出不同 x_p 所对应的 P 值，由不同 P 对应的 x_p 则可以画出频率曲线。但直接由式（3-8）计算 P 值非常麻烦，实际做法是通过变量转换即对 x 作标准化变换，取 $\varphi = \frac{x-E(x)}{\bar{x}C_{\mathrm{v}}}$，$x$ 为标准化变量；经过标准化变换后再化简可得

$$P(\varphi \geqslant \varphi_p) = \int_{\varphi_p}^{\infty} f(\varphi, C_{\mathrm{s}})\,\mathrm{d}\varphi \tag{3-9}$$

式中，φ 为离均系数，φ 的均值为 0，标准差为 1。

在进行频率计算时，只要给定 P、C_{s} 值，查 φ 值表得出不同的 P 的 φ_p 值，然后由 $x_p = E(x)(C_{\mathrm{v}}\varphi_p + 1)$ 即可求出与各种 P 相应的 x_p 值，从而可绘出理论频率曲线。三个参数确定后，该密度函数随之确定。

由样本估计总体的方法有很多，如矩法、概率权重矩法、线型矩法、权函数法（即适线法）等。一般情况下，这些方法各有各的特点，均可独立使用。我国工程水文中通常采用适线法，而其他方法估计参数，一般作为适线法的初估值。

矩法是用样本矩估计总体矩，并通过矩和参数之间的关系，来估计频率曲线参数的一

种方法。该法计算简单,事先不用选定频率曲线线型,因此是频率分析计算常用的办法。各阶原点矩和中心矩都与统计参数之间有一定的关系,因此,可以用矩来表示参数。

设随机标量 x 的分布函数为 $F(x; \mu_1^0, \mu_2^0, \cdots, \mu_l^0)$,则 x 的 r 阶原点矩 m_r 和中心矩 μ_r 分别为

$$m_r = E(x^r) \tag{3-10}$$

$$\mu_r = E[x - E(x)]^r \tag{3-11}$$

式中,x 为随机标量;$E(x)$ 为随机标量 x 的均值。

对于样本,r 阶样本原点矩 $\hat{m}_r$ 和 r 阶样本中心矩 $\hat{\mu}_r$ 分别为

$$\hat{m}_r = \frac{1}{n} \sum_{i=1}^{n} x_i^r \quad r = 1, 2, 3, 4, \cdots \tag{3-12}$$

$$\hat{\mu}_r = \frac{1}{n} \sum_{i=1}^{n} (x_i - E(x))^r = 2, 3, 4, 5 \tag{3-13}$$

式中,n 为样本容量;$E(x)$ 为样本均值。

样本特征值的数学期望值与总体同一特征值比较接近,如 n 足够大时,其差别更微小。经过证明,样本原点矩 $\hat{m}_r$ 的数学期望正好是总体原点矩 m_r,但样本中心矩 $\hat{\mu}_r$ 的数学期望不是总体中心矩,把 $\hat{\mu}_r$ 经过修正后,再求其数学期望,则可得到 μ_r。修正的数值称为该参数的无偏估计量,然后用它作为参数估计值。

$$E(x) = \frac{1}{n} \sum_{i=1}^{n} x_i \tag{3-14}$$

$$C_v = \sqrt{\frac{\sum (K_i - 1)^2}{n}} \tag{3-15}$$

$$C_s = \frac{\sum (K_i - 1)^3}{n C_v^3} \tag{3-16}$$

式中,$K_i = \dfrac{x_i}{x}$ 为模比系数;$E(x)$ 为数学期望值;C_s 为偏态系数;C_v 为变差系数。

用上述无偏估计公式计算出来的参数作为总体参数的估计时,只能说有很多个同容量的样本资料,个体在样本中是等可能的,其概率都是 $\dfrac{1}{n}$,因此用上述公式计算出来的统计参数的均值、期望等于或近似等于相应总体参数。

而对于某一个具体的样本,计算出来的参数可能大于或小于总体参数,两者存在误差。因此,用有限样本资料计算出来的统计参数估计总体的统计参数会出现一定的误差,这种随机抽样引起的误差,在统计上称为统计误差。

本研究运用武汉大学万飚老师团队基于皮尔逊Ⅲ型曲线模型开发的水文频率分布曲线适线软件(教学版),输入三北工程区 700 多个县级站点 1980~2018 年连续(部分不连续)的降水数据,采用目估适线法,通过手动调整参数进行配线,通过参数估计,给出统计参数的估计值;根据统计参数,给定设计频率即 50% 的频率求设计值作为平水年值,并绘制理论频率曲线;输出计算成果。

（3）空间插值法

影响气象站点降水的因素很多，主要包括气象站点的经纬度、站点高程、坡度、坡向、离水体的距离等。影响降水空间分布的因素不同，所选择的空间插值方法也不同。本研究采用克里金插值法，该方法又称地学统计法，是以南美的一个采矿工程师的名字命名的，应用相当广泛。克里金插值法充分吸收了空间统计的思想，认为任何空间连续性变化的属性非常不规则，不能用简单的平滑数学函数进行模拟，但是可以用随机表面给予较恰当的描述。从数学角度抽象来说，它是一种对空间分布数据求最优、线性、无偏内插的估计。较常规方法而言，它的优点在于不仅考虑了各已知数据点的空间相关性，而且在给出待估计点的数值的同时，还能给出表示估计精度的方差。经过多年的发展与完善，克里金插值法已经有了好几个变种，如普通克里金法、通用克里金法、泛克里金法、协同克里金法等，这些方法分别用于不同的场合。普通克里金法不能考虑地形因素（如高程等）等的影响，而泛克里金法、协同克里金法等可以将高程因素考虑进去，取得的插值效果也比较好。本研究使用 ArcMap 克里金空间插值方法对三北工程区降水进行插值分析。

3.1.1.2　研究结果

（1）三北工程区降水时空变化

三北工程区降水空间分异显著，呈现自东南向西北的递减特征。近 40 年区内各个站点降水观测数据的空间插值结果显示，平水年降水量变化范围为 26.78 ~ 939.08 mm，平均值为 290.47 mm。从降水量等值线空间分布状况来看，东南部降水量等值线分布密集，从 450 mm 迅速向 250 mm 递减，降水梯度变化较大；西北部降水量等值线分布极为稀疏，基本在 250 mm 以下，降水空间分布较为均匀，变化不大（图 3-1）。这一特征与我国降水主要来源于夏季季风输送的水汽有关。我国东部广大地区受东南季风和西南季风的影响大，降水量较大；西北内陆地区受季风影响不明显，降水普遍稀少。

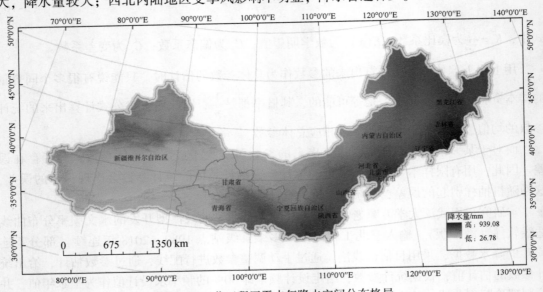

图 3-1　三北工程区平水年降水空间分布格局

400 mm 降水量等值线是我国半湿润与半干旱区、农区和牧区、季风区和非季风区以及森林植被和草原植被的分界线。在三北工程区，400 mm 降水量等值线大致沿兰州—呼和浩特—张家口—海拉尔—赤峰—通辽—乌兰浩特分布，向西南经青藏高原到冈底斯山一线。此线以西以北为半干旱区、干旱区，多为荒漠地区，主要省份有新疆、青海、甘肃、宁夏及内蒙古；此线以东以南地区为三北工程区半湿润区，降水量大于 400 mm。

200 mm 降水量等值线是我国干旱区与半干旱区的分界线。在三北工程区，200 mm 降水量等值线大致沿内蒙古中部的阴山—贺兰山—祁连山经青藏高原北一线。此线以北以西均属于干旱区，我国的沙漠诸如塔克拉玛干沙漠、库姆塔格沙漠、巴丹吉林沙漠主要分布在这一区域。基于降水量等值线区间的统计结果表明，三北工程区平水年降水量小于 200 mm 的干旱区范围最大，面积达 211.72 万 km^2，占三北工程区总面积的 47.12%；降水量在 200 ~ 350 mm 的半干旱区，面积达 84.53 万 km^2，占比为 18.81%；降水量在 350 ~ 450 mm 的范围最小，面积为 59.82 万 km^2，占比为 13.31%；降水量大于 450 mm 的半湿润区，面积为 93.30 万 km^2，占比为 20.76%（表 3-1）。显然，三北工程区大部分地区属于干旱半干旱地区，因而在生态建设中，必须遵循植被自然地带性分布规律，科学选择植被类型与造林树种。

表 3-1 三北工程区不同降水线面积

降水量等值线范围	面积/万 km^2	占比/%
200 mm 以下	211.72	47.12
200 ~ 350 mm	84.53	18.81
350 ~ 450 mm	59.82	13.31
大于 450 mm	93.30	20.76

整个区域内平水年降水总量为 1.183×10^{12} m^3。对过去 40 年中不同年份的降水总量进行分析可以发现，自 1980 年以来，三北工程区降水总量呈现波动中略有增大的变化特征，但增大的趋势并不明显。

分时间段来看，1980 ~ 1990 年和 2000 ~ 2018 年为降水总量增大阶段，1990 ~ 2000 年为减少阶段（图 3-2）。1980 年和 2000 年是降水总量的低值点，降水总量分别为 1.025×10^{12} m^3 和 1.011×10^{12} m^3；1990 年时达到 1980 ~ 2000 年的高值，降水总量为 12.95×10^{11} m^3；2010 年后降水总量波动上升，2018 年达到近 40 年来的最大降水总量。

（2）气候带降水时空变化

根据中国气候区划，进一步将三北工程区划分为 7 个气候带，进行不同气候带的平水年降水状况分析。7 个气候区占三北工程区的面积比例分别为：干旱中温带 21.42%、干旱暖温带 20.17%、青藏高寒带 16.62%、湿润中温带 15.82%、半干旱中温带 14.97%、半湿润暖温带 9.48% 和寒温带 1.52%。

不同气候带平水年降水量平均值在 96.45 ~ 568.08 mm，其中干旱暖温带最低，而湿润中温带最高；降水总量为 2.9×10^{10} ~ 3.66×10^{11} m^3，其中湿润中温带降水总量最多，寒温带降水总量最少（表 3-2）。

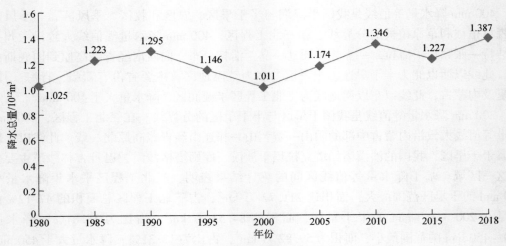

图 3-2　三北工程区降水总量变化趋势

表 3-2　气候带平水年降水量

气候带	最小值/mm	最大值/mm	平均值/mm	降水总量/10^{11} m^3
干旱暖温带	34.23	405.93	96.45	1.17
寒温带	363.25	534.63	465.57	0.29
湿润中温带	378.83	939.08	568.08	3.66
半湿润暖温带	350.53	677.80	498.72	1.92
干旱中温带	49.03	420.66	197.50	1.73
青藏高寒带	26.78	534.81	148.67	1.01
半干旱中温带	171.44	510.16	338.18	2.06

1980～2018 年，不同气候带平水年降水总量呈现不同的变化特征（图 3-3）。湿润中

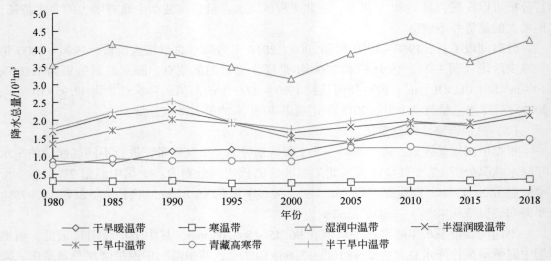

图 3-3　各气候带降水总量变化趋势

温带、干旱中温带和半湿润暖温带的降水总量上下波动特征较为明显，青藏高寒带和干旱暖温带的降水总量有增大的趋势，寒温带的降水总量过去 40 年总体保持相对稳定的状态。

湿润中温带 1980 ~ 1985 年降水总量呈增大趋势；1985 ~ 2000 年降水总量显著减少；此后又逐渐增大，2010 年之后达到历史最高，随后降水总量减少。2015 ~ 2018 年有所回升。半干旱中温带、半湿润暖温带和干旱中温带 1980 ~ 2018 年整体降水总量先增后减，于 2000 年开始降水总量又逐年持续上升。干旱暖温带和青藏高寒带 1980 ~ 2018 年整体降水总量持续波动增加，但干旱暖温带在 2010 年达到降水总量最大，随后减少。寒温带多年来降水总量维持不变，降水总量稳定。

（3）三北工程分区降水时空变化

三北工程区包括东北华北平原农区、风沙区、黄土高原丘陵沟壑区及西北荒漠区。东北华北平原农区平水年降水量均值为 572.75 mm，黄土高原丘陵沟壑区为 472.93 mm，风沙区为 358.25 mm，西北荒漠区为 121.89 mm（表 3-3）。

表 3-3 三北工程分区平水年降水量

分区	最小值/mm	最大值/mm	均值/mm	降水总量/10^{11} m³
东北华北平原农区	348.56	939.08	572.75	3.64
风沙区	136.38	638.85	358.25	3.72
黄土高原丘陵沟壑区	270.47	677.80	472.93	1.44
西北荒漠区	26.78	436.95	121.89	3.03

东北华北平原农区位于三北工程区的东南部，包括黑龙江、吉林、辽宁、内蒙古东北地区和河北东部。区域内平水年最小降水量为 348.56 mm，最大降水量为 939.08 mm，辽宁南部及吉林东部片区降水量最高。东北华北平原农区是三北工程区降水最丰盈的区域。

风沙区主要集中在东北华北平原农区以西以北区域，主要包括内蒙古、宁夏东北部、陕西及河北北部、辽宁西北地区、吉林西部和黑龙江西南部。降水量介于 136.38 ~ 638.85 mm，降水量从东南向西北，随着向内陆延伸而逐渐减少，东部靠近东北华北平原农区，降水充盈，西部靠近西北荒漠区，降水量迅速减少。

黄土高原丘陵沟壑区主要集中在三北工程区的南部，包括青海东部、甘肃、宁夏和陕西南部，山西大部分地区及内蒙古小部分地区。降水量在 270.47 ~ 677.80 mm，降水量自南向北逐步减少，东西部差异较小。

西北荒漠区主要包括新疆、青海和甘肃大部分地区及内蒙古西部。降水量最大值为 436.95 mm，降水量相对较大的区域集中在伊犁河谷地和祁连山山地；降水量最小值为 26.78 mm。新疆南部广大区域降水稀少，荒漠戈壁广布，属于我国极端干旱区。

四个分区中，风沙区、东北华北平原农区、西北荒漠区、黄土高原丘陵沟壑区平水年降水总量分别为 3.72×10^{11} m³、3.64×10^{11} m³、3.03×10^{11} m³、1.44×10^{11} m³（表 3-3）。

在时间尺度上，东北华北平原农区降水总量在 1980 ~ 1985 年缓慢增加，在 1985 年之后持续降低，在 2000 年达到最低值，随后波动上升。在 2010 年出现一个小高峰。黄土高原丘陵沟壑区降水总量多年维持在 1.2×10^{11} ~ 1.7×10^{11} m³，保持稳定，且波动不大。西北荒漠区降水总量在 1980～2018 年呈现持续波动上升。在 2010 年出现一个小峰值。风沙区降水总量在 1980～1990 年持续上升，1990 年达 4.61×10¹¹ m³。之后 10 年中，降水总量急速减少至 3×10¹¹ m³ 左右。随后降水总量持续上升（图 3-4）。

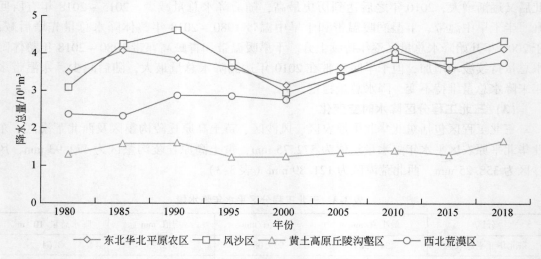

图 3-4　三北工程分区降水总量变化趋势

（4）三北工程生态防护体系建设地区降水时空变化

三北工程生态防护体系建设地区包括东部丘陵平原区、内蒙古高原区、黄土高原区和西北高山盆地区。四个分区中，东部丘陵平原区、黄土高原区、内蒙古高原区、西北高山盆地区平水年降水量平均值分别为 556.53 mm、452.96 mm、331.32 mm、120.15 mm（表 3-4）。

表 3-4　三北工程生态防护体系建设地区平水年降水量

分区	最小值/mm	最大值/mm	平均值/mm	降水总量/10¹¹ m³
东部丘陵平原区	361.48	39.08	56.53	4.17
内蒙古高原区	110.52	526.93	331.23	2.99
黄土高原区	218.56	677.80	452.96	1.74
西北高山盆地区	26.78	435.07	120.15	2.91

东部丘陵平原区位于三北工程区的东南部，包括黑龙江、吉林、辽宁、内蒙古东北地区和河北东部。降水量最小值为 361.48 mm，最大值为 939.08 mm，辽宁南部及吉林东部片区降水量最高。总体来看，该区是三北工程区降水最丰盈的区域。

黄土高原区主要集中在三北工程区的南部，包括青海东部，甘肃、宁夏和陕西南部，山西大部分地区及内蒙古小部分地区。降水量介于 218.56～677.80 mm，降水量自东南向西北方向逐步减少。

内蒙古高原区主要集中在三北工程区的北部和东北部，主要包括内蒙古中部以东大部分地区、宁夏北部和河北北部。降水量介于 110.52～526.93 mm，降水量从西北向东南逐渐增加，内蒙古东部降水量最高，东西部差异大。

西北高山盆地区主要集中在三北工程区西部，主要包括新疆、内蒙古西部、青海西部和甘肃西北部。降水量介于 26.78 ~ 435.07 mm，降水量东南部和西北部高，中部、西南部低，降水量差异显著。

东部丘陵平原区、内蒙古高原区、西北高山盆地区、黄土高原区平水年降水总量分别为 $4.17×10^{11}$ m^3、$2.99×10^{11}$ m^3、$2.91×10^{11}$ m^3 和 $1.74×10^{11}$ m^3（表 3-4）。

在时间尺度上，东部丘陵平原区降水总量在 1980 ~ 1985 年缓慢增加，在 1985 年之后持续降低，在 2000 年达到最低值，随后波动上升。在 2010 年出现一个小高峰。黄土高原区降水总量多年维持在 $1.4×10^{11}$ ~ $2.1×10^{11}$ m^3，保持稳定，且波动不大。西北高山盆地区降水总量在 1980 ~ 2018 年呈现持续波动上升。在 2010 年出现一个小峰值。内蒙古高原区降水总量在 1980 ~ 1990 年持续上升，1990 年达 $3.7×10^{11}$ m^3。之后 10 年中，降水总量急速减少至约 $2.4×10^{11}$ m^3，随后降水总量持续上升（图 3-5）。

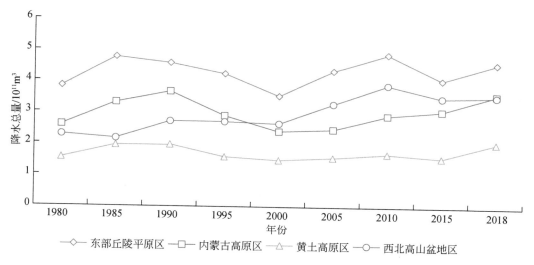

图 3-5　三北工程生态防护体系建设地区降水总量变化趋势

（5）不同省份降水时空变化

在行政区划上，三北工程区包括 13 个省（自治区、直辖市）。根据各省份平水年降水值，从大到小依次为吉林、辽宁、天津、黑龙江、北京、陕西、河北、山西、宁夏、内蒙古、甘肃、青海、新疆。东北三省是三北工程区降水量最为丰富的省份，平水年降水量在 500 mm 以上，其中吉林省降水量最大，可达 624.77 mm，但降水变幅也大，降水最小值不足 400 mm，最大值可达 900 mm 以上。华北地区的五个省（自治区、直辖市）中，降水量从高到低依次为天津、北京、河北、山西和内蒙古。天津和北京降水量大于 500 mm，河北和山西降水量大于 450 mm，由于东西向跨度大，内蒙古降水量平均值不足300 mm，最小值只有 49.03 mm，最大值可达 541.46 mm，降水量的空间差异十分显著（表 3-5）。

表 3-5　不同省份平水年降水量

省份	最小值/mm	最大值/mm	平均值/mm	降水总量/$10^{11}m^3$
北京	452.82	607.34	538.48	0.09
甘肃	55.15	649.11	237.40	0.78
河北	327.86	625.21	480.18	0.58
黑龙江	423.84	680.03	544.25	1.75
吉林	372.45	939.08	624.77	1.04
辽宁	401.76	849.55	610.19	0.58
内蒙古	49.03	541.46	292.17	3.33
宁夏	180.77	546.94	302.07	0.16
青海	41.32	442.30	188.65	0.72
山西	378.97	528.14	453.85	0.37
陕西	309.88	677.80	501.13	0.61
天津	519.72	619.13	567.47	0.03
新疆	26.78	341.06	109.35	1.79

　　西北五省（自治区）中，陕西平水年降水量平均值为 501.13 mm，最为丰富；其次为宁夏，平水年降水量平均值为 302.07 mm；新疆平水年降水量平均值最低，只有109.35 mm。

　　三北工程区各省（自治区、直辖市）平水年降水总量差异大（表 3-5），这主要取决于单位面积降水量和土地面积占比情况。内蒙古降水总量最大，位列三北工程区第一，达 $3.33×10^{11}$ m^3，新疆因地处西北内陆干旱地区，大部分地区单位面积降水量稀少，降水总量为 $1.79×10^{11}$ m^3，位列第二。黑龙江位列第三，降水总量为 $1.75×10^{11}$ m^3。降水总量最少的是天津和北京，降水总量分别只有 $3×10^9$ m^3 和 $9×10^9$ m^3。

　　在时间尺度上，东北地区的黑龙江、吉林和辽宁在 1980～1985 年整体降水总量增加。黑龙江在 1985～2018 年降水总量先减少后增加，在 2018 年达到历史最高。吉林在 1985～2010 年降水总量先减少后增加，2010 年达到近 40 年最高，随后降水总量急速减少，然后增加。辽宁 1985～1995 年降水总量整体保持平稳，随后 1995～2000 年降水总量减少。在 2000～2018 年整体降水总量先增加后减少（图 3-6）。

　　华北地区中，河北、北京、山西和天津降水总量基本保持稳定，河北在 1985～2000 年有小幅度波动，先缓慢增加随后减少。内蒙古降水总量波动变化大，在 1980～1990 年持续上升，随后在减少，至 2000 年达到最低，随后降水总量持续逐年上升（图 3-6）。

　　西北地区中，新疆降水总量波动起伏大，其余四省（自治区）降水变化趋势大体一致（图 3-6）。新疆降水总量 1980～1985 年减少，随后 1985～2010 年逐年缓慢增加，2010 年达到近 40 年来最大值。2010～2018 年降水总量急剧减少。甘肃整体降水总量保持平稳，1980～1995 年有小幅度变化，先增加后减少。2015 年之后降水总量增加。青海降水总量

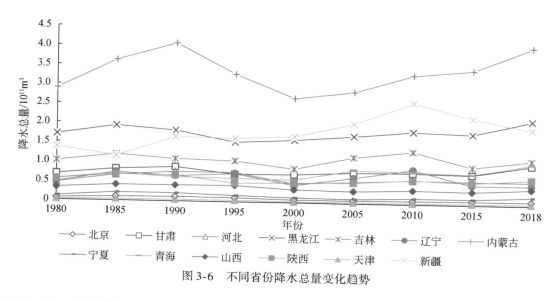

图 3-6　不同省份降水总量变化趋势

1980～2018 年整体呈现上升趋势。陕西降水总量整体保持平稳，1980～1955 年有小幅度波动，先增后减，随后保持平稳，增加趋势不明显。宁夏降水总量多年来保持平稳，变化幅度不大。

（6）植被分区降水时空变化

根据平水年降水量统计情况，降水量平均值从大到小依次为森林植被区>稀树灌草植被区>草原植被区>高原植被区>荒漠植被区（表 3-6）。森林植被区主要分布在半湿润区域，降水量平均值为 524.27 mm。包括东北地区大部分区域、华北、黄土高原东南部区域、新疆北部以西部分区域，降水量普遍较为丰富，部分地区最高达 900 mm 以上。稀树灌草植被区主要分布在华北燕山山脉、黄土高原东部、青藏高原东北缘及天山山脉等区域，大部分属于半干旱区，平水年降水量平均值为 340.73 mm，最大值可达 450 mm 左右，最小值为 154.18 mm。草原植被区大部分属干旱半干旱区，主要分布于内蒙古东部和中部、黄土高原北部、青藏高原东北部、塔里木盆地和准噶尔盆地周边等区域。该区平水年降水量平均值为 222.24 mm，最小值为 70.68 mm，最大值为 341.06 mm。高原植被区主要分布在青藏高原北部及天山山脉高海拔地区，平水年降水量平均值为 131.82 mm。实际上，由于水平地带性和垂直地带性的共同作用，降水量的空间差异极为显著。平水年降水量最大值可达 465.36 mm，最小值只有 26.78 mm。不同气温与降水的组合使得该区域植被类型颇为丰富。荒漠植被区主要分布于内蒙古西部阿拉善盟荒漠和戈壁地区、青藏高原北缘、塔里木盆地周边、古尔班通古特沙漠区域等地，大部分属于极干旱区，平水年降水量平均值为 88.05 mm，最大值为 217.81 mm，最小值为 34.23 mm。

表 3-6　植被分区平水年降水量

植被分区	最小值/mm	最大值/mm	平均值/mm	降水总量/10^{11} m³
荒漠植被区	34.23	217.81	88.05	1.16
草原植被区	70.68	341.06	222.24	1.44

植被分区	最小值/mm	最大值/mm	平均值/mm	降水总量/10^{11} m³
稀树灌草植被区	154.18	453.82	340.73	2.01
森林植被区	178.39	939.08	524.27	6.27
高原植被区	26.78	465.36	131.82	0.94

五个植被区中，森林植被区平水年降水总量最高（表 3-6），远远高于其他地区，为 6.27×10^{11} m³。其次为稀树灌草植被区，降水总量为 2.01×10^{11} m³。草原植被区降水总量为 1.44×10^{11} m³，荒漠植被区降水总量为 1.16×10^{11} m³，高原植被区降水总量最少，为 9.4×10^{10} m³。

1980～2018 年，森林植被区年降水总量波动明显，其余植被分区的变化相对和缓（图 3-7）。1980～1990 年，森林植被区平水年降水总量先增后稳，1990 年后减少，2000 年达到最低值，2000～2018 年波动增加。稀树灌草植被区和草原植被区降水总量在 1980～2018 年都呈现波动增加的变化状况，1980～2000 年先增后减，2000 年之后持续缓慢增加。荒漠植被区降水总量总体上呈现波动增加的变化状况。高原植被区降水总量增加至 1985 年后有轻微的降低，2000 年之后持续上升。

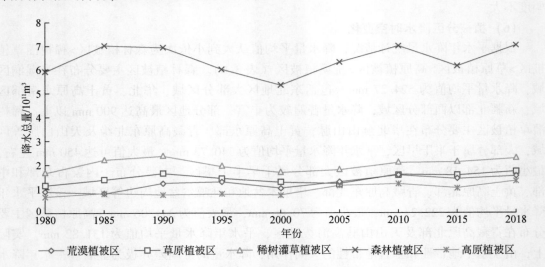

图 3-7　植被分区降水总量变化趋势

（7）三北工程重点建设区降水时空格局与变化趋势

三北工程区设立了 18 个重点建设区，分别为松辽平原重点建设区、松嫩平原重点建设区、海河流域重点建设区、科尔沁沙地重点建设区、毛乌素沙地重点建设区、呼伦贝尔沙地重点建设区、浑善达克沙地重点建设区、河套平原重点建设区、晋西北重点建设区、晋陕峡谷重点建设区、泾河渭河流域重点建设区、湟水河流域重点建设区、河西走廊重点建设区、柴达木盆地重点建设区、天山北坡谷地重点建设区、准噶尔盆地南缘重点建设区、塔里木盆地周边重点建设区、阿拉善地区重点建设区。

18 个重点建设区平水年降水量平均值由大到小依次为海河流域重点建设区>松辽平原重点建设区>松嫩平原重点建设区>泾河渭河流域重点建设区>晋陕峡谷重点建设区>科尔沁沙地重点建设区>晋西北重点建设区>湟水河流域重点建设区>呼伦贝尔沙地重点建设区>毛乌素沙地重点建设区>天山北坡谷地重点建设区>浑善达克沙地重点建设区>准噶尔盆地南缘重点建设>河套平原重点建设区>河西走廊重点建设区>柴达木盆地重点建设区>阿拉善地区重点建设区>塔里木盆地周边重点建设区。18 个重点建设区降水总量为 63.2 亿 ~ 1053.8 亿 m³，其中湟水河流域重点建设区最低，科尔沁沙地重点建设区最高（表 3-7）。

表 3-7 三北工程重点建设区平水年降水量

分区	重点建设区	最小值 /mm	最大值 /mm	平均值 /mm	降水总量 /亿 m³
东北华北平原农区	松辽平原重点建设区	439.40	655.06	530.11	84.3
	松嫩平原重点建设区	445.13	593.73	516.89	261.5
	海河流域重点建设区	472.22	625.21	551.58	113.7
风沙区	科尔沁沙地重点建设区	360.79	638.85	443.81	1053.8
	毛乌素沙地重点建设区	161.53	494.95	327.16	488.1
	呼伦贝尔沙地重点建设区	245.84	434.06	331.25	273.0
	浑善达克沙地重点建设区	179.31	426.27	283.77	567.8
	河套平原重点建设区	110.52	418.47	216.88	222.7
黄土高原丘陵沟壑区	晋西北重点建设区	395.39	461.29	433.11	73.8
	晋陕峡谷重点建设区	380.62	588.81	506.20	218.0
	泾河渭河流域重点建设区	317.72	677.80	508.66	324.1
	湟水河流域重点建设区	354.23	442.30	403.04	63.2
西北荒漠区	河西走廊重点建设区	55.15	349.28	151.70	179.7
	柴达木盆地重点建设区	45.57	353.34	148.49	280.4
	天山北坡谷地重点建设区	191.76	334.23	288.24	160.9
	准噶尔盆地南缘重点建设区	145.68	341.06	228.99	297.2
	塔里木盆地周边重点建设区	26.78	306.79	71.25	738.6
	阿拉善地区重点建设区	49.03	233.69	110.61	265.3

3.1.2 三北工程区降水历史变化趋势分析

3.1.2.1 研究方法

本研究主要采用 Mann-Kendall 趋势检验和 ArcGIS 空间分析等方法，开展年降水量、生长季降水量和非生长季降水量多尺度变化趋势与突变分析研究。

Mann-Kendall 方法是一种基于秩的非参数统计检验方法，不需要样本遵从一定的分布，也不受少数异常值的干扰，适用性强，是时间序列趋势分析的有效方法之一，对揭示整体时间序列演变趋势与突变情况有良好的表现。由世界气象组织（World Meteorological Organization，WMO）推荐并已广泛应用于气温、降水等要素时间序列的变化趋势与突变分析。

（1）非参数 Mann-Kendall 趋势检验

定义检验统计量 S 为

$$S = \sum_{i=2}^{n} \sum_{j=1}^{i-1} \text{sign}(D_i - D_j) \tag{3-17}$$

式中，$i \neq j$，且 i，$j \leq n$，sign（ ）为符号函数。当 $D_i - D_j$ 小于、等于或大于 0 时，$\text{sign}(D_i - D_j)$ 分别为 -1、0 或 1。当为长时间序列时（$n > 10$），统计量 Z 为

$$Z = \begin{cases} (S-1)/\sqrt{n(n-1)(2n+5)/18} & S>0 \\ 0 & S=0 \\ (S+1)/\sqrt{n(n-1)(2n+5)/18} & S<0 \end{cases} \tag{3-18}$$

当 $Z>0$ 时，时间序列呈增加趋势；当 $Z<0$ 时，时间序列呈减少趋势。当 Z 的绝对值 ≥ 1.28、1.64、2.32 时，表示判别结果分别通过了信度为 90%、95%、99% 的显著性检验。

（2）Mann-Kendall 突变检验

设有时间序列：D_2，D_3，$\cdots$，D_n，构造一秩序列 r_i，r_i 表示 $D_i > D_j (1 \leq j \leq i)$ 的样本累计数。定义 S_k 为

$$S_k = \sum_{i=1}^{k} r_i \quad k = 2,3,\cdots,n \tag{3-19}$$

式中，当 $D_i > D_j$ 时，$r_i = 1$；当 $D_i \leq D_j$ 时，$r_i = 0 (j = 1, 2, \cdots, i)$。

S_k 的期望值 $E(S_k)$ 及其序列方差 $\text{var}(S_k)$ 分别由式（3-20）和式（3-21）定义：

$$E(S_k) = \frac{n(n+1)}{4} \tag{3-20}$$

$$\text{var}(S_k) = \frac{n(n-1)(2n+5)}{72} \tag{3-21}$$

假定数据序列具有独立性，定义统计量：

$$\text{UF}_k = \frac{S_k - E(S_k)}{\sqrt{\text{var}(S_k)}} \quad k = 1,2,\cdots,n \tag{3-22}$$

式中，UF_k 遵从标准正态分布，当给定一个显著性水平 α 时，通过正态分布表可得临界值 U_α。如 α 取 0.05 时，其临界值 $U_\alpha = \pm 1.96$。当 $|\text{UF}_k| > U_\alpha$ 时，表示时间序列存在显著的随时间增加或随时间减少趋势。将历年所有 UF_k 点绘成一条曲线，通过信度检验可判定其是否具有增加或减少趋势。将此方法在该时间序列的反序列中运用，重复上述各步计算，并将计算结果乘以 -1，得到新时间序列 UB_k。

分别绘出 UF_k 和 UB_k 时序图，当 UF_k 大于 0 时，序列为增加趋势，反之为减少趋势。如 UF_k 超过临界值，则表示增加或减少趋势达到显著水平。当 UF_k 与 UB_k 两条曲线出现交点，且交点在临界值之间时，则交点所对应的时间就是突变开始时间。

3.1.2.2 研究结果

根据三北工程区范围内国家地面气象观测站 1951~2018 年 739 个站点的降水日值观测数据，计算各个站点 1951~2018 年逐年的全年、生长季与非生长季降水量，分别计算各个站点全年、生长季与非生长季降水量的非参数 Mann-Kendall 检验统计量 Z 值。将三北工程区各个站点年降水量的非参数 Mann-Kendall 检验统计量 Z 值进行空间插值，确定不同区域降水量变化趋势。按 Z 值大小分为 <-2.32、-2.32~-1.64、-1.64~-1.28、-1.28~0、0~1.28、1.28~1.64、1.64~2.32 和 >2.32 八个等级，对应的降水变化趋势类型分别为 99% 信度减少（极高信度显著减少）、95% 信度减少（高信度显著减少）、90% 信度减少（较高信度显著减少）、不显著减少、不显著增加、90% 信度增加（较高信度显著增加）、95% 信度增加（高信度显著增加）、99% 信度增加（极高信度显著增加）。

（1）三北工程区降水历史变化趋势

A. 三北工程区年降水量历史变化趋势

根据三北工程区年降水量非参数 Mann-Kendall 检验统计量 Z 值分布图，统计得到不同信度条件下年降水量变化趋势的面积及其面积百分比（表3-8 和图3-8）。三北工程区年降水量有 5.01% 的区域呈减少趋势，主要分布在三北工程区东部地区，面积约 $2.25×10^5$ km^2；有 59.87% 的区域呈不明显减少或增加趋势，维持相对稳定，主要分布在三北工程区中西部地区，面积约 $2.69×10^6$ km^2；有 35.12% 的区域呈明显增加趋势，主要分布在三北工程区西部地区，面积约 $1.13×10^6$ km^2。总体来看，三北工程区年降水量呈明显增加趋势，可为植被建设提供较好的降水条件。

表 3-8　三北工程区年降水量变化趋势

Z 值	变化趋势	面积百分比/%	Z 值大小	显著性检验	趋势类	面积百分比/%
<-1.28	减少	5.01	<-2.32	信度 99%	极高信度显著减少	0
			-2.32~-1.64	信度 95%	高信度显著减少	0.89
			-1.64~-1.28	信度 90%	较高信度显著减少	4.12
-1.28~1.28	相对稳定	59.87	-1.28~0	不显著	不显著减少	31.65
			0~1.28	不显著	不显著增加	28.22
>1.28	增加	35.12	1.28~1.64	信度 90%	较高信度显著增加	13.80
			1.64~2.32	信度 95%	高信度显著增加	17.36
			>2.32	信度 99%	极高信度显著增加	3.96
合计	—	100.00				100.00

三北工程区年降水量呈明显增加趋势的区域中，3.96% 的区域呈极高信度显著增加趋势，17.36% 的区域呈高信度显著增加趋势，13.80% 的区域呈较高信度显著增加趋势。三北工程区年降水量呈显著减少趋势的区域中，4.12% 的区域呈较高信度显著减少趋势，0.89% 的区域呈高信度显著减少趋势。三北工程区年降水量变化趋势保持相对稳定的区域中，28.22% 的区域呈不显著增加趋势，31.65% 的区域呈不显著减少趋势。

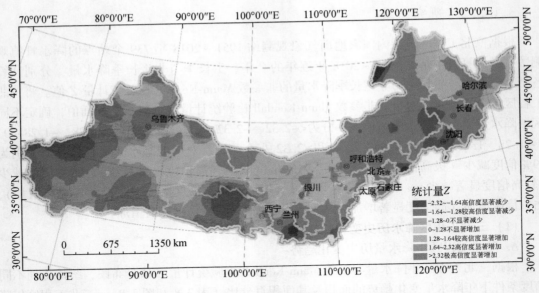

图 3-8　三北工程区年降水量变化趋势空间格局

B. 三北工程区生长季降水量历史变化趋势

根据三北工程区生长季（4~9月）降水量非参数 Mann-Kendall 检验统计量 Z 值分布图，统计得到不同信度条件下生长季降水量变化趋势的面积及其面积百分比（表3-9 和图3-9）。三北工程区生长季降水量有 2.18% 的区域呈减少趋势，主要分布在内蒙古北部、甘肃东南部、河北东部和辽宁东北部地区，面积约 9.79 万 km^2；有 60.51% 的区域呈不明显减少或增加趋势，维持相对稳定，主要分布在三北工程区东部和北部地区，面积约 $2.72 \times 10^6\ km^2$；有 37.31% 的区域呈明显增加趋势，主要分布在三北工程区西南部地区，面积约 $1.68 \times 10^6\ km^2$。总体来看，三北工程区生长季降水量呈明显增加趋势，且比年降水量的增加更为明显，这可能有利于植被生加发育。

表 3-9　三北工程区生长季（4~9月）降水量变化趋势

Z 值	变化趋势	面积百分比/%	Z 值大小	显著性检验	趋势类	面积百分比/%
<-1.28	减少	2.18	<-2.32	信度99%	极高信度显著减少	0
			-2.32 ~ -1.64	信度95%	高信度显著减少	0.28
			-1.64 ~ -1.28	信度90%	较高信度显著减少	1.90
-1.28 ~ 1.28	相对稳定	60.51	-1.28 ~ 0	不显著	不显著减少	27.72
			0 ~ 1.28	不显著	不显著增加	32.79
>1.28	增加	37.31	1.28 ~ 1.64	信度90%	较高信度显著增加	10.60
			1.64 ~ 2.32	信度95%	高信度显著增加	20.63
			>2.32	信度99%	极高信度显著增加	6.08
合计	—	100.00				100.00

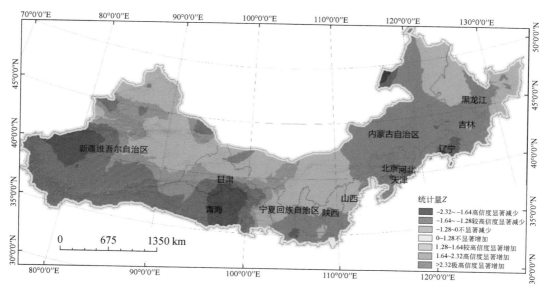

图 3-9　三北工程区生长季（4~9月）降水量变化趋势空间格局

三北工程区生长季（4~9月）降水量有 6.08% 的区域呈增加趋势通过信度为 99% 的显著性检验，有 20.63% 的区域呈增加趋势通过信度为 95% 的显著性检验，有 10.60% 的区域呈增加趋势通过信度为 90% 的显著性检验，有 32.79% 的区域呈增加趋势但增加趋势不显著；三北工程区生长季降水量有 27.72% 的区域呈减少趋势但减少趋势不显著，有 1.90% 的区域呈减少趋势通过信度为 90% 的显著性检验，有 0.28% 的区域呈减少趋势通过信度为 95% 的显著性检验。三北工程区生长季降水量有 2.18% 的区域呈减少趋势，有 60.51% 的区域呈不明显减少或增加趋势，维持相对稳定，37.31% 的区域呈明显增加趋势。总体上，三北工程区生长季降水量呈明显增加趋势，可为植被建设提供较好降水条件。

C. 三北工程区非生长季降水量历史变化趋势

根据三北工程区非生长季（1~3月和10~12月）降水量非参数 Mann-Kendall 检验统计量 Z 值分布图，统计得到不同信度条件下非生长季降水量变化趋势的面积及其面积百分比（表 3-10 和图 3-10）。三北工程区非生长季年降水量有 0.47% 的区域呈减少趋势，有 62.74% 的区域呈不明显减少或增加趋势，维持相对稳定，36.79% 的区域呈明显增加趋势，总体来看，三北工程区非生长季降水量也呈明显增加趋势。

表 3-10　三北工程区非生长季（1~3月和10~12月）降水量变化趋势

Z 值	变化趋势	面积百分比/%	Z 值大小	显著性检验	趋势类	面积百分比/%
<-1.28	减少	0.47	<-2.32	信度99%	极高信度显著减少	0
			-2.32~-1.64	信度95%	高信度显著减少	0.12
			-1.64~-1.28	信度90%	较高信度显著减少	0.35

Z 值	变化趋势	面积百分比/%	Z 值大小	显著性检验	趋势类	面积百分比/%
−1.28～1.28	相对稳定	62.74	−1.28～0	不显著	不显著减少	7.48
			0～1.28	不显著	不显著增加	55.26
>1.28	增加	36.79	1.28～1.64	信度 90%	较高信度显著增加	14.55
			1.64～2.32	信度 95%	高信度显著增加	12.47
			>2.32	信度 99%	极高信度显著增加	9.77
合计	—	100.00	—	—	—	100.00

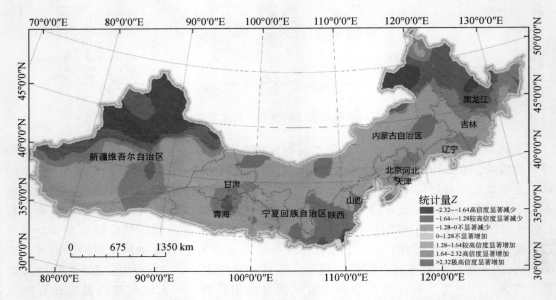

图 3-10　三北工程区非生长季（1～3 月和 10～12 月）降水量变化趋势空间格局

三北工程区非生长季（1～3 月和 10～12 月）降水量有 9.77% 的区域呈增加趋势通过信度为 99% 的显著性检验，有 12.47% 的区域呈增加趋势通过信度为 95% 的显著性检验，有 14.55% 的区域呈增加趋势通过信度为 90% 的显著性检验，有 55.26% 的区域呈增加趋势但增加趋势不显著；三北工程区非生长季降水量有 7.48% 的区域呈减少趋势但减少趋势不显著，有 0.35% 的区域呈减少趋势通过信度为 90% 的显著性检验，有 0.12% 的区域呈减少趋势通过信度为 95% 的显著性检验。三北工程区生长季降水量有 0.47% 的区域呈减少趋势，有 62.74% 的区域呈不明显减少或增加趋势，维持相对稳定，36.79% 的区域呈明显增加趋势。总体上，三北工程区非生长季降水量也呈明显增加趋势，可提供较好的土壤水储备，为来年植被建设提供较好水分条件。

（2）三北工程分区降水历史变化趋势

A. 三北工程分区年降水量历史变化趋势

根据降水量非参数 Mann-Kendall 检验统计量 Z 值分布图，统计得到三北工程四个分区（东北华北平原农区、风沙区、黄土高原丘陵沟壑区、西北荒漠区）年降水量非参数

Mann-Kendall 检验统计量 Z 值取值区间及其面积百分比（表 3-11）。

表 3-11 三北工程分区年降水量变化趋势

区域	非参数 Mann-Kendall 检验统计量 Z 值与变化趋势						
	-2.32 ~ -1.64	-1.64 ~ -1.28	-1.28 ~ 0	0 ~ 1.28	1.28 ~ 1.64	1.64 ~ 2.32	>2.32
	显著减少	较显著减少	不显著减少	不显著增加	较显著增加	显著增加	极显著增加
东北华北平原农区	2.07%	7.80%	59.02%	31.11%			
风沙区	1.78%	8.99%	66.64%	22.59%			
黄土高原丘陵沟壑区	2.58%	13.46%	65.58%	18.22%	0.16%		
西北荒漠区			5.88%	31.04%	24.77%	31.19%	7.12%

区域	-2.32 ~ -1.28	-1.28 ~ 1.28	>1.28
	减少	相对稳定	增加
东北华北平原农区	9.87%	90.13%	
风沙区	10.77%	89.23%	
黄土高原丘陵沟壑区	16.04%	83.80%	0.16%
西北荒漠区		36.92%	63.08%

东北华北平原农区年降水量总体上呈现减少趋势，其中呈现减少趋势的面积占 9.87%，有 90.13% 的区域年降水量相对稳定。风沙区年降水量总体上呈现减少趋势，其中呈现减少趋势的面积占 10.77%，有 89.23% 的区域年降水量相对稳定。黄土高原丘陵沟壑区年降水量总体上呈现减少趋势，其中呈现减少趋势的面积占 16.04%，有 83.80% 的区域年降水量相对稳定，只有 0.16% 的区域年降水量呈增加趋势。西北荒漠区年降水量总体上呈增加趋势，其中有 36.92% 的区域年降水量相对稳定，有 63.08% 的区域年降水量呈增加趋势。

B. 三北工程分区生长季降水量历史变化趋势

根据降水量非参数 Mann-Kendall 检验统计量 Z 值分布图，统计得到三北工程四个分区（东北华北平原农区、风沙区、黄土高原丘陵沟壑区、西北荒漠区）生长季（4~9 月）降水量非参数 Mann-Kendall 检验统计量 Z 值取值区间及其面积百分比（表 3-12）。

表 3-12 三北工程分区生长季（4~9 月）降水量变化趋势

区域	非参数 Mann-Kendall 检验统计量 Z 值与变化趋势						
	-2.32 ~ -1.64	-1.64 ~ -1.28	-1.28 ~ 0	0 ~ 1.28	1.28 ~ 1.64	1.64 ~ 2.32	>2.32
	显著减少	较显著减少	不显著减少	不显著增加	较显著增加	显著增加	极显著增加
东北华北平原农区		7.35%	51.09%	41.56%			
风沙区	1.22%	2.90%	66.01%	29.87%			
黄土高原丘陵沟壑区		2.57%	61.82%	34.41%	1.20%		
西北荒漠区			1.58%	31.55%	18.93%	37.02%	10.92%

区域	−2.32 ~ −1.28	−1.28 ~ 1.28	>1.28
	减少	相对稳定	增加
东北华北平原农区	7.35%	92.65%	
风沙区	4.12%	95.88%	
黄土高原丘陵沟壑区	2.57%	96.23%	1.20%
西北荒漠区		33.13%	66.87%

东北华北平原农区生长季降水量总体上减少趋势强于增加趋势，其中呈现减少趋势的面积占7.35%，有92.65%的区域降水量相对稳定。风沙区生长季降水量总体上减少趋势强于增加趋势，其中呈现减少趋势的面积占4.12%，有95.88%的区域降水量相对稳定。黄土高原丘陵沟壑区生长季降水量总体上减少趋势强于增加趋势，其中呈现减少趋势的面积占2.57%，有96.23%的区域降水量相对稳定，只有1.20%的区域降水量呈增加趋势。西北荒漠区生长季降水量总体上呈增加趋势，其中有33.13%的区域降水量相对稳定，有66.87%的区域降水量呈增加趋势。

C. 三北工程分区非生长季降水量历史变化趋势

根据降水量非参数 Mann-Kendall 检验统计量 Z 值分布图，统计得到三北工程四个分区（东北华北平原农区、风沙区、黄土高原丘陵沟壑区、西北荒漠区）非生长季（1~3月和10~12月）降水量非参数 Mann-Kendall 检验统计量 Z 值取值区间及其面积百分比（表3-13）。

表3-13 三北工程分区非生长季（1~3月和10~12月）降水量变化趋势

区域	非参数 Mann-Kendall 检验统计量 Z 值与变化趋势						
	−2.32 ~ −1.64	−1.64 ~ −1.28	−1.28 ~ 0	0 ~ 1.28	1.28 ~ 1.64	1.64 ~ 2.32	>2.32
	显著减少	较显著减少	不显著减少	不显著增加	较显著增加	显著增加	极显著增加
东北华北平原农区			2.40%	33.86%	28.10%	32.59%	3.05%
风沙区			11.36%	66.30%	8.35%	6.75%	7.24%
黄土高原丘陵沟壑区	1.75%	5.09%	51.33%	41.83%			
西北荒漠区			1.81%	57.83%	15.41%	11.20%	13.75%

区域	−2.32 ~ −1.28	−1.28 ~ 1.28	>1.28
	减少	相对稳定	增加
东北华北平原农区		36.26%	63.74%
风沙区		77.66%	22.34%
黄土高原丘陵沟壑区	6.84%	93.16%	
西北荒漠区		59.64%	40.36%

东北华北平原农区非生长季降水量总体上呈增加趋势，其中有36.26%的区域降水量相对稳定，呈增加趋势的面积占63.74%。风沙区非生长季降水量总体上呈增加趋势，其

中有77.66%的区域降水量相对稳定,呈增加趋势的面积占22.34%。黄土高原丘陵沟壑区非生长季降水量总体上减少趋势强于增加趋势,其中有93.16%的区域降水量相对稳定,有6.84%的区域降水量呈减少趋势。西北荒漠区非生长季降水量总体上呈增加趋势,其中有59.64%的区域降水量相对稳定,有40.36%的区域降水量呈增加趋势。

(3)三北工程生态防护体系建设地区降水历史变化趋势

A. 三北工程生态防护体系建设地区年降水量历史变化趋势

根据降水量非参数 Mann-Kendall 检验统计量 Z 值分布图,统计得到三北工程生态防护体系建设地区(东部丘陵平原区、内蒙古高原区、黄土高原区、西北高山盆地区)年降水量非参数 Mann-Kendall 检验统计量 Z 值取值区间及其面积百分比(表3-14)。

表3-14 三北工程生态防护体系建设地区年降水量变化趋势

区域	非参数 Mann-Kendall 检验统计量 Z 值与变化趋势						
	−2.32 ~ −1.64	−1.64 ~ −1.28	−1.28 ~ 0	0 ~ 1.28	1.28 ~ 1.64	1.64 ~ 2.32	>2.32
	显著减少	较显著减少	不显著减少	不显著增加	较显著增加	显著增加	极显著增加
东部丘陵平原区	1.75%	14.92%	59.03%	24.30%			
内蒙古高原区	2.04%	3.40%	66.55%	28.01%			
黄土高原区	2.04%	10.61%	64.05%	23.30%			
西北高山盆地区			5.06%	30.40%	25.49%	31.73%	7.32%

区域	−2.32 ~ −1.28	−1.28 ~ 1.28	>1.28
	减少	相对稳定	增加
东部丘陵平原区	16.67%	83.33%	
内蒙古高原区	5.44%	94.56%	
黄土高原区	12.65%	87.35%	
西北高山盆地区		35.46%	64.54%

东部丘陵平原区年降水量总体上呈现减少趋势,其中有83.33%的区域年降水量相对稳定,有16.67%的区域呈现减少趋势。内蒙古高原区年降水量总体上呈现减少趋势,其中有94.56%的区域年降水量相对稳定,有5.44%的区域呈现减少趋势。黄土高原区年降水量总体上呈现减少趋势,其中有87.35%的区域年降水量相对稳定,有12.65%的区域呈现减少趋势。西北高山盆地区年降水量总体上呈现增加趋势,其中,有35.46%的区域年降水量相对稳定,有64.54%的区域呈现增加趋势。

B. 三北工程生态防护体系建设地区生长季降水量历史变化趋势

根据降水量非参数 Mann-Kendall 检验统计量 Z 值分布图,统计得到三北工程生态防护体系建设地区(东部丘陵平原区、内蒙古高原区、黄土高原区、西北高山盆地区)生长季(4~9月)降水量非参数 Mann-Kendall 检验统计量 Z 值取值区间及其面积百分比(表3-15)。

表 3-15　三北工程生态防护体系建设地区生长季（4~9月）降水量变化趋势

区域	非参数 Mann-Kendall 检验统计量 Z 值与变化趋势						
	−2.32 ~ −1.64	−1.64 ~ −1.28	−1.28 ~ 0	0 ~ 1.28	1.28 ~ 1.64	1.64 ~ 2.32	>2.32
	显著减少	较显著减少	不显著减少	不显著增加	较显著增加	显著增加	极显著增加
东部丘陵平原区		7.65%	60.00%	32.35%			
内蒙古高原区	1.39%	2.15%	60.29%	35.87%	0.30%		
黄土高原区		2.04%	56.92%	40.55%	0.49%		
西北高山盆地区			0.95%	30.66%	19.39%	37.85%	11.15%

区域	−2.32 ~ −1.28	−1.28 ~ 1.28	>1.28
	减少	相对稳定	增加
东部丘陵平原区	7.65%	92.35%	
内蒙古高原区	3.54%	96.16%	0.30%
黄土高原区	2.04%	97.47%	0.49%
西北高山盆地区		31.61%	68.39%

东部丘陵平原区生长季降水量总体上减少趋势强于增加趋势，其中有 92.35% 的区域相对稳定，有 7.65% 的区域呈现减少趋势。内蒙古高原区生长季降水量总体上减少趋势强于增加趋势，其中仅有 0.30% 的区域呈现增加趋势，有 96.16% 的区域相对稳定，有 3.54% 的区域呈现减少趋势。黄土高原区生长季降水量总体上减少趋势强于增加趋势，其中仅有 0.49% 的区域呈现增加趋势，有 97.47% 的区域相对稳定，有 2.04% 的区域呈现减少趋势。西北高山盆地区生长季降水量总体上呈现增加趋势，其中有 68.39% 的区域呈现增加趋势，有 31.61% 的区域相对稳定。

C. 三北工程生态防护体系建设地区非生长季降水量历史变化趋势

根据降水量非参数 Mann-Kendall 检验统计量 Z 值分布图，统计得到三北工程生态防护体系建设地区（东部丘陵平原区、内蒙古高原区、黄土高原区、西北高山盆地区）非生长季（1~3月和10~12月）降水量非参数 Mann-Kendall 检验统计量 Z 值取值区间及其面积百分比（表 3-16）。

表 3-16　三北工程生态防护体系建设地区非生长季（1~3月和10~12月）降水量变化趋势

区域	非参数 Mann-Kendall 检验统计量 Z 值与变化趋势						
	−2.32 ~ −1.64	−1.64 ~ −1.28	−1.28 ~ 0	0 ~ 1.28	1.28 ~ 1.64	1.64 ~ 2.32	>2.32
	显著减少	较显著减少	不显著减少	不显著增加	较显著增加	显著增加	极显著增加
东部丘陵平原区			3.29%	48.00%	25.85%	20.83%	2.03%
内蒙古高原区			10.41%	59.32%	7.98%	13.51%	8.78%
黄土高原区	1.37%	4.02%	45.70%	48.91%			
西北高山盆地区			1.63%	56.89%	15.86%	11.50%	14.12%

区域	−2.32 ~ −1.28	−1.28 ~ 1.28	>1.28
	减少	相对稳定	增加
东部丘陵平原区		51.29%	48.71%
内蒙古高原区		69.73%	30.27%
黄土高原区	5.39%	94.61%	
西北高山盆地区		58.52%	41.48%

东部丘陵平原区非生长季降水量总体上呈现增加趋势，其中有 48.71% 的区域呈现增加趋势，有 51.29% 的区域相对稳定。内蒙古高原区非生长季降水量总体上呈现增加趋势，其中有 30.27% 的区域呈现增加趋势，有 69.73% 的区域相对稳定。黄土高原区非生长季降水量总体上减少趋势强于增加趋势，其中有 94.61% 的区域相对稳定，有 5.39% 的区域呈现减少趋势。西北高山盆地区非生长季降水量总体上呈现增加趋势，其中有 58.52% 的区域相对稳定，有 41.48% 的区域呈现增加趋势。

（4）不同省份降水历史变化趋势

A. 不同省份年降水量历史变化趋势

根据降水量非参数 Mann-Kendall 检验统计量 Z 值分布图，统计得到三北工程区不同省份年降水量非参数 Mann-Kendall 检验统计量 Z 值取值区间及其面积百分比（表 3-17）。

表 3-17　不同省份年降水量变化趋势

区域	非参数 Mann-Kendall 检验统计量 Z 值与变化趋势						
	−2.32 ~ −1.64	−1.64 ~ −1.28	−1.28 ~ 0	0 ~ 1.28	1.28 ~ 1.64	1.64 ~ 2.32	>2.32
	显著减少	较显著减少	不显著减少	不显著增加	较显著增加	显著增加	极显著增加
北京		4.89%	95.11%				
天津		25.88%	74.12%				
河北	4.79%	10.30%	81.99%	2.92%			
辽宁	7.57%	49.97%	42.46%				
吉林	0.09%	12.34%	87.03%	0.54%			
黑龙江			45.27%	54.73%			
山西		9.97%	59.38%	30.65%			
陕西	0.01%	7.51%	68.52%	23.96%			
宁夏		3.18%	71.77%	25.05%			
内蒙古	1.62%	5.26%	56.38%	35.76%	0.98%		
甘肃	2.39%	6.68%	30.75%	40.26%	9.81%	8.61%	1.50%
青海			2.82%	26.19%	26.42%	25.83%	18.74%
新疆			2.39%	22.79%	28.93%	39.72%	6.17%

区域	-2.32 ~ -1.28	-1.28 ~ 1.28	>1.28
	减少	相对稳定	增加
北京	4.89%	95.11%	
天津	25.88%	74.12%	
河北	15.09%	84.91%	
辽宁	57.54%	42.46%	
吉林	12.43%	87.57%	
黑龙江		100.00%	
山西	9.97%	90.03%	
陕西	7.52%	92.48%	
宁夏	3.18%	96.82%	
内蒙古	6.88%	92.14%	0.98%
甘肃	9.07%	71.01%	19.92%
青海		29.01%	70.99%
新疆		25.18%	74.82%

年降水量总体上呈现不显著减少趋势的省份：北京有 95.11% 的区域相对稳定，有 4.89% 的区域呈现减少趋势。天津有 74.12% 的区域相对稳定，有 25.88% 的区域呈现减少趋势。河北有 84.91% 的区域相对稳定，有 15.09% 的区域呈现减少趋势。辽宁有 42.46% 的区域相对稳定，有 57.54% 的区域呈现减少趋势。吉林有 87.57% 的区域相对稳定，有 12.43% 的区域呈现减少趋势。黑龙江总体上增加和减少趋势均不显著，100.00% 的区域相对稳定。

年降水量总体上减少趋势强于增加趋势的省份：山西有 90.03% 的区域相对稳定，有 9.97% 的区域呈现减少趋势。陕西有 92.48% 的区域相对稳定，有 7.52% 的区域呈现减少趋势。宁夏有 96.82% 的区域相对稳定，有 3.18% 的区域呈现减少趋势。内蒙古有 92.14% 的区域相对稳定，有 6.88% 的区域呈现减少趋势，有 0.98% 的区域呈现增加趋势。

年降水量总体上增加趋势强于减少趋势的省份：甘肃有 71.01% 的区域相对稳定，有 9.07% 的区域呈现减少趋势，有 19.92% 的区域呈现增加趋势。

年降水量总体上呈增加趋势的省份：青海增加趋势显著，有 29.01% 的区域相对稳定，有 70.99% 的区域呈现增加趋势。新疆增加趋势显著，有 25.18% 的区域相对稳定，有 74.82% 的区域呈现增加趋势。

B. 不同省份生长季降水量历史变化趋势

根据降水量非参数 Mann-Kendall 检验统计量 Z 值分布图，统计得到三北工程区不同省份生长季（4~9月）降水量非参数 Mann-Kendall 检验统计量 Z 值取值区间及其面积百分比（表3-18）。

表 3-18　不同省份生长季（4～9 月）降水量变化趋势

区域	非参数 Mann-Kendall 检验统计量 Z 值与变化趋势						
	-2.32～-1.64	-1.64～-1.28	-1.28～0	0～1.28	1.28～1.64	1.64～2.32	>2.32
	显著减少	较显著减少	不显著减少	不显著增加	较显著增加	显著增加	极显著增加
北京		8.18%	91.82%				
天津		23.21%	76.79%				
河北		11.46%	84.41%	4.13%			
辽宁		38.72%	61.28%				
吉林		1.23%	95.43%	3.34%			
黑龙江			29.72%	70.28%			
山西			47.33%	52.67%			
陕西			58.22%	41.78%			
宁夏			51.27%	48.73%			
内蒙古	1.11%	1.87%	50.89%	40.84%	5.14%	0.15%	
甘肃		2.38%	25.77%	37.48%	18.64%	12.95%	2.78%
青海				8.43%	14.78%	44.34%	32.45%
新疆				29.92%	18.22%	43.35%	8.51%

区域	-2.32～-1.28		-1.28～1.28		>1.28		
	减少		相对稳定		增长		
北京	8.18%		91.82%				
天津	23.21%		76.79%				
河北	11.46%		88.54%				
辽宁	38.72%		61.28%				
吉林	1.23%		98.77%				
黑龙江			100.00%				
山西			100.00%				
陕西			100.00%				
宁夏			100.00%				
内蒙古	2.98%		91.73%		5.29%		
甘肃	2.38%		63.25%		34.37%		
青海			8.43%		91.57%		
新疆			29.92%		70.08%		

北京生长季降水量总体上呈现不显著减少趋势，有 91.82% 的区域相对稳定，有 8.18% 的区域呈现减少趋势。天津生长季降水量总体上呈现不显著减少趋势，有 76.79% 的区域相对稳定，有 23.21% 的区域呈现减少趋势。河北生长季降水量总体上呈现不显著减少趋势，有 88.54% 的区域相对稳定，有 11.46% 的区域呈现减少趋势。辽宁生长季降水量总体上呈现减少趋势，有 61.28% 的区域相对稳定，有 38.72% 的区域呈现减少趋势。

吉林生长季降水量总体上呈现不显著减少趋势，有98.77%的区域相对稳定，有1.23%的区域呈现减少趋势。黑龙江生长季降水量总体上增加趋势强于减少趋势，100.00%的区域都相对稳定。

山西生长季降水量总体上增加趋势稍强于减少趋势，100.00%的区域都相对稳定。陕西生长季降水量总体上减少趋势强于增加趋势，100.00%的区域都相对稳定。宁夏生长季降水量总体上减少趋势稍强于增加趋势，100.00%的区域都相对稳定。内蒙古生长季降水量总体上减少趋势强于增加趋势，有91.73%的区域相对稳定，有2.98%的区域呈现减少趋势，有5.29%的区域呈现增加趋势。甘肃生长季降水量总体上增加趋势强于减少趋势，有63.25%的区域相对稳定，有2.38%的区域呈现减少趋势，有37.37%的区域呈现增加趋势。青海生长季降水量总体上呈现增加趋势，且增加趋势显著，有8.43%的区域相对稳定，有91.57%的区域呈现增加趋势。新疆生长季降水量总体上呈现增加趋势，且增加趋势显著，有29.92%的区域相对稳定，有70.08%的区域呈现增加趋势。

C. 不同省份非生长季降水量历史变化趋势

根据降水量非参数 Mann-Kendall 检验统计量 Z 值分布图，统计得到三北工程区不同省份非生长季（1~3 月和 10~12 月）降水量非参数 Mann-Kendall 检验统计量 Z 值取值区间及其面积百分比（表3-19）。

表3-19　不同省份非生长季（1~3 月和 10~12 月）降水量变化趋势

区域	非参数 Mann-Kendall 检验统计量 Z 值与变化趋势						
	−2.32 ~ −1.64	−1.64 ~ −1.28	−1.28 ~ 0	0 ~ 1.28	1.28 ~ 1.64	1.64 ~ 2.32	>2.32
	显著减少	较显著减少	不显著减少	不显著增加	较显著增加	显著增加	极显著增加
北京				93.30%	6.70%		
天津				95.52%	4.48%		
河北			10.96%	73.81%	15.23%		
辽宁			2.20%	77.66%	20.14%		
吉林			0.48%	73.42%	24.85%	1.25%	
黑龙江				12.58%	34.94%	47.76%	4.72%
山西		1.85%	46.90%	51.25%			
陕西	4.37%	11.27%	63.90%	20.46%			
宁夏			30.92%	69.08%			
内蒙古			10.82%	65.06%	6.46%	10.70%	6.96%
甘肃		0.07%	17.57%	74.11%	8.05%	0.20%	
青海			1.20%	83.05%	12.26%	3.49%	
新疆				43.96%	18.94%	16.18%	20.92%

区域	−2.32 ~ −1.28		−1.28 ~ 1.28		>1.28	
	减少		相对稳定		增加	
北京			93.30%		6.70%	
天津			95.52%		4.48%	

区域	−2.32 ~ −1.28	−1.28 ~ 1.28	>1.28
	减少	相对稳定	增加
河北		84.77%	15.23%
辽宁		79.86%	20.14%
吉林		73.90%	26.10%
黑龙江		12.58%	87.42%
山西	1.85%	98.15%	
陕西	15.64%	84.36%	
宁夏		100.00%	
内蒙古		75.88%	24.12%
甘肃	0.07%	91.68%	8.25%
青海		84.25%	15.75%
新疆		43.96%	56.04%

北京非生长季降水量总体上呈现不显著增加趋势，有 93.30% 的区域相对稳定，有 6.70% 的区域呈现增加趋势。天津非生长季降水量总体上呈现不显著增加趋势，有 95.52% 的区域相对稳定，有 4.48% 的区域呈现增加趋势。河北非生长季降水量总体上增加趋势强于减少趋势，有 84.77% 的区域相对稳定，有 15.23% 的区域呈现增加趋势。辽宁非生长季降水量总体上呈现增加趋势，有 79.86% 的区域相对稳定，有 20.14% 的区域呈现增加趋势。吉林非生长季降水量呈现增加趋势，有 73.90% 的区域相对稳定，有 26.10% 的区域呈现增加趋势。黑龙江非生长季降水量呈现增加趋势，有 12.58% 的区域相对稳定，有 87.42% 的区域呈现增加趋势。

山西非生长季降水量增加趋势稍强于减少趋势，有 98.15% 的区域相对稳定，有 1.85% 的区域呈现减少趋势。陕西非生长季降水量总体上减少趋势强于增加趋势，有 84.36% 的区域相对稳定，有 15.64% 的区域呈现减少趋势。宁夏非生长季降水量总体上增加趋势强于减少趋势，100.00% 的区域都相对稳定。内蒙古非生长季降水量总体上增加趋势强于减少趋势，有 75.88% 的区域相对稳定，有 24.12% 的区域呈现增加趋势。甘肃非生长季降水量总体上增加趋势强于减少趋势，有 91.68% 的区域相对稳定，有 8.25% 的区域呈现增加趋势，仅有 0.07% 的区域呈现减少趋势。青海非生长季降水量总体上呈现增加趋势，有 84.25% 的区域相对稳定，有 15.75% 的区域呈现增加趋势。新疆非生长季降水量呈现增加趋势，有 43.96% 的区域相对稳定，有 56.04% 的区域呈现增加趋势。

（5）植被分区降水历史变化趋势

A. 植被分区年降水量历史变化趋势

根据降水量非参数 Mann-Kendall 检验统计量 Z 值分布图，统计得到三北工程区不同植被分区年降水量非参数 Mann-Kendall 检验统计量 Z 值取值区间及其面积百分比（表 3-20）。

表 3-20　植被分区年降水量变化趋势

区域	非参数 Mann-Kendall 检验统计量 Z 值与变化趋势						
	-2.32 ~ -1.64	-1.64 ~ -1.28	-1.28 ~ 0	0 ~ 1.28	1.28 ~ 1.64	1.64 ~ 2.32	>2.32
	显著减少	较显著减少	不显著减少	不显著增加	较显著增加	显著增加	极显著增加
荒漠植被区			11.84%	44.87%	19.34%	20.19%	3.76%
草原植被区	2.76%	1.60%	28.23%	28.90%	13.60%	17.95%	6.96%
稀树灌草植被区	0.13%	8.53%	56.97%	10.36%	7.15%	16.23%	0.63%
森林植被区	1.74%	10.26%	60.56%	25.08%	0.33%	2.03%	
高原植被区			1.71%	17.10%	31.90%	38.27%	11.02%

区域	-2.32 ~ -1.28		-1.28 ~ 1.28		>1.28	
	减少		相对稳定		增加	
荒漠植被区			56.71%		43.29%	
草原植被区	4.36%		57.13%		38.51%	
稀树灌草植被区	8.66%		67.33%		24.01%	
森林植被区	12.00%		85.64%		2.36%	
高原植被区			18.81%		81.19%	

荒漠植被区年降水量总体上增加趋势强于减少趋势，有 56.71% 的区域相对稳定，有 43.29% 的区域呈现增加趋势。草原植被区年降水量总体上增加趋势也强于减少趋势，有 57.13% 的区域相对稳定，有 4.36% 的区域呈现减少趋势，有 38.51% 的区域呈现增加趋势。稀树灌草植被区年降水量总体上减少趋势强于增加趋势，有 67.33% 的区域相对稳定，有 8.66% 的区域呈现减少趋势，有 24.01% 的区域呈现增加趋势。森林植被区年降水量总体上减少趋势强于增加趋势，有 85.64% 的区域相对稳定，有 12.00% 的区域呈现减少趋势，有 2.36% 的区域呈现增加趋势。高原植被区年降水量总体上呈现增加趋势，有 18.81% 的区域相对稳定，有 81.19% 的区域呈现增加趋势。

B. 植被分区生长季降水量历史变化趋势

根据降水量非参数 Mann-Kendall 检验统计量 Z 值分布图，统计得到三北工程区不同植被分区生长季（4~9 月）降水量非参数 Mann-Kendall 检验统计量 Z 值取值区间及其面积百分比（表 3-21）。

表 3-21　植被分区生长季（4~9 月）降水量变化趋势

区域	非参数 Mann-Kendall 检验统计量 Z 值与变化趋势						
	-2.32 ~ -1.64	-1.64 ~ -1.28	-1.28 ~ 0	0 ~ 1.28	1.28 ~ 1.64	1.64 ~ 2.32	>2.32
	显著减少	较显著减少	不显著减少	不显著增加	较显著增加	显著增加	极显著增加
荒漠植被区			3.70%	43.48%	18.07%	27.63%	7.12%
草原植被区	1.95%	2.47%	22.50%	47.02%	12.45%	7.19%	6.42%
稀树灌草植被区			60.04%	18.61%	14.01%	6.65%	0.69%

区域	非参数 Mann-Kendall 检验统计量 Z 值与变化趋势						
	−2.32 ~ −1.64	−1.64 ~ −1.28	−1.28 ~ 0	0 ~ 1.28	1.28 ~ 1.64	1.64 ~ 2.32	>2.32
	显著减少	较显著减少	不显著减少	不显著增加	较显著增加	显著增加	极显著增加
森林植被区		5.31%	57.77%	36.92%			
高原植被区				5.26%	10.24%	66.02%	18.48%

区域	−2.32 ~ −1.28		−1.28 ~ 1.28		>1.28	
	减少		相对稳定		增加	
荒漠植被区			47.18%		52.82%	
草原植被区	4.42%		69.52%		26.06%	
稀树灌草植被区			78.65%		21.35%	
森林植被区	5.31%		94.69%			
高原植被区			5.26%		94.74%	

荒漠植被区生长季降水量总体上增加趋势强于减少趋势,有 47.18% 的区域相对稳定,有 52.82% 的区域呈现增加趋势。草原植被区生长季降水量总体上增加趋势也强于减少趋势,有 69.52% 的区域相对稳定,有 4.42% 的区域呈现减少趋势,有 26.06% 的区域呈现增加趋势。稀树灌草植被区生长季降水量总体上减少趋势强于增加趋势,有 78.65% 的区域相对稳定,有 21.35% 的区域呈现增加趋势。森林植被区生长季降水量总体上减少趋势强于增加趋势,有 94.69% 的区域相对稳定,有 5.31% 的区域呈现减少趋势。高原植被区生长季降水量总体上呈现增加趋势,有 5.26% 的区域相对稳定,有 94.74% 的区域呈现增加趋势。

C. 植被分区非生长季降水量历史变化趋势

根据降水量非参数 Mann-Kendall 检验统计量 Z 值分布图,统计得到三北工程区不同植被分区非生长季(1~3 月和 10~12 月)降水量非参数 Mann-Kendall 检验统计量 Z 值取值区间及其面积百分比(表3-22)。

表3-22 植被分区非生长季（1~3 月和 10~12 月）降水量变化趋势

区域	非参数 Mann-Kendall 检验统计量 Z 值与变化趋势						
	−2.32 ~ −1.64	−1.64 ~ −1.28	−1.28 ~ 0	0 ~ 1.28	1.28 ~ 1.64	1.64 ~ 2.32	>2.32
	显著减少	较显著减少	不显著减少	不显著增加	较显著增加	显著增加	极显著增加
荒漠植被区			4.71%	66.60%	16.70%	7.18%	4.81%
草原植被区			4.26%	41.69%	4.21%	21.67%	28.17%
稀树灌草植被区			12.25%	53.36%	1.53%	9.28%	23.58%
森林植被区	0.44%	1.29%	13.95%	37.31%	21.58%	21.11%	4.32%
高原植被区			0.63%	78.50%	18.88%	1.99%	

区域	−2.32 ~ −1.28	−1.28 ~ 1.28	>1.28
	减少	相对稳定	增加
荒漠植被区		71.31%	28.69%
草原植被区		45.95%	54.05%
稀树灌草植被区		65.61%	34.39%
森林植被区	1.73%	51.26%	47.01%
高原植被区		79.13%	20.87%

荒漠植被区非生长季降水量总体上呈现增加趋势，有71.31%的区域相对稳定，有28.69%的区域呈现增加趋势。草原植被区非生长季降水量总体上呈现增加趋势，有45.95%的区域相对稳定，有54.05%的区域呈现增加趋势。稀树灌草植被区非生长季降水量总体上呈现增加趋势，有65.61%的区域相对稳定，有34.39%的区域呈现增加趋势。森林植被区非生长季降水量总体上增加趋势强于减少趋势，有51.26%的区域相对稳定，有1.73%的区域呈现减少趋势，有47.01%的区域呈现增加趋势。高原植被区非生长季降水量总体上呈现增加趋势，有79.13%的区域相对稳定，有20.87%的区域呈现增加趋势。

（6）三北工程重点建设区降水历史变化趋势

A. 三北工程重点建设区年降水变化趋势

根据降水量非参数 Mann-Kendall 检验统计量 Z 值分布图，统计得到三北工程18个重点建设区年降水量非参数 Mann-Kendall 检验统计量 Z 值取值区间及其面积百分比（表3-23）。

表3-23　三北工程重点建设区年降水量变化趋势

区域		非参数 Mann-Kendall 检验统计量 Z 值与变化趋势						
		−2.32 ~ −1.64	−1.64 ~ −1.28	−1.28 ~ 0	0 ~ 1.28	1.28 ~ 1.64	1.64 ~ 2.32	>2.32
		显著减少	较显著减少	不显著减少	不显著增加	较显著增加	显著增加	极显著增加
东北华北平原农区	松辽平原重点建设区	0.22%	18.23%	81.55%				
	松嫩平原重点建设区			23.13%	76.87%			
	海河流域重点建设区	18.60%	28.07%	53.33%				
风沙区	科尔沁沙地重点建设区		29.07%	53.18%	17.75%			
	毛乌素沙地重点建设区			29.78%	70.22%			
	呼伦贝尔沙地重点建设区	22.25%	15.11%	62.64%				
	浑善达克沙地重点建设区		1.01%	98.99%				
	河套平原重点建设区			30.59%	69.41%			
黄土高原丘陵沟壑区	晋西北重点建设区			35.35%	64.65%			
	晋陕峡谷重点建设区		17.65%	80.63%	1.72%			
	泾河渭河流域重点建设区	6.10%	16.35%	77.55%				
	湟水河流域重点建设区			45.20%	54.76%	0.04%		

续表

区域		非参数 Mann-Kendall 检验统计量 Z 值与变化趋势						
		−2.32 ~ −1.64	−1.64 ~ −1.28	−1.28 ~ 0	0 ~ 1.28	1.28 ~ 1.64	1.64 ~ 2.32	>2.32
		显著减少	较显著减少	不显著减少	不显著增加	较显著增加	显著增加	极显著增加
西北荒漠区	河西走廊重点建设区			7.83%	74.46%	14.45%	3.26%	
	柴达木盆地重点建设区				1.54%	30.12%	34.42%	33.92%
	天山北坡谷地重点建设区				5.65%	25.93%	68.42%	
	准噶尔盆地南缘重点建设区					25.63%	74.33%	0.04%
	塔里木盆地周边重点建设区			0.01%	16.14%	33.28%	40.83%	9.74%
	阿拉善地区重点建设区			24.96%	70.39%	4.65%		

区域		−2.32 ~ −1.28	−1.28 ~ 1.28	>1.28
		减少	相对稳定	增加
东北华北平原农区	松辽平原重点建设区	18.45%	81.55%	
	松嫩平原重点建设区		100.00%	
	海河流域重点建设区	46.67%	53.33%	
风沙区	科尔沁沙地重点建设区	29.07%	70.93%	
	毛乌素沙地重点建设区		100.00%	
	呼伦贝尔沙地重点建设区	37.36%	62.64%	
	浑善达克沙地重点建设区	1.01%	98.99%	
	河套平原重点建设区		100.00%	
黄土高原丘陵沟壑区	晋西北重点建设区		100.00%	
	晋陕峡谷重点建设区	17.65%	82.35%	
	泾河渭河流域重点建设区	22.45%	77.55%	
	湟水河流域重点建设区		99.96%	0.04%
西北荒漠区	河西走廊重点建设区		82.29%	17.71%
	柴达木盆地重点建设区		1.54%	98.46%
	天山北坡谷地重点建设区		5.65%	94.35%
	准噶尔盆地南缘重点建设区			100.00%
	塔里木盆地周边重点建设区		16.15%	83.85%
	阿拉善地区重点建设区		95.35%	4.65%

松辽平原重点建设区年降水量总体上呈现减少趋势，有 81.55% 的区域相对稳定，有 18.55% 的区域呈现减少趋势。松嫩平原重点建设区年降水量总体增减趋势不明显，100.00% 的区域相对稳定。海河流域重点建设区年降水量总体上呈现减少趋势，有 53.33% 的区域相对稳定，有 46.67% 的区域呈现减少趋势。

科尔沁沙地重点建设区年降水量总体上呈现减少趋势，有 70.93% 的区域相对稳定，有 29.07% 的区域呈现减少趋势。毛乌素沙地重点建设区年降水量总体上增减趋势不明显，100.00% 的区域相对稳定。呼伦贝尔沙地重点建设区年降水量总体上呈现减少趋势，有 62.64% 的区域相对稳定，有 37.36% 的区域呈现减少趋势。浑善达克沙地重点建设区年降水量总体上呈现减少趋势，有 98.99% 的区域相对稳定，仅有 1.01% 的区域呈现减少趋势。河套平原重点建设区年降水量总体增减趋势不明显，100.00% 的区域相对稳定。

晋西北重点建设区年降水量总体增减趋势不明显，100.00% 的区域处于相对稳定状态。晋陕峡谷重点建设区年降水量总体上呈现减少趋势，有 82.35% 的区域相对稳定，17.65% 的区域呈现减少趋势。泾河渭河流域重点建设区年降水量总体上呈现减少趋势，有 77.55% 的区域相对稳定，有 22.45% 的区域呈现减少趋势。湟水河流域重点建设区年降水量总体增减趋势不明显，有 99.96% 的区域相对稳定，仅有 0.04% 的区域呈现增加趋势。

河西走廊重点建设区年降水量总体上呈现增加趋势，有 82.29% 的区域相对稳定，有 17.71% 的区域呈现增加趋势。柴达木盆地重点建设区年降水量呈现增加趋势，有 1.54% 的区域相对稳定，有 98.46% 的区域呈现增加趋势。天山北坡谷地重点建设区年降水量呈现增加趋势，有 5.65% 的区域相对稳定，有 94.35% 的区域呈现增加趋势。准噶尔盆地南缘重点建设区年降水量呈现增加趋势，100.00% 的区域都呈现增加趋势。塔里木盆地周边重点建设区年降水量总体上呈现增加趋势，有 16.15% 的区域相对稳定，有 83.85% 的区域呈现增加趋势。阿拉善地区重点建设区年降水量总体上呈现增加趋势，有 95.35% 的区域相对稳定，有 4.65% 的区域呈现增加趋势。

B. 三北工程重点建设区生长季降水量历史变化趋势

根据降水量非参数 Mann-Kendall 检验统计量 Z 值分布图，统计得到三北工程重点建设区生长季（4~9 月）降水量非参数 Mann-Kendall 检验统计量 Z 值取值区间及其面积百分比（表 3-24）。

表 3-24 三北工程重点建设区生长季（4~9 月）降水量变化趋势

区域		非参数 Mann-Kendall 检验统计量 Z 值与变化趋势						
		−2.32 ~ −1.64	−1.64 ~ −1.28	−1.28 ~ 0	0 ~ 1.28	1.28 ~ 1.64	1.64 ~ 2.32	>2.32
		显著减少	较显著减少	不显著减少	不显著增加	较显著增加	显著增加	极显著增加
东北华北平原农区	松辽平原重点建设区		18.45%	81.55%				
	松嫩平原重点建设区		13.64%	86.36%				
	海河流域重点建设区		31.26%	68.74%				
风沙区	科尔沁沙地重点建设区		3.00%	77.73%	19.27%			
	毛乌素沙地重点建设区			6.24%	93.76%			
	呼伦贝尔沙地重点建设区	15.16%	23.27%	61.57%				
	浑善达克沙地重点建设区			100.00%				
	河套平原重点建设区		13.20%	84.17%	2.63%			

区域		非参数 Mann-Kendall 检验统计量 Z 值与变化趋势						
		−2.32 ~ −1.64	−1.64 ~ −1.28	−1.28 ~ 0	0 ~ 1.28	1.28 ~ 1.64	1.64 ~ 2.32	>2.32
		显著减少	较显著减少	不显著减少	不显著增加	较显著增加	显著增加	极显著增加
黄土高原丘陵沟壑区	晋西北重点建设区			10.22%	89.78%			
	晋陕峡谷重点建设区			83.73%	16.27%			
	泾河渭河流域重点建设区		7.05%	79.14%	13.81%			
	湟水河流域重点建设区			0.21%	93.35%	6.28%	0.16%	
西北荒漠区	河西走廊重点建设区			5.01%	47.32%	35.83%	11.84%	
	柴达木盆地重点建设区					0.63%	42.99%	56.38%
	天山北坡谷地重点建设区				29.83%	50.93%	19.24%	
	准噶尔盆地南缘重点建设区				25.03%	59.48%	15.49%	
	塔里木盆地周边重点建设区				9.32%	14.17%	63.08%	13.43%
	阿拉善地区重点建设区			7.82%	68.12%	23.32%	0.74%	

区域		−2.32 ~ −1.28	−1.28 ~ 1.28	>1.28
		减少	相对稳定	增加
东北华北平原农区	松辽平原重点建设区	18.45%	81.55%	
	松嫩平原重点建设区		100.00%	
	海河流域重点建设区	31.26%	68.74%	
风沙区	科尔沁沙地重点建设区	3.00%	97.00%	
	毛乌素沙地重点建设区		100.00%	
	呼伦贝尔沙地重点建设区	38.43%	61.57%	
	浑善达克沙地重点建设区		100.00%	
	河套平原重点建设区		97.37%	2.63%
黄土高原丘陵沟壑区	晋西北重点建设区		100.00%	
	晋陕峡谷重点建设区		100.00%	
	泾河渭河流域重点建设区	7.05%	92.95%	
	湟水河流域重点建设区		93.56%	6.44%
西北荒漠区	河西走廊重点建设区		52.33%	47.67%
	柴达木盆地重点建设区			100.00%
	天山北坡谷地重点建设区		29.83%	70.17%
	准噶尔盆地南缘重点建设区		25.03%	74.97%
	塔里木盆地周边重点建设区		9.32%	90.68%
	阿拉善地区重点建设区		75.94%	24.06%

松辽平原重点建设区生长季降水量总体上呈现减少趋势，有81.55%的区域相对稳定，有18.45%的区域呈现减少趋势。松嫩平原重点建设区生长季降水量总体上增减趋势不明显，100.00%的区域相对稳定。海河流域生长季降水量总体上呈现减少趋势，有68.74%的区域相对稳定，有31.26%的区域呈现减少趋势。

科尔沁沙地重点建设区生长季降水量总体上呈现减少趋势，有97.00%的区域相对稳定，有3.00%的区域呈现减少趋势。毛乌素沙地重点建设区生长季降水量总体上增减趋势不明显，100.00%的区域相对稳定。呼伦贝尔沙地重点建设区生长季降水量总体上呈现减少趋势，有61.57%的区域相对稳定，有38.43%的区域呈现减少趋势。浑善达克沙地重点建设区生长季降水量总体上呈现减少趋势，但减少趋势不显著，100.00%的区域相对稳定。河套平原重点建设区生长季降水量总体增加趋势强于减少趋势，有97.37%的区域相对稳定，有2.63%的区域呈现增加趋势。

晋西北重点建设区生长季降水量总体上增加趋势强于减少趋势，100.00%的区域相对稳定。晋陕峡谷重点建设区生长季降水量总体上减少趋势强于增加趋势，100.00%的区域相对稳定。泾河渭河流域重点建设区生长季降水量主要呈减少趋势，有92.95%的区域相对稳定，有7.05%的区域呈现减少趋势。湟水河流域重点建设区生长季降水量总体上呈现增加趋势，有93.56%的区域相对稳定，有6.44%的区域呈现增加趋势。

河西走廊重点建设区生长季降水量总体上呈现增加趋势，有52.33%的区域相对稳定，有47.67%的区域呈现增加趋势。柴达木盆地重点建设区生长季降水量呈现显著增加趋势，100.00%的区域都呈现增加趋势。天山北坡谷地重点建设区生长季降水量呈现增加趋势，有29.83%的区域相对稳定，有70.17%的区域呈现增加趋势。准噶尔盆地南缘重点建设区生长季降水量呈现增加趋势，有25.03%的区域相对稳定，有74.97%的区域呈现增加趋势。塔里木盆地周边重点建设区生长季降水量总体上呈现增加趋势，有9.32%的区域相对稳定，有90.68%的区域呈现增加趋势。阿拉善地区重点建设区生长季降水量总体上呈现增加趋势，有75.94%的区域相对稳定，有24.06%的区域呈现增加趋势。

C. 三北工程重点建设区非生长季降水量历史变化趋势

根据降水量非参数 Mann-Kendall 检验统计量 Z 值分布图，统计得到三北工程重点建设区非生长季（1~3月和10~12月）降水量非参数 Mann-Kendall 检验统计量 Z 值取值区间及其面积百分比（表3-25）。

表3-25 三北工程重点建设区非生长季（1~3月和10~12月）降水量变化趋势

区域		非参数 Mann-Kendall 检验统计量 Z 值与变化趋势						
		$-2.32 \sim$ -1.64	$-1.64 \sim$ -1.28	$-1.28 \sim 0$	$0 \sim 1.28$	$1.28 \sim$ 1.64	$1.64 \sim$ 2.32	>2.32
		显著减少	较显著减少	不显著减少	不显著增加	较显著增加	显著增加	极显著增加
东北华北平原农区	松辽平原重点建设区				94.28%	5.72%		
	松嫩平原重点建设区					14.66%	73.53%	11.81%
	海河流域重点建设区			7.20%	92.80%			

区域		非参数 Mann-Kendall 检验统计量 Z 值与变化趋势						
		−2.32 ~ −1.64	−1.64 ~ −1.28	−1.28 ~ 0	0 ~ 1.28	1.28 ~ 1.64	1.64 ~ 2.32	>2.32
		显著减少	较显著减少	不显著减少	不显著增加	较显著增加	显著增加	极显著增加
风沙区	科尔沁沙地重点建设区			10.62%	63.50%	18.14%	7.74%	
	毛乌素沙地重点建设区			31.90%	68.10%			
	呼伦贝尔沙地重点建设区						9.69%	90.31%
	浑善达克沙地重点建设区			0.91%	87.98%	3.66%	7.45%	
	河套平原重点建设区			31.60%	68.40%			
黄土高原丘陵沟壑区	晋西北重点建设区			16.60%	83.40%			
	晋陕峡谷重点建设区	1.68%	6.28%	88.78%	3.26%			
	泾河渭河流域重点建设区	3.58%	5.20%	59.38%	31.84%			
	湟水河流域重点建设区				100.00%			
西北荒漠区	河西走廊重点建设区			0.23%	94.95%	4.82%		
	柴达木盆地重点建设区				76.44%	16.54%	7.02%	
	天山北坡谷地重点建设区						18.44%	81.56%
	准噶尔盆地南缘重点建设区						20.73%	79.27%
	塔里木盆地周边重点建设区				58.50%	27.02%	12.35%	2.13%
	阿拉善地区重点建设区			14.87%	84.81%	0.32%		

区域		−2.32 ~ −1.28	−1.28 ~ 1.28	>1.28
		减少	相对稳定	增加
东北华北平原农区	松辽平原重点建设区		94.28%	5.72%
	松嫩平原重点建设区			100.00%
	海河流域重点建设区		100.00%	
风沙区	科尔沁沙地重点建设区		74.12%	25.88%
	毛乌素沙地重点建设区		100.00%	
	呼伦贝尔沙地重点建设区			100.00%
	浑善达克沙地重点建设区		88.89%	11.11%
	河套平原重点建设区		100.00%	
黄土高原丘陵沟壑区	晋西北重点建设区		100.00%	
	晋陕峡谷重点建设区	7.96%	92.04%	
	泾河渭河流域重点建设区	8.78%	91.22%	
	湟水河流域重点建设区		100.00%	
西北荒漠区	河西走廊重点建设区		95.18%	4.82%
	柴达木盆地重点建设区		76.44%	23.56%
	天山北坡谷地重点建设区			100.00%
	准噶尔盆地南缘重点建设区			100.00%
	塔里木盆地周边重点建设区		58.50%	41.50%
	阿拉善地区重点建设区		99.68%	0.32%

松辽平原重点建设区非生长季降水量总体上呈现增加趋势，有94.28%的区域相对稳定，有5.72%的区域呈现增加趋势。松嫩平原重点建设区非生长季降水量总体上呈现增加趋势，100.00%的区域都呈现增加趋势。海河流域重点建设区非生长季降水量总体上增减趋势不显著，增加趋势大于减少趋势，100.00%的区域相对稳定。

科尔沁沙地重点建设区非生长季降水量总体上呈增加趋势，有74.12%的区域相对稳定，有25.88%的区域呈现增加趋势。毛乌素沙地重点建设区非生长季降水量总体上增减趋势不显著，增加趋势大于减少趋势，100.00%的区域相对稳定。呼伦贝尔沙地重点建设区非生长季降水量总体上呈现增加趋势，100.00%的区域都呈现增加趋势。浑善达克沙地重点建设区非生长季降水量总体上呈现增加趋势，有88.89%的区域相对稳定，有11.11%的区域呈现增加趋势。河套平原重点建设区非生长季降水量总体上增减趋势不显著，增加趋势大于减少趋势，100.00%的区域相对稳定。

晋西北重点建设区非生长季降水量总体上增减趋势不显著，增加趋势大于减少趋势，100.00%的区域相对稳定。晋陕峡谷重点建设区非生长季降水量总体上呈现减少趋势，有92.04%的区域相对稳定，有7.96%的区域呈现减少趋势。泾河渭河流域重点建设区非生长季降水量减少趋势强于增加趋势，有91.22%的区域相对稳定，有8.78%的区域呈现减少趋势。湟水河流域重点建设区非生长季降水量呈现不显著增加趋势，100.00%的区域相对稳定。

河西走廊重点建设区非生长季降水量总体上呈现增加趋势，有95.18%的区域相对稳定，有4.82%的区域呈现增加趋势。柴达木盆地重点建设区非生长季降水量总体上呈现增加趋势，有76.44%的区域相对稳定，有23.56%的区域呈现增加趋势。天山北坡谷地重点建设区非生长季降水量总体上呈现增加趋势，100.00%的区域呈现增加趋势。准噶尔盆地南缘重点建设区非生长季降水量总体上呈现增加趋势，100.00%的区域呈现增加趋势。塔里木盆地周边重点建设区非生加季降水量总体上呈现增加趋势，有58.50%的区域相对稳定，有41.50%的区域呈现增加趋势。阿拉善地区重点建设区非生长季降水量总现上呈现增加趋势，有99.68%的区域相对稳定，仅有0.32%的区域呈现增加趋势。

（7）典型站点历史降水变化曲线

A. 呈增加趋势典型站点历史降水变化曲线

选取呈极高信度显著增加的阿合奇站（51711）制作降水变化曲线图，如图3-11所示。结果显示，阿合奇站自1957年来年降水量和生长季降水量呈现出较明显的增加趋势，非生长季降水量呈现出较小的增加趋势。1957~2018年，阿合奇站年降水量变化趋势为2.1921 mm/a，至2018年该站点降水量大约增加133 mm；生长季降水量变化趋势为2.0167 mm/a，至2018年大约增加123 mm；非生长季降水量变化趋势为0.1753 mm/a，至2018年大约增加11 mm。

B. 相对稳定典型站点历史降水变化曲线

a. 不显著增加典型站点历史降水变化曲线

选取呈不显著增加的杭锦后旗站（53420）制作降水变化曲线图，如图3-12所示。结果显示，杭锦后旗站自1954年来年降水量和生长季降水量呈现出较小的增加趋势，非生长季降水量呈现出较小的减少趋势。1954~2018年，杭锦后旗站年降水量变化趋势为

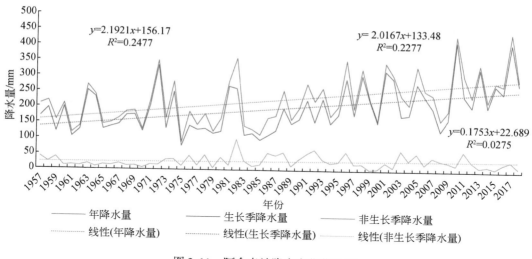

图 3-11 阿合奇站降水变化曲线图

0.1317 mm/a, 至 2018 年该站点降水量略增加 8 mm; 生长季降水量变化趋势为 0.152 mm/a, 至 2018 年略增加 10 mm; 非生长季降水量变化趋势为 -0.0204 mm/a, 至 2018 年基本保持稳定。

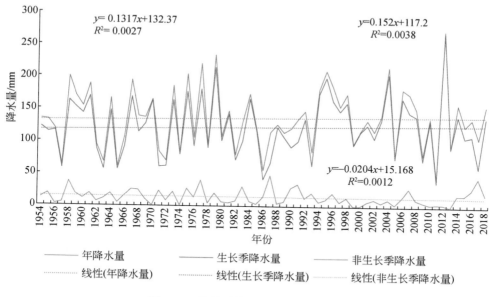

图 3-12 杭锦后旗站降水变化曲线图

b. 不显著减少典型站点历史降水变化曲线

选取呈不显著减少的宾县站 (50852) 制作降水变化曲线图, 如图 3-13 所示。结果显示, 宾县站自 1958 年来年降水量和生长季降水量呈现出较小的减少趋势, 非生长季降水量呈现出较小的增加趋势。1958 ~ 2018 年, 宾县站年降水量变化趋势为 -0.1132 mm/a,

至 2018 年该站点降水量略下降 7 mm；生长季降水量变化趋势为 −0.4368 mm/a，至 2018 年大约减少 26 mm；非生长季降水量变化趋势为 0.3226 mm/a，至 2018 年略增加 19 mm。

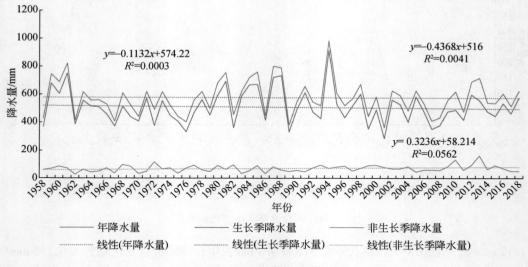

图 3-13　宾县站降水变化曲线图

C. 呈减少趋势典型站点历史降水变化曲线

选取呈显著减少的通渭站（50852）制作降水变化曲线图如图 3-14 所示。结果显示，通渭站自 1957 年来年降水量和生长季降水量呈现出较明显的减少趋势，非生长季降水量呈现出较小的减少趋势。1957～2018 年，通渭站年降水量变化趋势为 −1.2499 mm/a，至 2018 年该站点降水量下降 76 mm；生长季降水量变化趋势为 −1.1456 mm/a，至 2018 年大约减少 70 mm；非生长季降水量变化趋势为 −0.1042 mm/a，至 2018 年基本保持稳定。

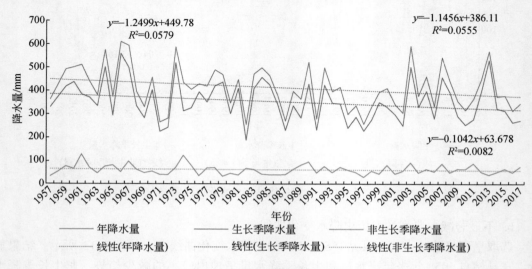

图 3-14　通渭站降水变化曲线图

3.1.3 三北工程区未来 30 年降水变化趋势

3.1.3.1 研究方法

本研究主要采用 ARIMA 模型开展年降水量、生长季降水量和非生长季降水量多尺度预测研究。ARIMA 模型全称为自回归积分滑动平均模型（autoregressive integrated moving average model），是指将非平稳时间序列转化为平稳时间序列，然后将因变量仅对它的滞后值以及随机误差项的现值和滞后值进行回归所建立的模型。ARIMA 模型根据原序列是否平稳以及回归中所含部分的不同，包括移动平均过程（MA）、自回归过程（AR）、自回归移动平均过程（ARMA）及 ARIMA 过程。

ARIMA 模型为差分自回归移动平均模型，首先要进行数据检验，确定数据的平稳性，一般进行一次差分或者多次差分就可以转化为平稳序列。该模型共有 3 个参数，一般形式为 ARIMA（p，d，q），AR 为自回归，p 为自回归阶次，d 为时间序列平稳时所做的差分次数，q 为移动平均阶次。如果模型建模合适，模型残差序列一定要为白噪声序列，模型会自动拟合预测值，只有按照以上步骤和要求，才能得到有较高精度的预测模型。

3.1.3.2 研究结果

（1）三北工程区未来 30 年平水年降水量

根据 ARIMA 模型预测结果，未来 30 年三北工程区平水年降水量最小值为 26.86 mm，最大值为 940.30 mm，变化范围为 913.44 mm，平均值为 310.43 mm，降水总量约为 1.39×10^{12} m^3。由于三北工程区东西跨度大，标准差也较大，为 212.34 mm，年降水量空间差异显著（表3-26 和图3-15）。与近 40 年平水年降水量相比，三北工程区未来 30 年平水年降水量预测值显示三北地区平水年降水量有增加的趋势。

表3-26 三北工程区近 40 年与未来 30 年平水年降水量对比

统计量	近 40 年	未来 30 年	差异
最小值/mm	26.78	26.86	0.08
最大值/mm	939.08	940.30	1.22
平均值/mm	290.47	310.43	19.96
总量/亿 m^3	11 827.38	13 879.02	2 051.64

（2）三北工程分区未来 30 年平水年降水量

根据 ARIMA 模型预测结果，未来 30 年三北工程分区平水年降水量最小值为 26.86 mm，出现于西北荒漠区，最大值为 940.30 mm，出现于东北华北平原农区。各三北工程分区未来 30 年平水年降水量平均值为 156.31～635.92 mm，其中西北荒漠区最低，东北华北平原农区最高。不同三北工程分区未来 30 年平水年降水总量为 1674.38 亿～4262.82 亿 m^3，其中黄土高原丘陵沟壑区最少，占三北工程区未来 30 年平水年降水总量的 12.06%；风沙区最多，占三北工程区未来 30 年平水年降水总量的 30.71%（表3-27）。

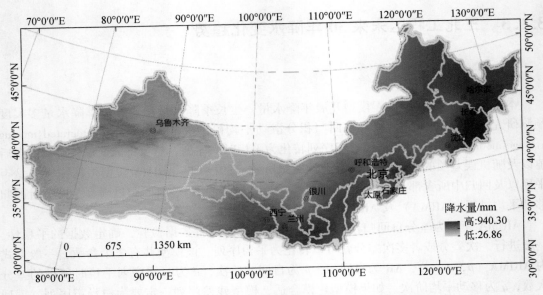

图 3-15　三北工程区未来 30 年平水年降水量空间分布格局

表 3-27　三北工程分区未来 30 年平水年降水量

分区	最小值/mm	最大值/mm	平均值/mm	总量/亿 m³
东北华北平原农区	305.58	940.30	635.92	4 048.27
风沙区	173.73	680.75	410.25	4 262.82
黄土高原丘陵沟壑区	365.07	695.84	551.24	1 674.38
西北荒漠区	26.86	600.80	156.31	3 893.55
合计	26.86	940.30	310.43	13 879.02

（3）三北工程生态防护体系建设地区未来 30 年平水年降水量

根据 ARIMA 模型预测结果，三北工程生态防护体系建设地区未来 30 年平水年降水量最小值为 26.86 mm，出现于西北高山盆地区，最大值为 940.30 mm，出现于东部丘陵平原区。各三北工程生态防护体系建设地区未来 30 年平水年降水量平均值为 152.83 ~ 610.84 mm，其中西北高山盆地区最低，东部丘陵平原区最高；总量为 2075.80 亿 ~ 4593.99 亿 m³，其中黄土高原区最少，占三北工程区未来 30 年平水年降水总量的 14.96%；东部丘陵平原区最多，占三北工程区未来 30 年平水年降水总量的 33.10%（表 3-28）。

表 3-28　三北工程生态防护体系建设地区未来 30 年平水年降水量

分区	最小值/mm	最大值/mm	平均值/mm	总量/亿 m³
东部丘陵平原区	368.39	940.30	610.84	4 593.99
内蒙古高原区	126.62	621.08	386.68	3 499.27
黄土高原区	328.84	695.84	538.50	2 075.80

续表

分区	最小值/mm	最大值/mm	平均值/mm	总量/亿 m³
西北高山盆地区	26.86	600.80	152.83	3 709.96
合计	26.86	940.30	310.43	13 879.02

（4）不同省份未来 30 年平水年降水量

根据 ARIMA 模型预测结果，三北工程区不同省份未来 30 年平水年降水量最小值为 26.86 mm，出现于新疆，最大值为 940.30 mm，出现于吉林。各省份未来 30 年平水年降水量平均值为 128.50 ~ 687.30 mm，其中新疆最低，吉林最高；总量为 37.03 亿 ~ 3930.51 亿 m³，其中天津最少，占三北工程区未来 30 年平水年降水总量的 0.27%；内蒙古最多，占三北工程区未来 30 年平水年降水总量的 28.32%（表 3-29）。

表 3-29 不同省份未来 30 年平水年降水量

省份	最小值/mm	最大值/mm	平均值/mm	总量/亿 m³
北京	438.58	715.68	572.79	93.74
天津	557.09	738.49	664.63	37.03
河北	363.90	723.98	479.67	582.77
辽宁	382.43	837.33	528.03	501.62
吉林	382.42	940.30	687.30	1 141.20
黑龙江	463.24	836.35	657.50	2 122.64
山西	393.58	599.07	507.05	413.72
陕西	387.13	683.24	553.01	677.33
宁夏	238.94	689.91	407.32	211.18
内蒙古	77.15	621.08	344.41	3 930.51
甘肃	63.24	695.84	308.38	1 014.75
青海	45.39	633.16	275.99	1 049.77
新疆	26.86	317.39	128.50	2 102.76
合计	26.86	940.30	310.43	13 879.02

（5）植被分区未来 30 年平水年降水量

根据 ARIMA 模型预测结果，三北工程区植被分区未来 30 年平水年降水量最小值为 26.86 mm，最大值为 940.30 mm，荒漠植被区最低，森林植被区最高。各植被分区未来 30 年平水年降水量平均值为 118.04 ~ 577.75 mm，其中荒漠植被区最低，森林植被区最高；总量为 1359.02 亿 ~ 6920.84 亿 m³，其中高原植被区最少，占三北工程区未来 30 年平水年降水总量的 9.79%；森林植被区最多，占三北工程区未来 30 年平水年降水总量的 49.87%（表 3-30）。

表 3-30　植被分区未来 30 年平水年降水量

植被分区	最小值/mm	最大值/mm	平均值/mm	总量/亿 m³
荒漠植被区	26.86	315.05	118.04	1 553.46
草原植被区	113.47	467.52	266.53	1 728.91
稀树灌草植被区	179.82	622.25	391.43	2 316.79
森林植被区	186.64	940.30	577.75	6 920.84
高原植被区	27.78	639.04	189.87	1 359.02
合计	26.86	940.30	310.43	13 879.02

（6）三北工程重点建设区未来 30 年平水年降水量

根据 ARIMA 模型预测结果，三北工程重点建设区未来 30 年平水年降水量最小值为 26.86 mm，出现在塔里木盆地周边重点建设区，最大值为 743.90 mm，出现在松嫩平原重点建设区。18 个重点建设区未来 30 年平水年降水量平均值为 248.94 mm，降水总量为 6897.41 亿 m³。18 个重点建设区未来 30 年平水年降水量平均值为 94.34 ~ 636.49 mm，其中塔里木盆地周边重点建设区最低，松嫩平原重点建设区最高；总量为 76.37 亿 ~ 1152.45 亿 m³，其中松辽平原重点建设区最少，占三北工程区重点建设区未来 30 年平水年降水总量的 1.11%；科尔沁沙地重点建设区最多，占三北工程区重点建设区未来 30 年平水年降水总量的 16.71%（表 3-31）。

表 3-31　三北工程区重点建设区未来 30 年平水年降水量

三北工程分区	重点建设区	最小值/mm	最大值/mm	平均值/mm	总量/亿 m³
东北华北平原农区	松辽平原重点建设区	393.90	537.27	472.83	76.37
	松嫩平原重点建设区	506.05	743.90	636.49	322.06
	海河流域重点建设区	425.76	655.22	530.65	110.48
风沙区	科尔沁沙地重点建设区	368.39	680.75	485.48	1152.45
	毛乌素沙地重点建设区	240.03	601.99	431.61	643.88
	呼伦贝尔沙地重点建设区	249.53	469.14	355.10	294.18
	浑善达克沙地重点建设区	242.67	513.69	341.23	684.26
	河套平原重点建设区	126.67	558.89	285.40	293.32
黄土高原丘陵沟壑区	晋西北重点建设区	462.88	552.62	517.45	88.52
	晋陕峡谷重点建设区	459.20	621.93	536.82	230.93
	泾河渭河流域重点建设区	416.19	695.84	604.34	386.66
	湟水河流域重点建设区	406.63	586.28	491.30	77.04
西北荒漠区	河西走廊重点建设区	63.24	480.61	204.20	241.84
	柴达木盆地重点建设区	65.20	482.43	251.05	474.00
	准噶尔盆地南缘重点建设区	173.64	299.99	237.05	308.20
	天山北坡谷地重点建设区	199.84	317.39	274.74	154.51
	塔里木盆地周边重点建设区	26.86	284.59	94.34	978.27
	阿拉善地区重点建设区	77.18	349.12	158.39	380.44

3.2 植被可利用有效降水时空格局分析

对于依赖自然降水的陆地生态系统而言，地表径流与地下径流在降水发生后被输出到系统之外，不能被植被直接利用。植被蒸散发、土壤蒸发和植被截留是植被及其所处生态系统生存与发展所需的必不可少的水资源量。在样地尺度内，降水扣除地表径流与地下径流则是陆地生态系统的有效降水量，是理论上植被群落的最大可利用水量，在此定义为植被可利用有效降水量，也可看成是来源于降水、储存于土壤、供植被群落蒸腾等生理生态所需的水量。

3.2.1 研究方法与数据来源

（1）植被可利用有效降水计算方法

土壤储水是土壤连续向植物供水的源泉，土壤提供有效水的能力为土壤供水性能，普遍用田间持水量与凋萎湿度的差值来衡量，一般来说，土壤提供有效水的能力对植被承载力具有决定作用（徐学选，2001）。根据水量平衡原理计算降水量中补给土壤的部分水量所能维持植物健康生长的植物个体最大数量，才能从宏观和微观两个层面上指导有限降水资源的合理利用，实现植被建设的可持续发展（陈晓燕，2010）。土壤水资源一般指储存于土壤和母质孔隙中的水，具有能够被植物根系吸收，从而为植物蒸腾利用的潜在的水分总称。20 世纪 70 年代苏联学者李沃维奇（M. Nputotulu）提出土壤水资源的概念，定义区域总土壤水分（W）为年入渗量或土壤储量更新量。

$$W = P - R_s = TE + R_g \tag{3-23}$$

式中，P 为年降水量；R_s 为地表径流量；TE 为蒸散发量；R_g 为地下径流量。

1992 年沈振荣等提出土壤水补给分为总补给量（W_s）、天然补给量（W_{sn}）和有效天然补给量（W_{se}），计算公式如下：

$$W_s = P - R_s - P_i + E_g + IR \tag{3-24}$$

$$W_{sn} = P - R_s - P_i + E_g \tag{3-25}$$

$$W_{se} = P - R_s - P_i + E_g - PR \tag{3-26}$$

式中，P 为年降水量；R_s 为地表径流量；P_i 为植被截流量与水面蒸发量；E_g 为潜水上升量；IR 为灌溉量等；PR 为补给地下水量。

对于黄土高原地区的林草地，由于土层深厚，一般无灌溉和地下水联系，其 E_g、IR、PR 均可不计。因此有

$$W_s = W_{sn} = W_{se} = P - R_s - P_i \tag{3-27}$$

对于裸地，则有

$$W_{se} = P - R_s \tag{3-28}$$

李沃维奇把截流部分也归入土壤水资源，一方面是由于截流部分对生产力依然有贡献，另一方面与它本身难以区分有关。旱农学者在研究作物水分生产力时一般也不区分截流，都作为有效水供应计入。也有学者提出把 <5 mm 的降水作为无效水（蒋定生等，

1992；徐学选等，2000）。由于截流并不都无效，特别是在干旱、半干旱地区，其对于矮生植被几乎全部有效，且40%~60%可作为森林有效水供应对植被生长起作用。因此，在研究土壤供水能力，即土壤提供给植物水分的能力（W_{se}）时可把截流部分地计入土壤供水。

在农业发展的过程中，天然降水量对作物产量的影响研究也非常重要。在旱作农业种植条件下，天然降水量成为作物生长的唯一水分来源。有效降水量是指总降水量中用以满足作物生长所需的部分降水量，不包括地表径流和渗漏至作物根区以下的部分及淋洗盐分所需要的降水深层渗漏部分（段爱旺等，2004），能够提供给作物蒸发蒸腾，从而减少作物对灌溉水需求的雨量。这个定义与水文学的标准定义不同，水文学采用的有效降水量是指产生径流的那部分降水量。《中国土木建筑百科辞典》中将有效降水量定义为渗入土壤并储存在作物主要根系吸水层中的降水量（房宽厚，2008），其数量等于降水量扣除地面径流量和深层渗漏量。影响有效降水量的因素较多且机理复杂，作物自身生长特性和自然环境两方面因素都会对有效降水量产生不同程度的影响（朱明明，2017），如与根系吸水层的深度、土壤持水能力、降水前土壤储水量、降水强度和降水量等多种因素有关。

估算有效降水量的方法有很多，主要分为三大类：田间仪器直接测定法、经验公式法和土壤水量平衡法（刘战东等，2009）。在1970年以前，主要采用直接实地监测技术和经验方法来测定有效降水量。后来，由于计算机的广泛使用，土壤水量平衡法更为流行，其能够更好地描述给定地点有效降水量的特点，它考虑了土壤水量平衡全部必要的组成部分（降水量、径流量、渗透作用、蒸发作用和深层渗透），因此适用于各种气候条件和土壤条件（Patwardhan et al.，1991）。根据已有研究可知，并不是所有的降水量都能直接用于生态系统的植被生长，降水是植被建设的基本水源，但与土壤实际供水又有很大差别。确定植被的最大可利用水量是明确三北防护林水资源承载力与林草资源优化配置的基础，其原理类似于旱作农业中的有效降水量。因此，对于自然生长的植被而言，从水量平衡的角度看，水量输入是指降水，水量输出包括植被蒸腾、土壤蒸散发、植被截留、地表径流、地下径流、壤中流、各种水分损失量（图3-16）。以森林为例，森林水量平衡是通过对水分的收入和支出系统进行定量分析来研究降水在森林植被中的再分配规律。降水到达林冠表面，一部分被冠层所截留，直接消耗于物理蒸发，其余部分透过冠层（即穿透雨）或沿树干下落到林地（即茎流）或为林内降水。林内降水通过枯枝落叶层后进入土壤，在土壤中的分配形式较为复杂，一部分水分被储存在土壤的毛管孔隙内作为树木等进行生命活动的原料；一部分沿地表和以土体侧渗流的形式流出，沿地表流出的部分称为地表径流，以土体侧渗流形式流出的部分称为壤中流；储存或滞留在土壤中的水分，在重力和毛管力的作用下以一维入渗运动补给地下水，这部分地下水在切割深度比较大的河道中流出，称为地下径流，在坡地则入渗到土壤深层，称为深层入渗水量；还有一部分被土壤蒸发到大气中，土壤水分蒸发是发生在土壤孔隙中的水的蒸发现象，这部分水会重新参与到大气循环当中或被乔灌木、草本植物的根系所吸收，其结果用"增加为正、减少为负"表示，总称为土壤储水量的变化。土壤水在汽化过程中，除了要克服水分子之间的内聚力外，还要克服土壤颗粒对水分的吸附力。土壤蒸发过程中由于含水量会逐渐减少，其供水条件越来越差，土壤的实际蒸发量也随之降低（闻婧，2007；李海军等，2011）。

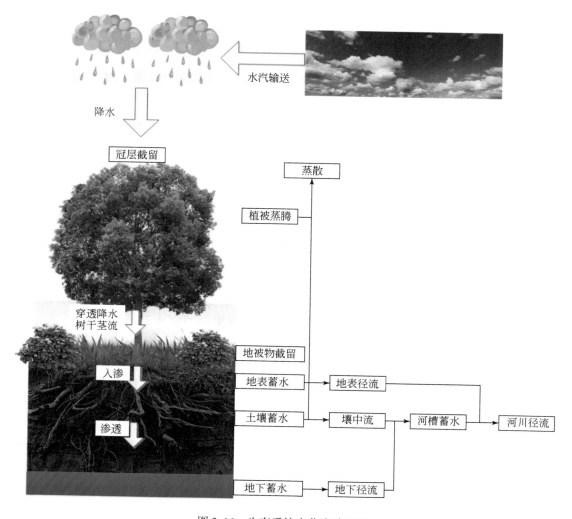

图 3-16   生态系统水分流动过程

因此，生态系统水量平衡方程的表达式为

$$P = \sum E + \sum R \pm \Delta W \pm \Delta Q \pm \Delta K \tag{3-29}$$

式中，P 为降水量；$\sum E$ 为植被总蒸散发量；$\sum R$ 为总径流量；ΔW 为土壤储水变化量；ΔQ 为植被体内储水变化量；ΔK 为枯落物层储水变化量。在一个较长时期内，水量平衡方程中的 ΔW、ΔQ、ΔK 都可视为 0，即降水量可分为两部分，一部分以水汽的形式蒸发、蒸腾出去，另一部分则以液态水的形式流动（刘世荣等，1996）。因此方程可以简化为

$$P = \sum E + \sum R \tag{3-30}$$

$$\sum E = ET + VT + ST \tag{3-31}$$

式中，ET 为植被蒸腾量（包括林冠、下木层和草本层）；VT 为植被蒸发量（等于植被截留量）；ST 为土壤蒸发量。

$$\sum R = R_{\text{s}} + R_{\text{g}} + R_{\text{m}} \tag{3-32}$$

式中，R_{s} 为地表径流量；R_{g} 为地下径流量；R_{m} 为壤中流，含量很少，基本可以忽略不计（刘建立，2008；吕锡芝，2013）。

对于仅依赖自然降水的陆地生态系统而言，地表径流与地下径流在降水发生后被输出到系统之外，不能被直接利用。而植被蒸散发、土壤蒸发和植被截留等是植被及其所处生态系统生存与发展所必需的水资源量。因此，在样地尺度内，降水扣除地表径流与地下径流即是陆地生态系统的有效降水量，是理论上自然生态系统的最大可利用水量：

$$W_{\text{a}} = P - R_{\text{s}} - R_{\text{g}} \tag{3-33}$$

式中，W_{a} 为陆地生态系统的可利用有效降水量；P 为降水量；R_{s} 为地表径流量；R_{g} 为地下径流量。地表径流与地下径流可利用其与降水量的比值计算获得，因此可利用有效降水量的计算公式为

$$W_{\text{a}} = P \times (1 - \alpha - \beta) \tag{3-34}$$

式中，W_{a} 为自然生态系统的植被可利用有效降水量；P 为降水量；α 为地表径流量与降水量的比值，即地表径流系数（%）；β 为地下径流量与降水量的比值，即地下径流系数（%）。平水年现状植被可利用有效降水量计算所使用的降水数据为 1980～2015 年平水年降水量，未来 30 年平水年植被可利用有效降水量计算所使用的降水数据为基于 1951～2018 年的逐日降水资料预测得到的未来 30 年平水年的降水量，最小植被可利用有效降水量为现状植被可利用有效降水量与未来 30 年植被可利用有效降水量的最小值（表 3-32）。

表 3-32 不同类型植被可利用有效降水量计算说明

植被可利用有效降水量的类型	计算方法
平水年现状植被可利用有效降水量	1980～2015 年平水年降水量−地表径流量−地下径流量
未来 30 年平水年植被可利用有效降水量	基于 1951～2018 年的逐日降水资料预测得到的未来 30 年平水年的降水量−地表径流量−地下径流量
最小植被可利用有效降水量	1980～2015 年平水年与预测未来 30 年平水年降水量的最小值−地表径流量−地下径流量

地表径流受多种因素影响，包括气候条件（降水量、降水强度）、植被特征（类型、结构、林龄、覆盖率）、土壤条件（土壤厚度、孔隙率）、地质、地形特征以及人类活动影响等（李文华等，2001）。已有研究显示，地形、土壤特性、植被特征的空间不均匀性对产流产生重要影响（黄新会等，2004；曹丽娟和刘晶淼，2005），而植被作为最容易变化的水文影响要素，其主要通过影响林分蒸散量而间接影响流域产流量（王云霓，2015）。龚诗涵等（2016）通过分析发现，不同森林类型的地表径流与降水呈现极显著的正相关性，其对地表径流的解释能力为 37%～76%。此外，径流系数与植被也显著相关，其对径流系数的解释能力为 27%～47%。通常情况下径流系数的大小关系为裸地>草地>林地（龚诗涵等，2016）。

因此，在自然降水的情况下，即理想状态下的植被类型应为该气候带下的顶级植被群落，指植被的演替达到与所在地区环境相适应，具有相对稳定和不变特征的最终阶段时的群落，又称演替顶极。顶极群落最早由美国克列门茨（F. E. Clements）于1916年提出，认为一个气候地区只有一个潜在的演替顶极，只要气候保持不变，它就会一直存在，而且这个气候区所在生境的植被，只要有充分的演替过程，都会发展到这一气候顶极，此被称为单元演替顶极学说。后来英国坦斯莱等提出多元演替顶极学说，他们认为一个气候地理区内除气候演替顶极外，还可以有其他顶极，如因土壤、地形条件等限制，植被不能发展到气候顶极群落，而稳定地停留在另一个群落类型，这也应是顶极群落，可称为土壤顶极群落、地形顶极群落等。克列门茨后来把一个气候区内特殊土壤条件、地形条件形成的非气候顶极的稳定群落称为亚顶极，并进一步发展提出预顶极群落、超顶极群落和干扰顶极群落的观点。预顶极群落，即一个气候区内因局部条件而出现邻近气候区的顶极群落类型，由此预示将出现邻近气候区的顶极群落，如草原带局部出现荒漠群落。超顶极群落，即条件差的向条件好的方向发展的植物群落，如草原带局部出现落叶阔叶林。干扰顶极群落（或偏途顶极群落），即在人为干扰下维持的稳定植物群落，如在常绿阔叶林为顶极的亚热带气候条件下，因人为频繁破坏或人工维持而形成的马尾松林。在中国，热带的顶极群落为热带常绿季雨林，亚热带的为常绿阔叶林，暖温带的为落叶阔叶林，温带的为针叶与落叶阔叶混交林，寒温带的为落叶针叶林（落叶松林）。

在实际的防护林建设过程中，聚落、湿地和水体部分不作为造林用地，这部分区域也就不会发展成为对应气候带下的顶级植被群落，即在雨养植被情况下，这部分地区的降水不能直接用于生态系统中植被的生长，因此本研究不考虑聚落、湿地、水体的植被可利用有效降水量，将其植被可利用有效降水量视为0（表3-33）。此外，三北工程区大部分地区位于西北内陆，工程区范围内的荒漠在干旱中温带、干旱暖温带、半干旱中温带、青藏高寒带均有分布，该区域降水较少，其水量转化规律不同于该气候带内其他土地覆被类型，地表径流和地下径流占比很少，基本可以忽略不计，其植被可利用有效降水量基本等同于实际降水量。因此在计算过程中要结合现有的土地覆被类型计算植被可利用有效降水量（表3-33）。

表3-33   结合土地覆被类型的植被可利用有效降水量计算方法

土地覆被类型	植被可利用有效降水量计算公式
森林、草地、农田、裸地	降水量–对应气候带顶级植被群落径流量
聚落、湿地、水体	0
荒漠	降水量

（2）数据来源

平水年降水数据。1980~2015年的气象站点降水数据来源于中国地面气候资料日值数据集（V3.0）（http://data. cma. cn/），该气象数据经中国气象局严格质量监控，各要素项数据的实有率普遍在99%以上，数据的正确率均接近100%，包括2474个国家气象站点数据。降水栅格数据利用AUSPLINE软件，结合DEM数据进行空间插值，获得研究区

1980~2015 年平水年的降水空间数据，重点建设区分辨率为 1 km×1 km。DEM（空间分辨率 30 m）源于中国科学院资源环境科学与数据中心（http：//www. resdc. cn/）。

未来 30 年平水年降水数据。数据源包括中国科学院资源环境科学与数据中心逐日降水数据，1951~2018 年的逐日降水资料，数据格式为文本文档。从统计的角度，序列长度为 68 年的降水资料用于分析区域降水特性是比较可靠的。本研究主要采用 Mann-Kendall 趋势检验、ARIMA 模型预测和 ArcGIS 空间分析等方法，开展年降水量、生长季降水量和非生长季降水量多尺度变化趋势、突变分析与预测研究。

土地覆被数据。重点建设区层次的植被可利用有效降水量研究基于 1 km 栅格数据开展，土地覆被数据（空间分辨率 1 km）来源于中国科学院遥感与数字地球研究所。

径流系数。径流系数主要是指地表径流系数和地下径流系数，可通过查阅文献得到不同气候分区下顶级植被群落的径流系数（表 3-34），顶级植被群落可以参考中国植被区划。中国植被区划数据来源于中国科学院资源环境科学与数据中心的 1：100 万植被图。需要注意的是，土地利用/植被覆盖变化的水文影响通常是在特定尺度和特定环境下实测得到的，不同研究结果之间常常存在较大差别，可能是存在尺度效应，使其不能简单外推应用到其他环境和尺度等级，这种尺度效应限制了特定研究成果的推广应用（王云霓，2015）。本研究采用的径流系数均为坡面径流场的径流系数，表示栅格坡面尺度上的地表径流与地下径流。

3.2.2 现状植被可利用有效降水时空格局

（1）现状植被可利用有效降水量时空格局

三北工程区单位面积现状植被可利用有效降水量在 13. 31~921. 03 mm，全区平均单位面积现状植被可利用有效降水量为 219. 95 mm，现状植被可利用有效降水总量为 9.82×10^{11} m^3。

（2）不同气候带现状植被可利用有效降水量时空格局

从不同气候带来看，平均单位面积现状植被可利用有效降水量以湿润中温带的最高，其次为半湿润暖温带和寒温带，干旱暖温带最低，这与气候分区的水分状况密切相关。现状植被可利用有效降水总量上，湿润中温带最高，占三北工程区现状植被可利用有效降水总量的 29. 53%；其次是半干旱中温带和半湿润暖温带，分别占三北工程区现状植被可利用有效降水总量的 17. 62% 和 16. 29%，寒温带最低，占三北工程区现状植被可利用有效降水总量的 2. 34%（表 3-35）。

从空间分布格局来看（图 3-17），三北工程区现状植被的可利用有效降水量从东向西逐级递减，主要体现在水分差异明显的各个气候带上，呈现明显的带状分布。位于东部的湿润中温带的现状植被可利用有效降水量平均值和总量在各气候分区中最高，位于中部的半湿润暖温带、半干旱中温带、干旱中温带的现状植被可利用有效降水量平均值依次降低，位于西部的干旱暖温带的现状植被可利用有效降水量平均值最低。

表3-34 三北工程区不同气候带顶级植被群落径流系数

（单位:%）

气候带	顶级群落	代表树种	地表径流系数α	来源	地下径流系数β	来源	总径流系数	说明
半湿润暖温带	落叶阔叶林	辽东栎、白桦、刺槐、山杨等	1.31	杨海军等（2003）、蒋俊（2008）、朱金兆等（2010）、王云觅（2015）	12.76	王云觅（2015）	14.07	
干旱暖温带	除荒漠地区以外植被以灌木、半灌木、草原为主,部分高海拔地区分布落叶针叶林	羊茅、老鹳草、天山羽衣草等	2.96	李海军等（2011）	1.05	李海军等（2011）	4.01	由于不同径流场的布设位置、径流测算方法存在差异,径流系数采用相应气候带内顶级群落的平均值表示
湿润中温带	落叶针阔叶混交林、落叶阔叶林	红松、落叶松、白桦、檬椴、蒙古栎、山杨等	1.38	朱劲伟和史继德（1982）、丁宝永等（1989）、蔡体久（1989）、魏晓华等（1991）、段文标和刘少冲（2006）、闫靖（2007）	16.82	蔡体久（1989）、任青山等（1991）、朱文标（2001）、高人（2002）、隋媛媛等（2014）	18.20	
半干旱中温带	草甸草原、灌木	针茅、沙棘等	2.30	姜萍等（2007）、周宏飞等（2009）	11.46	邹曙光（2012）	13.76	
干旱中温带	典型草原	大针茅、克氏针茅等	1.43	成向荣（2008）、王永利等（2015）、冯伟（2018）	7.14	赵梦杰等（2015）、邹曙光（2012）	8.57	
寒温带	落叶针叶林	兴安落叶松等	0.36	周梅（2003a）、段文标和刘少冲（2006）	16.39	朱存福（2001）	16.75	
青藏高寒带	灌木、半灌木荒漠区或温性草原灌丛区,部分高海拔地区分布阔叶针叶林	薹草、蒿草、针茅、珠芽蓼、露梅、高山绣线菊、剑叶锦鸡儿、冰草、冷蒿等	2.77	刘国华（2016）	34.92	王金叶（2006）	37.69	径流系数基于参考文献中最大可能产流量与降水量的比值计算得到,考虑到青藏高寒带为主要水源区和河流源头,同时缺乏其他径流数据参考,因此采用该数值表示

表 3-35 三北工程区不同气候带现状植被可利用有效降水量

气候带	单位面积现状植被可利用有效降水量/mm			现状植被可利用有效降水总量	
	最小值	最大值	平均值	总量/10¹¹ m³	占比/%
湿润中温带	295.46	921.03	450.73	2.90	29.53
半湿润暖温带	295.50	601.98	417.65	1.60	16.29
半干旱中温带	142.57	477.05	283.35	1.73	17.62
干旱中温带	41.54	407.14	179.10	1.56	15.89
干旱暖温带	27.58	379.70	88.61	1.08	1.00
寒温带	290.98	424.95	377.29	0.23	2.34
青藏高寒带	13.31	514.51	105.84	0.72	7.33

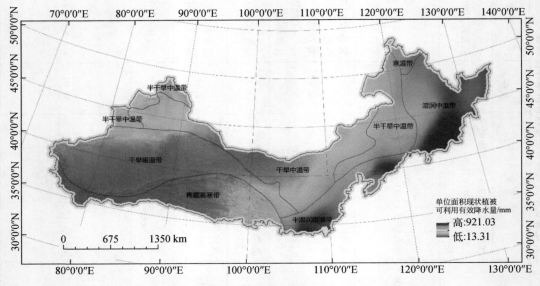

图 3-17 三北工程区现状植被可利用有效降水量空间分布格局

（3）三北工程分区现状植被可利用有效降水量时空格局

从三北工程区的不同分区来看（表 3-36），各分区的单位面积现状植被可利用有效降水量的最小值和最大值相差较大，平均值在 105.57 ~ 459.58 mm，四个分区按降序排列为东北华北平原农区>黄土高原丘陵沟壑>风沙区>西北荒漠区。各分区的现状植被可利用有效降水总量在 $1.16×10^{11} ~ 3.11×10^{11}$ m³，风沙区最高，占三北全区现状植被可利用有效降水总量的 31.67%，黄土高原丘陵沟壑区最低，占 11.81%。

表 3-36 三北工程分区现状植被可利用有效降水量

分区	单位面积现状植被可利用有效降水量/mm			现状植被可利用有效降水总量	
	最小值	最大值	平均值	总量/10¹¹ m³	占比/%
东北华北平原农区	288.67	921.03	459.58	2.92	29.74
风沙区	119.53	596.53	299.83	3.11	31.67

分区	单位面积现状植被可利用有效降水量/mm			现状植被可利用有效降水总量	
	最小值	最大值	平均值	总量/10^{11}m³	占比/%
黄土高原丘陵沟壑区	192.71	601.98	383.84	1.16	11.81
西北荒漠区	13.31	430.41	105.57	2.63	26.78

（4）三北工程生态防护体系建设地区现状植被可利用有效降水量时空格局

从三北工程各生态防护体系建设地区来看（表3-37），各生态防护体系建设地区的单位面积现状植被可利用有效降水量的最小值和最大值相差较大，最小值在13.31~295.33 mm，最大值在430.41~921.03 mm，平均值在103.80~446.72 mm，四个分区按降序排列为东部丘陵平原区>黄土高原区>内蒙古高原区>西北高山盆地区。各分区的现状植被可利用有效降水总量在1.44×10^{11}~3.34×10^{11} m³，东部丘陵平原区的现状植被可利用有效降水总量最高，占三北全区现状植被可利用有效降水总量的34.01%，其次为内蒙古高原区、西北高山盆地区、黄土高原区。

表3-37 三北工程生态防护体系建设地区现状植被可利用有效降水量

分区	单位面积现状植被可利用有效降水量/mm			现状植被可利用有效降水总量	
	最小值	最大值	平均值	总量/10^{11}m³	占比/%
东部丘陵平原区	295.33	921.03	446.72	3.34	34.01
内蒙古高原区	95.69	493.36	280.05	2.53	25.76
黄土高原区	192.71	601.98	374.12	1.44	14.67
西北高山盆地区	13.31	430.41	103.80	2.51	25.56

（5）不同省份现状植被可利用有效降水量时空格局

三北工程区范围内涉及13个省（自治区、直辖市），其中新疆和内蒙古面积占比最高，分别为36.59%、25.51%，总占比超过三北工程区总面积的60%。单位面积现状植被可利用有效降水量平均值在97.98~495.74 mm，吉林、辽宁、天津、北京、黑龙江、陕西、河北较高，均超过400 mm，新疆最低，为97.98 mm。从现状植被可利用有效降水总量上来看，各省份的现状植被可利用有效降水总量在3×10^{9}~2.82×10^{11} m³。内蒙古、新疆、黑龙江现状植被可利用有效降水总量均超过1.00×10^{11} m³，占三北全区的比例分别为28.72%、16.40%、14.15%。北京、天津的现状植被可利用有效降水总量最少，均低于1.0×10^{10} m³，占比分别仅为0.71%、0.31%（表3-38）。

表3-38 三北工程区不同省份现状植被可利用有效降水量

省份	单位面积现状植被可利用有效降水量/mm			现状植被可利用有效降水总量	
	最小值	最大值	平均值	总量/10^{11}m³	占比/%
北京	378.91	511.26	448.11	0.07	0.71
甘肃	32.97	552.84	198.68	0.65	6.62

省份	单位面积现状植被可利用有效降水量/mm			现状植被可利用有效降水总量	
	最小值	最大值	平均值	总量/10^{11}m³	占比/%
河北	279.66	598.49	400.82	0.49	4.99
黑龙江	330.78	627.37	433.13	1.39	14.15
吉林	295.33	921.03	495.74	0.82	8.35
辽宁	334.87	792.87	485.97	0.46	4.68
内蒙古	41.54	501.98	247.86	2.82	28.72
宁夏	159.11	460.92	266.17	0.14	1.43
青海	23.30	436.77	134.52	0.51	5.19
山西	318.24	443.27	380.68	0.31	3.16
陕西	274.32	601.98	424.72	0.52	5.30
天津	428.24	514.71	470.47	0.03	0.31
新疆	13.31	323.79	97.98	1.61	16.40

（6）植被分区现状植被可利用有效降水量时空格局

根据气候类型中的水分条件，三北工程区可以划分为 5 个植被分区，相对应的植被类型由东向西依次为森林、稀树灌草、草原、荒漠植被，西南部为青藏高寒带的高原植被，西北部由于地形的差异，北部阿尔泰山地为森林植被，北疆自东向西依次为荒漠、草原、稀树灌草植被。植被类型与气候带的空间分布格局相对应，对照植被分区可以看出，三北工程区自东向西具有明显的带状分布特征。从平均单位面积现状植被可利用有效降水量来看，森林植被区的最高，其次为稀树灌草植被区和草原植被区，荒漠植被区最低，与气候分区的水分状况密切相关。现状植被可利用有效降水总量中，森林植被区最高，占三北工程区现状植被可利用有效降水总量的 51.63%，高原植被区最低，仅占 6.92%（表3-39）。

表3-39　三北工程植被分区现状植被可利用有效降水量

植被分区	单位面积现状植被可利用有效降水量/mm			现状植被可利用有效降水总量	
	最小值	最大值	平均值	总量/10^{11}m³	占比/%
森林植被区	148.63	921.03	424.33	5.07	51.63
稀树灌草植被区	141.59	422.60	290.92	1.72	17.52
草原植被区	64.29	322.19	198.59	1.29	13.14
荒漠植被区	25.53	210.55	80.39	1.06	10.79
高原植被区	13.31	436.77	95.78	0.68	6.92

（7）三北工程重点建设区现状植被可利用有效降水量时空格局

三北工程区范围内涉及 18 个重点建设区，占三北工程区总面积的 61.92%，所有重点建设区的单位面积现状植被可利用有效降水量的最小值为 13.31 mm，最大值为601.98 mm，平均单位面积现状植被可利用有效降水量为 173.63 mm，现状植被可利用有

效降水总量为 $4.81×10^{11}$ m^3，占三北工程区现状植被可利用有效降水总量的 48.98%。

从各个重点建设区来看（表 3-40），单位面积现状植被可利用有效降水量平均值在 62.74～457.08 mm，海河流域重点建设区、松辽平原重点建设区、泾河渭河流域重点建设区、晋陕峡谷重点建设区、松嫩平原重点建设区的单位面积现状植被可利用有效降水量平均值按降序排列较高，均超过 400 mm；河套平原重点建设区、河西走廊重点建设区、柴达木盆地重点建设区、阿拉善地区重点建设区、塔里木盆地周边重点建设区的单位面积现状植被可利用有效降水量平均值均低于 200 mm，其中塔里木盆地周边重点建设区的单位面积现状植被可利用有效降水量平均值最低，只有 62.74 mm。从现状植被可利用有效降水总量上来看，各重点建设区的现状植被可利用有效降水总量在 $4×10^9$ ～ $8.5×10^{10}$ m^3。科尔沁沙地重点建设区的现状植被可利用有效降水总量最高，占全部重点建设区现状植被可利用有效降水总量的 17.67%。海河流域重点建设区、松辽平原重点建设区、晋西北重点建设区、湟水河流域重点建设区的现状植被可利用有效降水总量较少，均低于 $1.0×10^{10}$ m^3，虽然以上重点建设区位于东部的湿润区，占全部重点建设区现状植被可利用有效降水总量的比例均在 2% 以下。

表 3-40 三北工程重点建设区现状植被可利用有效降水量

分区	重点建设区	单位面积现状植被可利用有效降水量/mm			现状植被可利用有效降水总量	
		最小值	最大值	平均值	总量/10^{11} m^3	占比/%
东北华北平原农区	松辽平原重点建设区	363.35	583.39	432.80	0.07	1.46
	松嫩平原重点建设区	351.28	473.29	410.10	0.21	4.37
	海河流域重点建设区	394.31	598.49	457.08	0.09	1.87
风沙区	科尔沁沙地重点建设区	295.33	596.53	355.95	0.85	17.67
	毛乌素沙地重点建设区	139.50	481.29	288.64	0.43	8.94
	呼伦贝尔沙地重点建设区	198.34	415.94	273.37	0.23	4.78
	浑善达克沙地重点建设区	155.55	415.73	244.39	0.49	10.19
	河套平原重点建设区	95.69	390.11	191.46	0.20	4.16
黄土高原丘陵沟壑区	晋西北重点建设区	332.39	430.37	363.23	0.06	1.25
	晋陕峡谷重点建设区	331.12	496.39	425.32	0.18	3.74
	泾河渭河流域重点建设区	231.58	601.98	426.15	0.27	5.61
	湟水河流域重点建设区	216.84	436.77	251.78	0.04	0.83
西北荒漠区	河西走廊重点建设区	34.92	340.60	139.49	0.17	3.53
	柴达木盆地重点建设区	26.21	348.02	113.48	0.21	4.37
	天山北坡谷地重点建设区	177.90	323.79	254.42	0.14	2.91
	准噶尔盆地南缘重点建设区	135.24	322.19	208.87	0.27	5.61
	塔里木盆地周边重点建设区	13.31	289.43	62.74	0.65	13.51
	阿拉善地区重点建设区	41.54	227.25	103.87	0.25	5.20

在空间分布格局上，与三北工程区全区的分区格局相同，所有重点建设区的现状植被

可利用有效降水量整体上呈现由东南向西北的条带状递减特征，东南部的晋陕峡谷重点建设区、泾河渭河流域重点建设区、海河流域重点建设区的单位面积现状植被可利用有效降水量较高，东北部的松辽平原重点建设区、松嫩平原重点建设区的单位面积现状植被可利用有效降水量也相对较高，西北部的柴达木盆地重点建设区、阿拉善地区重点建设区、塔里木盆地周边重点建设区的单位面积现状植被可利用有效降水量较低。

3.2.3 未来 30 年植被可利用有效降水时空格局

(1) 全区未来 30 年植被可利用有效降水量时空格局

三北工程区未来 30 年单位面积植被可利用有效降水量在 20.04 ~ 887.80 mm（表 3-41），全区未来 30 年平均单位面积植被可利用有效降水量为 267.76 mm，未来 30 年植被可利用有效降水总量为 1.196×10^{12} m^3。

表 3-41 三北工程区不同气候带未来 30 年植被可利用有效降水量

气候带	未来 30 年单位面积植被可利用有效降水量/mm			未来 30 年植被可利用有效降水总量	
	最小值	最大值	平均值	总量/10^{11} m^3	占比/%
湿润中温带	312.82	887.80	523.54	3.37	28.18
半湿润暖温带	338.21	639.40	468.42	1.80	15.05
半干旱中温带	160.96	579.31	319.87	1.95	16.30
干旱中温带	70.52	554.86	233.17	2.04	17.06
干旱暖温带	22.89	546.65	121.22	1.47	12.29
寒温带	294.48	504.27	409.16	0.25	2.29
青藏高寒带	20.04	636.53	158.60	1.08	9.03

(2) 不同气候带未来 30 年植被可利用有效降水量时空格局

从各个气候带来看，未来 30 年单位面积植被可利用有效降水量平均值以湿润中温带的最高，其次为半湿润暖温带、寒温带，干旱暖温带最低，与气候分区的水分状况密切相关。未来 30 年植被可利用有效降水总量上，湿润中温带最高，占三北工程区未来 30 年植被可利用有效降水总量的 28.18%；寒温带占三北工程区未来 30 年植被可利用有效降水总量的 2.29%（表 3-41）。

从空间分布格局来看（图 3-18），三北工程区未来 30 年植被可利用有效降水量从东向西逐级递减，主要体现在水分差异明显的各个气候带上，呈现明显的带状分布。位于东部的湿润中温带的未来 30 年植被可利用有效降水量平均值和总量在各气候分区中最高，位于中部的半湿润暖温带、半干旱中温带、干旱中温带的未来 30 年植被可利用有效降水量平均值依次降低，位于西部的干旱暖温带的未来 30 年植被可利用有效降水量平均值最低。

(3) 三北工程分区未来 30 年植被可利用有效降水量时空格局

从三北工程区的不同分区来看，各分区未来 30 年的单位面积植被可利用有效降水量平均值在 141.79 ~ 524.98 mm，其中东北华北平原农区最高，西北荒漠区最低。各分区未

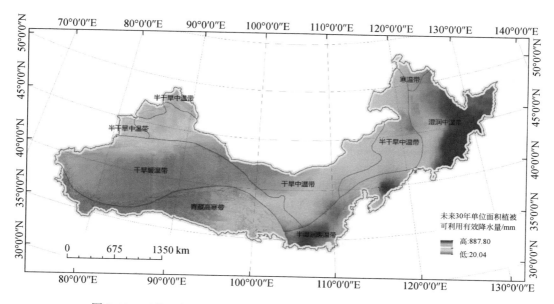

图 3-18 三北工程区未来 30 年植被可利用有效降水量的空间分布格局

来 30 年植被可利用有效降水总量在 $1.38 \times 10^{11} \sim 3.72 \times 10^{11}$ m³，风沙区最高，占三北全区未来 30 年植被可利用有效降水总量的 31.10%，黄土高原丘陵沟壑区最低，仅占 11.54%（表 3-42）。

表 **3-42** 三北工程分区未来 **30** 年植被可利用有效降水量

分区	未来 30 年单位面积植被可利用有效降水量/mm			未来 30 年植被可利用有效降水总量	
	最小值	最大值	平均值	总量/10^{11} m³	占比/%
东北华北平原农区	263.53	887.80	524.98	3.34	27.93
风沙区	158.84	616.47	357.63	3.72	31.10
黄土高原丘陵沟壑区	228.02	639.40	455.35	1.38	11.54
西北荒漠区	20.04	594.81	141.79	3.52	29.43

（4）生态防护体系建设地区未来 30 年植被可利用有效降水量时空格局

从三北工程不同生态防护体系建设地区来看，未来 30 年单位面积植被可利用有效降水量平均值在 138.42 ~ 505.80 mm。各分区未来 30 年植被可利用有效降水总量在 $1.75 \times 10^{11} \sim 3.79 \times 10^{11}$ m³，东部丘陵平原区最高，占三北全区未来 30 年植被可利用有效降水总量的 31.69%，黄土高原区最低，仅占 14.63%（表 3-43）。西北高山盆地区的未来 30 年单位面积植被可利用有效降水量虽然最低，但是未来 30 年植被可利用有效降水总量超过内蒙古高原区和黄土高原区，与东部丘陵平原区相当的原因在于其占三北工程区的面积比例最高，高达 54.32%。

表 3-43　三北工程生态防护体系建设地区未来 30 年植被可利用有效降水量

分区	未来 30 年单位面积植被可利用有效降水量/mm			未来 30 年植被可利用有效降水总量	
	最小值	最大值	平均值	总量/10^{11}m^3	占比/%
东部丘陵平原区	312.82	887.80	505.80	3.79	31.69
内蒙古高原区	122.13	579.31	340.61	3.08	25.75
黄土高原区	253.71	639.40	454.37	1.75	14.63
西北高山盆地区	20.04	594.81	138.42	3.34	28.01

（5）不同省份未来 30 年植被可利用有效降水量时空格局

三北工程区范围内涉及 13 个省（自治区、直辖市），未来 30 年单位面积植被可利用有效降水量平均值在 122.26 ~ 571.43 mm，天津、吉林、黑龙江的较高，均超过 500 mm，新疆最低。从未来 30 年植被可利用有效降水总量上来看，各省份的未来 30 年植被可利用有效降水总量在 3×10^9 ~ 3.48×10^{11} m^3。内蒙古、新疆、黑龙江的较高，占三北全区的比例分别为 29.10%、16.80%、14.55%；北京、天津最少，分别仅占 0.67%、0.25%（表 3-44）。

表 3-44　三北工程区不同省份未来 30 年植被可利用有效降水量

省份	未来 30 年单位面积植被可利用有效降水量/mm			未来 30 年植被可利用有效降水总量	
	最小值	最大值	平均值	总量/10^{11}m^3	占比/%
北京	376.87	614.98	492.20	0.08	0.67
甘肃	41.88	636.53	265.40	0.87	7.27
河北	319.19	622.11	412.91	0.50	4.18
黑龙江	378.93	812.36	537.93	1.74	14.55
吉林	312.82	887.80	562.46	0.93	7.78
辽宁	317.42	757.21	437.66	0.41	3.43
内蒙古	71.42	579.31	305.28	3.48	29.10
宁夏	218.46	592.84	369.91	0.19	1.59
青海	28.72	626.93	204.39	0.78	6.52
山西	338.21	575.39	435.79	0.35	2.93
陕西	353.95	639.40	480.74	0.59	4.93
天津	478.71	634.58	571.43	0.03	0.25
新疆	20.04	309.63	122.26	2.01	16.80

（6）植被分区未来 30 年植被可利用有效降水量时空格局

不同植被分区未来 30 年单位面积植被可利用有效降水量平均值中森林植被区的最高，其次为稀树灌草植被区和草原植被区，荒漠植被区最低，与气候分区的水分状况密切相关。未来 30 年植被可利用有效降水总量中，森林植被区最高，占三北工程区未来 30 年植被可利用有效降水总量的 48.16%；高原植被区最低，占三北工程区未来 30 年植被可利用有效降水总量的8.70%（表3-45）。

表 3-45　三北工程植被分区未来 30 年植被可利用有效降水量

植被分区	未来30年单位面积植被可利用有效降水量/mm			未来30年植被可利用有效降水总量	
	最小值	最大值	平均值	总量/10^{11} m³	占比/%
森林植被区	160.96	887.80	481.11	5.76	48.16
稀树灌草植被区	172.60	579.31	345.21	2.03	16.97
草原植被区	112.28	448.77	247.73	1.61	13.46
荒漠植被区	25.97	308.40	115.33	1.52	12.71
高原植被区	20.04	626.93	145.49	1.04	8.70

（7）重点建设区未来 30 年植被可利用有效降水量时空格局

三北工程区 18 个重点建设区的未来 30 年单位面积植被可利用有效降水量最小值为 20.04 mm，最大值为 639.40 mm，未来 30 年平均单位面积植被可利用有效降水量为 220.98 mm，未来 30 年植被可利用有效降水总量为 6.10×10^{11} m³，占三北全区未来 30 年植被可利用有效降水总量的 51%。

各个重点建设区未来 30 年单位面积植被可利用有效降水量平均值在 90.97～520.65 mm，松嫩平原重点建设区、泾河渭河流域重点建设区较高，均超过 500 mm，柴达木盆地重点建设区、河西走廊重点建设区、阿拉善地区重点建设区、塔里木盆地周边重点建设区均低于 200 mm。从未来 30 年植被可利用有效降水总量上来看，各重点建设区未来 30 年植被可利用有效降水总量在 5×10^9～9.6×10^{10} m³。科尔沁沙地重点建设区未来 30 年植被可利用有效降水总量最高，占全部重点建设区未来 30 年植被可利用有效降水总量的 15.77%。海河流域重点建设区、晋西北重点建设区、松辽平原重点建设区、湟水河流域重点建设区未来 30 年植被可利用有效降水总量最少，均低于 1.0×10^{10} m³，分别占全部重点建设区未来 30 年全部植被可利用有效降水总量的 1.48%、1.31%、0.98%、0.82%（表3-46）。

表 3-46　三北工程重点建设区未来 30 年植被可利用有效降水量

分区	重点建设区	未来30年单位面积植被可利用有效降水量/mm			未来30年植被可利用有效降水总量	
		最小值	最大值	平均值	总量/10^{11} m³	占比/%
东北华北平原农区	松辽平原重点建设区	339.70	519.60	402.85	0.06	0.98
	松嫩平原重点建设区	413.94	608.51	520.65	0.26	4.26
	海河流域重点建设区	365.86	607.77	456.85	0.09	1.48
风沙区	科尔沁沙地重点建设区	312.82	616.47	406.46	0.96	15.74
	毛乌素沙地重点建设区	219.46	589.32	394.66	0.59	9.67
	呼伦贝尔沙地重点建设区	215.19	425.47	307.52	0.25	4.10
	浑善达克沙地重点建设区	221.87	510.01	305.94	0.61	10.00
	河套平原重点建设区	122.13	527.60	263.44	0.27	4.43

分区	重点建设区	未来30年单位面积植被可利用有效降水量/mm			未来30年植被可利用有效降水总量	
		最小值	最大值	平均值	总量/10^{11} m^3	占比/%
黄土高原丘陵沟壑区	晋西北重点建设区	397.79	530.25	444.77	0.08	1.31
	晋陕峡谷重点建设区	394.59	575.21	461.44	0.20	3.28
	泾河渭河流域重点建设区	348.50	639.40	516.70	0.33	5.41
	湟水河流域重点建设区	253.71	549.82	310.35	0.05	0.82
西北荒漠区	河西走廊重点建设区	41.88	461.34	194.43	0.23	3.77
	柴达木盆地重点建设区	40.63	481.70	198.23	0.37	6.07
	天山北坡谷地重点建设区	191.09	309.63	249.08	0.14	2.30
	准噶尔盆地南缘重点建设区	164.22	298.94	222.27	0.29	4.75
	塔里木盆地周边重点建设区	20.04	284.48	90.97	0.94	15.41
	阿拉善地区重点建设区	71.42	349.12	156.55	0.38	6.23

在空间分布格局上，与三北工程区全区的分区格局相同，所有重点建设区未来30年可利用有效降水量整体上呈现由东南向西北的条带状递减特征，东南部的晋陕峡谷重点建设区、泾河渭河流域重点建设区、海河流域重点建设区未来30年单位面积植被可利用有效降水量平均值较高，西北部的柴达木盆地重点建设区、阿拉善地区重点建设区、塔里木盆地周边重点建设区的未来30年单位面积植被可利用有效降水量平均值较低。

3.2.4 最小植被可利用有效降水时空格局

(1) 全区最小植被可利用有效降水量时空格局

三北工程区单位面积最小植被可利用有效降水量在13.31~852.31 mm（表3-47），全区平均单位面积最小植被可利用有效降水量为218.45 mm，最小植被可利用有效降水总量为9.82×10^{11} m^3。

表3-47 三北工程区不同气候带最小植被可利用有效降水量

气候带	单位面积最小植被可利用有效降水量/mm			最小植被可利用有效降水总量	
	最小值	最大值	平均值	总量/10^{11} m^3	占比/%
湿润中温带	295.38	852.31	444.83	2.89	29.43
半湿润暖温带	295.50	598.49	413.90	1.61	16.40
半干旱中温带	142.30	476.21	280.70	1.72	17.51
干旱中温带	41.54	407.97	178.75	1.57	15.99
干旱暖温带	22.54	379.70	88.16	1.07	10.90
寒温带	290.98	424.95	376.79	0.24	2.44

气候带	单位面积最小植被可利用有效降水量/mm			最小植被可利用有效降水总量	
	最小值	最大值	平均值	总量/10^{11}m³	占比/%
青藏高寒带	13.31	474.92	104.68	0.72	7.33

（2）不同气候带最小植被可利用有效降水量时空格局

从各个气候带来看，单位面积最小植被可利用有效降水量平均值为 88.16～444.83 mm，其中干旱暖温带最低，湿润中温带最高；最小植被可利用有效降水总量为 $2.4\times10^{10}～2.89\times10^{11}$ m³，其中寒温带最低，占三北工程区最小植被可利用有效降水总量的 2.44%；湿润中温带最高，占三北工程区最小植被可利用有效降水总量的 29.43%。

从空间分布格局来看（图3-19），三北工程区最小植被可利用有效降水量从东向西逐级递减，主要体现在水分差异明显的各个气候带上，呈现明显的带状分布。位于东部的湿润中温带的最小植被可利用有效降水量平均值和总量在各气候分区中最高，位于中部的半湿润暖温带、半干旱中温带、干旱中温带的最小植被可利用有效降水量平均值依次降低，位于西部的干旱暖温带的最小植被可利用有效降水量平均值最低。

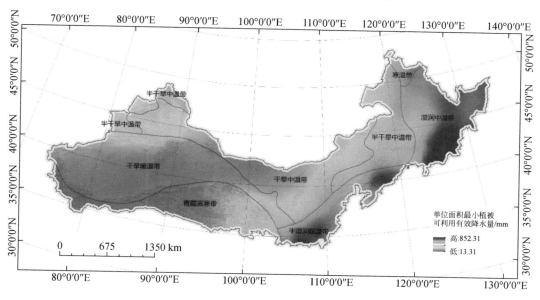

图3-19 三北工程区最小植被可利用有效降水量的空间分布格局

（3）三北工程分区最小植被可利用有效降水量时空格局

从三北工程区的不同分区来看，单位面积最小植被可利用有效降水量平均值在 104.92～454.30 mm，东北华北平原农区最高，西北荒漠区最低。各分区的最小植被可利用有效降水总量在 $1.17\times10^{11}～3.10\times10^{11}$ m³，风沙区最高，占三北全区最小植被可利用有效降水总量的 31.57%，黄土高原丘陵沟壑区最低，占 11.91%。西北荒漠区的单位面积最小植被可利用有效降水量平均值虽然最低，但是最小植被可利用有效降水总量超过黄土高原丘陵沟壑区，与东北华北平原农区相当的原因在于其占三北工程区的面积比例最高，高达55.66%（表3-48）。

表 3-48　三北工程分区最小植被可利用有效降水量

分区	单位面积最小植被可利用有效降水量/mm			最小植被可利用有效降水总量	
	最小值	最大值	平均值	总量/10^{11} m³	占比/%
东北华北平原农区	263.53	852.31	454.30	2.93	29.84
风沙区	119.53	564.14	297.15	3.10	31.57
黄土高原丘陵沟壑区	192.71	571.85	381.39	1.17	11.91
西北荒漠区	13.31	430.41	104.92	2.62	26.68

（4）三北工程生态防护体系建设地区最小植被可利用有效降水量时空格局

从三北工程区不同生态防护体系建设分区来看，单位面积最小植被可利用有效降水量平均值在104.30～444.32 mm，其中东部丘陵平原区最高，西北高山盆地区最低。各分区的最小植被可利用有效降水总量在1.44×10^{11}～3.31×10^{11} m³，东部丘陵平原区最高，占三北全区最小植被可利用有效降水总量的33.71%，黄土高原区最低，占三北全区最小植被可利用有效降水总量的14.66%。西北高山盆地区的单位面积最小植被可利用有效降水量平均值虽然最低，但是最小植被可利用有效降水总量超过黄土高原区，与内蒙古高原区相当的原因在于其占三北工程区的面积比例最高，高达52.96%（表3-49）。

表 3-49　三北工程生态防护体系建设地区最小植被可利用有效降水量

分区	单位面积最小植被可利用有效降水量/mm			最小植被可利用有效降水总量	
	最小值	最大值	平均值	总量/10^{11} m³	占比/%
东部丘陵平原区	295.33	852.31	444.32	3.31	33.71
内蒙古高原区	95.69	493.28	283.28	2.55	25.97
黄土高原区	192.71	571.85	376.56	1.44	14.66
西北高山盆地区	13.31	430.24	104.30	2.52	25.66

（5）不同省份最小植被可利用有效降水量时空格局

三北工程区13个省（自治区、直辖市）单位面积最小植被可利用有效降水量平均值在97.41～495.87 mm，吉林、天津、北京、辽宁、黑龙江、陕西较高，均超过400 mm，甘肃、青海、新疆均低于200 mm，其中新疆最低。从最小植被可利用有效降水总量上来看，各省份的最小植被可利用有效降水总量在3×10^9～2.83×10^{11} m³。内蒙古、新疆、黑龙江的最小植被可利用有效降水总量均超过1.00×10^{11} m³，占三北全区最小植被可利用有效降水总量的比例分别为28.82%、16.29%、14.36%。北京、天津的最小植被可利用有效降水总量最少，均低于1.0×10^{10} m³，占比分别仅为0.71%、0.31%（表3-50）。

表 3-50 三北工程区不同省份最小植被可利用有效降水量

省份	单位面积最小植被可利用有效降水量/mm			最小植被可利用有效降水总量	
	最小值	最大值	平均值	总量/$10^{11}m^3$	占比/%
北京	376.87	505.41	445.20	0.07	0.71
甘肃	32.97	552.84	198.50	0.66	6.72
河北	279.66	598.49	396.86	0.49	4.99
黑龙江	330.78	627.37	433.42	1.41	14.36
吉林	295.33	852.31	495.87	0.83	8.45
辽宁	317.42	675.37	437.83	0.42	4.28
内蒙古	41.54	493.28	247.15	2.83	28.82
宁夏	159.11	460.92	266.17	0.14	1.43
青海	23.30	434.39	133.26	0.51	5.19
山西	318.24	442.11	379.32	0.31	3.16
陕西	274.32	571.85	420.28	0.52	5.30
天津	429.01	514.71	469.88	0.03	0.31
新疆	13.31	309.63	97.41	1.60	16.29

（6）植被分区最小植被可利用有效降水量时空格局

各植被分区的单位面积最小植被可利用有效降水量平均值为 80.46～419.02 mm，其中森林植被区最高，荒漠植被区最低，与气候分区的水分状况密切相关。最小植被可利用有效降水总量为 $6.8×10^{10}～5.07×10^{11}$ m^3，森林植被区最高，占三北工程区最小植被可利用有效降水总量的 51.63%，高原植被区最低，占三北工程区最小植被可利用有效降水总量的 6.92%（表 3-51）。

表 3-51 三北工程植被分区最小植被可利用有效降水量

植被分区	单位面积最小植被可利用有效降水量/mm			最小植被可利用有效降水总量	
	最小值	最大值	平均值	总量/$10^{11}m^3$	占比/%
森林植被区	148.63	852.31	419.02	5.07	51.63
稀树灌草植被区	141.59	422.60	289.00	1.71	17.52
草原植被区	64.29	321.73	198.14	1.29	13.14
荒漠植被区	25.53	210.55	80.46	1.06	10.79
高原植被区	13.31	434.39	94.71	0.68	6.92

（7）重点建设区最小植被可利用有效降水量时空格局

三北工程区 18 个重点建设区平均单位面积最小植被可利用有效降水量为 171.92 mm，最小植被可利用有效降水总量为 $4.77×10^{11}$ m^3，占三北全区最小植被可利用有效降水总量的 48.57%。

各重点建设区的单位面积最小植被可利用有效降水量平均值在 62.61～440.42 mm，

其中海河流域重点建设区、泾河渭河流域重点建设区、晋陕峡谷重点建设区、松嫩平原重点建设区、松辽平原重点建设区较高，均超过 400 mm。河套平原重点建设区、河西走廊重点建设区、柴达木盆地重点建设区、阿拉善地区重点建设区、塔里木盆地周边重点建设区均低于 200 mm。从最小植被可利用有效降水总量上来看，各重点建设区的最小植被可利用有效降水总量在 $4 \times 10^9 \sim 8.2 \times 10^{10}$ m³。科尔沁沙地重点建设区的最小植被可利用有效降水总量最高，占全部重点建设区最小植被可利用有效降水总量的 17.19%。海河流域重点建设区、松辽平原重点建设区、晋西北重点建设区、湟水河流域重点建设区的最小植被可利用有效降水总量最少，均低于 1.0×10^{10} m³，均占全部重点建设区最小植被可利用有效降水总量的 2% 以下（表3-52）。

表 3-52　三北工程重点建设区最小植被可利用有效降水量

| 分区 | 重点建设区 | 单位面积最小植被可利用有效降水量/mm | | | 最小植被可利用有效降水总量 | |
		最小值	最大值	平均值	总量/10^{11} m³	占比/%
东北华北平原农区	松辽平原重点建设区	339.70	467.50	402.99	0.07	1.47
	松嫩平原重点建设区	351.28	473.29	410.10	0.21	4.40
	海河流域重点建设区	365.86	598.49	440.42	0.09	1.89
风沙区	科尔沁沙地重点建设区	295.33	564.14	346.26	0.82	17.19
	毛乌素沙地重点建设区	139.50	481.29	288.64	0.43	9.01
	呼伦贝尔沙地重点建设区	198.34	402.53	272.80	0.23	4.82
	浑善达克沙地重点建设区	155.55	411.05	244.16	0.49	10.27
	河套平原重点建设区	95.69	390.11	191.13	0.20	4.19
黄土高原丘陵沟壑区	晋西北重点建设区	332.39	430.37	363.27	0.06	1.26
	晋陕峡谷重点建设区	331.12	496.39	421.05	0.18	3.77
	泾河渭河流域重点建设区	231.58	571.85	424.31	0.27	5.66
	湟水河流域重点建设区	216.84	434.39	249.92	0.04	0.84
西北荒漠区	河西走廊重点建设区	34.92	340.60	139.18	0.16	3.35
	柴达木盆地重点建设区	26.21	348.02	112.60	0.21	4.40
	天山北坡谷地重点建设区	177.90	309.63	245.10	0.14	2.94
	准噶尔盆地南缘重点建设区	135.24	286.84	206.03	0.27	5.66
	塔里木盆地周边重点建设区	13.31	265.46	62.61	0.65	13.63
	阿拉善地区重点建设区	41.54	227.25	103.69	0.25	5.24

在空间分布格局上，与三北工程区全区的分区格局相同，所有重点建设区的最小植被可利用有效降水量整体上呈现由东南向西北的条带状递减特征，位于东南部的晋陕峡谷重点建设区、泾河渭河流域重点建设区、海河流域重点建设区的单位面积最小植被可利用有效降水量平均值较高，其次为东北部的松辽平原重点建设区、松嫩平原重点建设区，位于西北部的柴达木盆地重点建设区、阿拉善地区重点建设区、塔里木盆地周边重点建设区的单位面积最小植被可利用有效降水量平均值较低。

3.3 浅层地下水的水资源量与水位分析

3.3.1 研究方法

3.3.1.1 地下水界定

潜水是埋藏于地表以下第一个稳定隔水层以上的饱水带岩土孔隙中的水,它主要由降水和地表水补给。通常所指的浅层地下水主要为潜水,本研究所说的地下水主要指潜水,是饱水带中第一个具有自由表面的含水层中的地下水。由于潜水含水层上面没有隔水顶板,或只有局部的隔水顶板,潜水和大气水、地表水联系密切,积极参与水循环,因而与植被生长具有一定的相关性。根据气候、地质地貌等特征,三北工程区被划分为东北华北半湿润水文地质区、内蒙古-黄土高原半干旱水文地质区、西北内陆盆地干旱水文地质区,第四系孔隙含水层是主要开发利用目的层。地下水埋深主要受地形地貌控制,在人为开采和降水影响下动态变化。每一个盆地、平原或流域地下水位埋深具有独立性,各自关联性甚小,尤其对于潜水系统来说。

3.3.1.2 地下水资源量

地下水资源评价是在一定的天然和人工条件下,对地下水资源的质和量在使用价值与经济效益等方面进行综合分析、计算及论证。评价的主要内容是定量评价地下水补给资源量、储存资源量,估算可开采资源量。计算地下水可开采资源量是地下水资源评价的核心问题。目前,已有二三十种地下水资源评价的方法。而现阶段被广泛采用的地下水资源评价的方法主要有水量均衡法、开采试验法、解析法、数值法和地下水径流模数法等。

(1) 水量均衡法

水量均衡法是地下水资源数量评估的基本方法:

$$Q_g = Q_{up} + Q_{uu} + Q_{ub} + Q_n + Q_{ul} + Q_{ui} \tag{3-35}$$

式中, Q_g 为地下水资源量; Q_{up} 为大气降水入渗补给量; Q_{uu} 为地表水渗透补给量; Q_{ub} 为灌溉及渠系入渗补给量; Q_n 为凝结水补给量; Q_{ul} 为相邻含水层越流补给量; Q_{ui} 为地下水径流补给量。

地下水允许开采量是指通过经济技术合理的取水建筑物,在整个开采期间内水量不会减少,动水位的变化在允许范围内,不影响已建水源地的正常开采,不发生危害性环境地质问题,从水文地质单元能够取出的水量。地下水允许开采量计算公式为

$$Q_k = \Delta Q_b + \Delta Q_p + \mu A (\Delta h / \Delta t) \tag{3-36}$$

式中, Q_k 为允许开采量; ΔQ_b 为开采时的天然补给量; ΔQ_p 为开采时天然排泄量减少量; A 为开采时引起水位降低的面积; μ 为给水度; Δh 为在 Δt 时间段内开采影响范围内的平均水位降深。

根据经验可简化为

$$Q_{可采} = \Delta Q_b \times b \tag{3-37}$$

式中, b 为现状年地下水可开采系数,取值参考中国地质调查局对地下水新一轮资源评价取值 0.5~0.85。

$$K = Q_{实采} / Q_{可采} \tag{3-38}$$

式中，K 为年均地下水开采系数；$Q_{实采}$ 为现状年地下水实际开采量；$Q_{可采}$ 为现状年地下水可开采资源量。

（2）地下水径流模数法

在查明水文地质条件的基础上，充分利用水文测流资料和测流控制区的含水层面积，直接求出地下水径流模数（补给模数），即单位时间单位面积含水层的补给量或地下水径流量。在水文地质条件复杂、研究程度相对较低的地下水系统内，如基岩山区、岩溶水系统、裂隙水系统或者是水文地质条件复杂的大区域中，用这种方法评价简单有效。

根据地下水径流模数，可以间接推算区域地下水的天然补给量或地下水径流量：

$$Q = M \cdot F \tag{3-39}$$

式中，Q 为地下径流量（m^3/s）；M 为地下水径流模数 $[m^3/(s \cdot km^2)]$；F 为含水层面积（km^2）。

由此可知，地下水径流模数是评价区域地下水资源的重要指标，它受区域地下水的补给、径流、排泄条件控制。因此结合不同的水文地质特征采用不同的方法进行评价。

A. 地下河系发育的岩溶区

根据这种水文地质特征，可选择有控制性的地下河出口或泉群，测定其枯水期流量，同时圈定对应的地下流域面积，取径流量和地下流域面积之比，就是要求的地下水径流模数。

B. 地表河系发育的非岩溶区

针对裂隙水和积极交替带的孔隙水，补给量形成地下径流后，直接排入河谷变成河水流量的组成部分的条件，可充分利用水文站已有的河流水文图来确定地下水径流模数。

河水通常由大气降水和地下水补给。在枯水期，河水流量几乎全部来自地下水，但洪水期大部分河水流量为降水补给，地下水补给量相对减少，甚至河流补给地下水。因此，利用河流水文图时，必须从实际水文地质条件出发，将地下水的补给量分割出来。目前，分割界限常由经验确定。

1）针对含水层岩性单一，水文站控制集水面积较小的条件，在流量过程图上涨部分的起涨点至退水部分的退水转折点之间连线，把该线以下部分作为基流量。

2）针对含水层岩性非均一，水文站控制集水面积较大的条件，以枯水期平均流量代表基流量。

3）在没有水文站数据时，也可沿河流上下游断面布置简易测流法，利用上下游断面的流量差可求控制区的地下径流量和相应的地下水径流模数。

4）当一个含水层和另一个径流模数已知的含水层同时向河流排泄时，可按式（3-40）计算未知含水层模数。

$$M_2 = \frac{Q - M_1 F_1}{F_2} \tag{3-40}$$

式中，M_2 为未知含水层的径流模数 $[m^3/(s \cdot km^2)]$；F_2 为对应 M_2 的含水层面积（km^2）；Q 为水文站监测的河流基流量（m^3/s）；M_1 和 F_1 分别为已知的含水层面积和径流模数。

3.3.1.3 野外调查研究

1）入渗系数调查，通过双环入渗实验计算垂直向渗透系数；抽水实验计算含水层的渗透系数、储水系数、给水度等。

2）地下水位测量。通过地下水位统测，获取地下水的流动特征；通过地下水位的长期动态监测，确定地下水位的变幅。地下水位自记仪器，主要用于地下水位长序列的自动监测。

3）地下水和地表水的重复量调查，通过典型地段地表水流量均衡计算。利用流速仪、红外线测速仪等确定河流的流速，结合河道形态，确定典型地段河流和地下水的关系。

3.3.1.4　三北工程区地下水系统

综合考虑地质构造、地形地貌、气候等影响因素，根据流域水系、地下水之间的水力联系及水循环条件，以地下水分水岭为界，三北工程区可划分 4 个一级系统，12 个二级系统，详见表 3-53。

表 3-53　三北工程区地下水系统划分

一级系统		二级系统	
I	东北平原山地半湿润地下水系统	I₁	松嫩平原地下水系统
		I₂	辽河平原地下水系统
II	华北平原山地半干旱地下水系统	II₁	滦河二级地下水系统
		II₂	海河二级地下水系统
III	黄土高原半干旱区地下水系统	III₁	晋冀山地山间盆地地下水系统
		III₂	鄂尔多斯黄土高原地下水系统
IV	内陆盆地及丘陵山地干旱地下水系统	IV₁	蒙古高原地下水系统
		IV₂	河西走廊地下水系统
		IV₃	伊犁河地下水系统
		IV₄	准噶尔盆地地下水系统
		IV₅	塔里木盆地地下水系统
		IV₆	柴达木盆地地下水系统

3.3.1.5　数据来源

研究区各级地下水监测网络（国家级、省级、地市级）的所有监测点数据，研究区水文地质调查数据，遥感解译数据，本项目组成员野外补充调查数据，其中地下水位数据主要来源于中国地下环境监测工程及各地区自备监测点，监测点主要分布于人类活动频繁区。数据规律为：中东部密集，西北地区稀疏；平原区密集，山区及黄土塬区零散等。

3.3.2　不同分区地下水类型的区域分布

3.3.2.1　东部丘陵平原区

自中生代中期以来，大陆区域相继形成了一系列大小不等的构造盆地，特别是三北工程区出现了规模较大的平原，堆积了不同厚度、不同成因的第四纪松散沉积物，巨厚的松散沉积物的岩性主要为砂或砂砾石，结构松散，多呈层状分布。东北华北平原农区分布的松嫩平原、辽河平原和海河流域为松散沉积物孔隙水，山区为基岩裂隙水。

（1）松嫩平原

松嫩平原是一个地下水丰富的储水、汇水盆地，地下水从四周向中心汇集，第四纪沉积物厚 80～150 m。西部多为倾斜扇形地，砂砾石潜水含水层厚 10～50 m，水位埋深 5～10 m，富水性较好。北部的高平原及东部的山前垄岗丘陵第四系沉积较薄，含水量较差。平原中部地区除潜水含水层外，承压水含水层广泛分布，一般承压含水层顶板埋深 30～90 m，向平原中部逐步加深。平原中部地形平坦，地下水径流缓慢，蒸发强烈，潜水含盐量显著增高，水量较小，水质较差；承压含水层发育，含水层岩性以砂、砂砾石为主，厚 10～30 m，承压水头埋深 2～5 m（局部为 10～20 m），水质良好，水量较大，钻孔单位涌水量 10～30 m³/hm²。在平原中部松散沉积层底部下伏有新近纪、古近纪、白垩纪碎屑岩类含水层，水质良好，总溶解固体（TDS）小于 1 g/L，钻孔单位涌水量达 7 m³/hm²。

（2）辽河平原西部地区

为第四纪巨厚砂层，岩性由上游至下游颗粒变细，黏性土夹层增多增厚。往南是下辽河平原，地势自北向南倾斜，呈向海张口的簸箕形盆地，第四系广泛发育，厚度变化大（40～300 m），浅部地下水水质较差，多为咸水，深层承压水水量较丰富，水质良好。

（3）海河流域下游

自新生代以来一直是断续沉降地带，第四系沉积极为发育，其沉积厚度受基底起伏的控制，一般为 200～600 m，拗陷区最厚达 1000 m。第四纪砂砾石冲积扇十分发育，厚 40～60 m，沿山麓缓倾展布，呈多层叠置沉积。有的冲积扇、洪积扇前缘延伸很远，且深埋在地表下 120～200 m，含水层岩性颗粒较粗，透水性强，径流通畅，富水性普遍较强，水质良好。由冲积扇、洪积扇前缘往东为中部平原，地势广阔而平坦，主要为古河道带冲积形成，松散沉积物巨厚，含水层呈多层结构，埋藏平缓，砂层和亚黏土层交错叠置，含水层岩性主要为中细砂和细粉砂。在地表下 60～80 m 深度内主要为潜水或微承压水，富水性较弱，水质变化复杂，大部分地区为微咸水，淡水仅在局部地区呈条带状分布。80 m 深度以下，承压水分布普遍，其埋藏特点是西部较浅，东部变深。多数含水层的岩性颗粒较细，地下水径流缓慢，以垂向越流补给为主，人工开采是主要排泄途径。水质变化复杂，表现在垂直方向的分布特点是，在浅部及中部出现咸水体（TDS 大于 2 g/L），其上为浅层河道带淡水，呈条带状分布。咸水体以下 TDS 变小，出现深层淡水。咸水体底界为一起伏不平的弯曲面，深度为 60～100 m，最深处达 200 m，其厚度变化是西薄，往东逐渐增厚。

3.3.2.2 内蒙古高原区

内蒙古高原区主要包括科尔沁沙地、毛乌素沙地、呼伦贝尔沙地、河套平原。

内蒙古的河套平原主要为松散沉积物孔隙水。河套平原为一封闭型盆地，第四系松散沉积厚达 600 m，含水层岩性主要为砂、砂砾石，蕴藏潜水和承压水，潜水分布普遍而稳定，承压水亦分布广泛，其埋藏深度随淤泥层的分布而改变，部分喷出地表，水质仅在山前地带良好，其他地区稍差。

沙漠风积沙丘孔隙水，如毛乌素沙地。沙丘岩性以细砂、细粉砂为主，厚度由几米至几十米，颗粒均一。沙丘中潜水分布普遍，常见于沙丘之间的低洼地带。其含水条件多与沙丘基底有关，如下伏基为隔水层时，沙丘可形成独立的含水层；如下伏透水性良好的岩层时，则沙丘与下伏层形成统一含水层。

3.3.2.3 黄土高原区

黄土高原黄土层孔隙水，其特点是沉积厚度大且连续。黄土层孔隙水的分布与降水有关，并严格受黄土地貌的制约。在黄土塬区（如西峰塬、洛川塬）和台塬区，由于塬面宽阔平坦，有利于降水汇集，且渗入补给条件较好，潜水分布普遍。含水层主要由孔隙、孔洞发育的黄土及古土壤层构成，塬内水量和水位的变化取决于塬面大小和与冲沟的距离远近，以及黄土层的结构；在梁、峁地区的黄土层中，黄土状土与粉细砂为主要含水层，厚度一般为 10~40 m，水位埋藏较深，水量较少，水质变化不大。

丘陵盆地红层孔隙裂隙水。陕甘宁盆地等沉积的红层，以三叠系、古近系、新近系的红层为主。红层是中、新生代炎热干旱古气候环境条件下形成的外观以红色为主色调的碎屑沉积岩层，以陆相沉积为主。主要由砂岩、砾岩、页岩及泥岩组成，大部分为泥质胶结，少部分为石膏、钙质和硅质胶结。主要沉积时代为三叠纪、侏罗纪、白垩纪、古近纪、新近纪。

3.3.2.4 西北高山盆地区

山间盆地冲积层孔隙水。由于山区局部受构造控制作用形成断陷盆地，经河流冲刷及松散沉积物的逐步堆积，出现规模较小、沉积厚度不等的山间盆（谷）地，这里松散沉积物孔隙水分布广泛，且水量较丰富。新疆的吐鲁番—哈密盆地和伊犁盆地，这两个盆地面积都是 50 000 km² 左右。其他盆地有新疆的塔城盆地，青海的西宁盆地、共和盆地等。该类型地下水的特点是含水层的分布与构造成因关系密切，常常是各自构成独立的水文地质系统，且具有封闭、半封闭式的承压自流盆地的特征，形成独立的汇水中心。但水位埋深各地不一，有些山间盆地或谷地的潜水位埋藏较浅，常小于 10 m，冲积层十分发育，含水层岩性分选较好，含水岩层厚度由数米至数十米，大多数盆地的含水层分上下两层结构，即上部为潜水，下部普遍分布承压水，承压水头一般是数米，个别达数十米。

内陆盆地冲积层、洪积层孔隙水。分布在西北荒漠区的准噶尔、塔里木、柴达木等内陆盆地，盆地边缘地域辽阔，冲洪积物沉积巨厚。广布的山前倾斜平原，顶部常为戈壁砾石层。各盆地周边多为高山环绕，山顶终年积雪，为盆地的地下水补给提供了优越的条件。准噶尔盆地北缘沉积层分布于高台地上部，厚度极薄，地下水补给条件差，含水极弱或不含水；在盆地南缘的向斜拗陷中填充了卵区石堆积物，形成厚达 300~500 m 的第四纪卵砾石层潜水带，水位埋藏较深，一般在地表下 50 m 左右，富水性较强，水质良好。塔里木盆地北缘，由于山前断块山和古近系、新近系碎屑岩隆起构造的存在，仅在河谷的冲积砂层中赋存潜水，水质良好，由山前往盆地方向含水层岩颗粒变细，水质变差；塔里木盆地南缘山前地区分布巨厚的洪积相沉积物，在其西部地区由于有古近系、新近系隆起构造形成隆起带，隆起带以南潜水埋深约 30 m，且因受阻以泉群形式外溢，隆起带以北常形成宽度很大的砾石带，潜水位埋藏变深，水质良好；在其东部地区的山前倾斜平原直接与山地相衔接，以洪积物沉积为主，厚约数百米，含水层主要为砂砾石层，潜水位埋深大于 30 m，水质良好，富水性较弱。柴达木盆地位于祁连山和昆仑山东段之间，沉积厚度在东南缘达 1200 m。地下淡水沿山麓呈狭长条带状分布,其他地带均为咸水或高含盐量水。河西走廊第四系沉积巨厚,由于第四纪以来强烈的新构造运动,走廊平原分割成南北展布的两排小盆地,南部盆地砂砾石层堆积比北部盆地宽广,沉积颗粒较粗,地下水水质一般较好,水量丰富。综观内陆盆地,具有开采意义的地下水资源约有 45% 分布在山前平原。

沙漠风积沙丘孔隙水。塔克拉玛干、古尔班通古特、巴丹吉林等沙漠分布地区气候极为干旱,蒸发强烈,地表水缺乏,地下水主要是埋藏于沙丘中的潜水或沙丘下伏的孔隙水。沙丘岩性以细砂、细粉砂为主,厚度几米至几十米,颗粒均一。除塔克拉玛干沙漠外,沙丘中潜水分布普遍,常见于沙丘之间的低洼地带。其含水条件多与沙丘基底有关,如下伏基为隔水层时,沙丘可形成独立的含水层;如下伏透水性良好的岩层时,则沙丘与下伏层形成统一含水层。塔克拉玛干沙漠的丘间洼地闭塞,洼地内潜水位高,水质均较差,而且变化大。此外,在沙漠边缘地带埋藏有古冲积平原和古河湖平原,沉积有巨厚的第四纪松散沉积,赋存着淡承压水,水质良好,如古尔班通古特沙漠、巴丹吉林沙漠等。

丘陵山地砂砾岩孔隙裂隙水。碎屑岩类主要包括砂岩、砂砾岩、页岩等。岩石结构极密,且较脆硬,抗风化能力强,风化裂隙不甚发育,透水性微弱。但在构造作用下,往往产生延伸性较大的构造裂隙,从而有利于地下水的富集,出现富水地带。其富水性大小与构造带的特征及地貌有直接关系。实践证明,当破碎带和裂隙带的规模大、延伸远、裂隙密集,以及所处地貌位置低时,其水量就相对较为丰富。天山南麓和昆仑山北麓主要为中生代砂岩与砾岩,富水性差,水质欠佳。而阿尔泰山和准噶尔盆地山前丘陵地区分布着不同地质时代的碎屑岩类,富水性则相对丰富,水质良好。

丘陵盆地红层孔隙裂隙水。塔里木盆地、柴达木盆地沉积的红层,以三叠系、古近系、新近系的红层为主。主要由砂岩、砾岩、页岩及泥岩组成,大部分为泥质胶结,小部分为石膏、钙质和硅质胶结。

冻结层水。地处西北荒漠区的阿尔泰山、天山、祁连山等局部山区,分布有中、低纬度高原孔隙裂隙水。山区地势高耸,褶皱断裂及构造裂隙极为发育,山峰均为终年积雪,这些积雪对地下水的补给有利。冻土层厚度一般为几十米到百余米,其厚度随地形起伏而变化,并在水平方向的变化较大。综观冻土地区,冻结层上水分布普遍,多在地形相对低洼或山坡地带,主要接受大气降水或冰雪融水的补给,水质良好,但水量较小,作为供水源有一定的局限性。冻结层下水具有承压性,往往受冻土层厚度影响和地区构造的控制。因此,断陷谷地和盆地是冻结层下水储存的良好场所。在 10～50 m 厚度的冻土层下,普遍有承压水或自流水分布。

3.3.3 地下水水质区域特征

浅层地下水水质在气温、降水、地貌、水文等诸多因素的影响下,存在着显著的区域分布差异。浅层地下水水质亦呈现从东南向北及西北逐渐变化的特征。东部的松辽平原中部、下辽河平原和黄淮海平原 TDS 值普遍大于 1.0 g/L。东部平原的浅层地下水主要表现为盐化特征,地下水水质呈现由山前平原的淡水(TDS 小于 1.0 g/L)向滨海平原渐变为微咸水乃至咸水的演变规律。从内蒙古至西北干旱区,地下水 TDS 值普遍高于 1.0 g/L,

其变化是由内陆盆地边缘向中部出现规律递变，即由溶滤作用的低矿化重碳酸盐型淡水过渡为溶滤盐化作用成因的成分复杂的硫酸盐型咸水带，完全呈现水平分带的特点。在基岩山地中准平原化的低山、残山地带，处于没有外来水源且年降水量仅 20 ~ 50 mm 甚至 10 mm的极端荒漠化地区，地下水 TDS 值高达 5 ~ 30 g/L，局部有盐沼出现。水化学类型的演变从山区向平原为重碳酸盐型→硫酸盐型→氯化物型逐渐过渡的次序。第四纪湖相沉积物中水的 TDS 较高，多为咸水湖。此外，局部地区受构造或岩性关系影响，地下水化学组分中往往形成某些离子特殊组合的富集，如氯、铁、锰离子等。

3.3.4 地下水资源分布

可以将含水层划分为三种类型：①松散孔隙含水层。主要指分布在三北工程区平原、山间盆地松散沉积物形成的连续含水层。②基岩裂隙含水层。主要指三北工程区内丘陵、山地基岩断续含水层。③其他零星含水层。主要分布在高原及研究程度较低的荒漠戈壁区。将这 3 种含水层的地下水天然补给模数 ［万 m³/(km² · a)］ 划分成五个等级，即 <10 万 m³/(km² · a)、10 万 ~ 20 万 m³/(km² · a)、20 万 ~ 30 万 m³/(km² · a)、30 万 ~ 50 万 m³/(km² · a)、>50 万 m³/(km² · a)。不同含水层地下水资源的开采难易程度表现不一，即易开发、较难开发、难开发；按地下水天然补给量的不同，将地下水资源丰富程度划分成三个等级，即水量丰富、水量中等、水量不足（图 3-20 和表 3-54）。

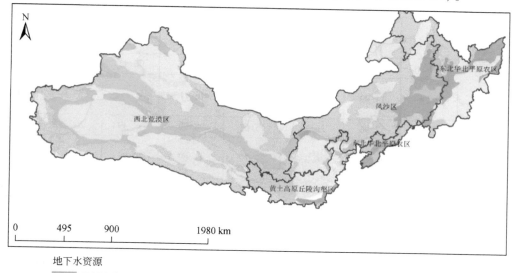

图 3-20 三北工程区地下水资源

表 3-54　三北工程区地下水类型及特征　　　　　　（单位：mm/a）

地下含水层	天然补给量	地下水资源丰富程度	开采难易程度
松散孔隙含水层	>300	水量丰富	易开发
	100～300	水量中等	
	<100	水量不足	
基岩裂隙含水层	>300	水量丰富	较难开发
	100～300	水量中等	
	<100	水量不足	
零星含水层	100～300	水量中等	难开发
	<100	水量不足	

　　三北工程区涉及中国北方主要盆地及大部分干旱半干旱地区，该区大气降水时空分布不均匀，从半湿润的松嫩平原及华北平原向中国北部蒙古高原及西北部内陆盆地递减，并在西北部出现最干旱的荒漠地区，由此必然影响各区域地下水天然补给量，并因此造成三北工程区相关区域地下水资源在空间分布格局上有显著差异，详见表 3-55 和表 3-56。

表 3-55　三北工程区地下水资源　　　　　　（单位：$10^9 m^3/a$）

地区	松散孔隙含水层		基岩裂隙含水层		零星含水层		地下水资源总量	
	天然补给资源	可开采资源	天然补给资源	可开采资源	天然补给资源	可开采资源	天然补给资源	可开采资源
西北荒漠区	310.86	217.60	71.10	42.66	192.85	96.43	574.81	356.69
黄土高原丘陵沟壑区	21.4	14.99	21.83	13.10	16.71	8.35	59.94	36.44
风沙区	75.65	52.96	26.13	15.67	98.99	49.49	200.77	118.12
东北华北平原农区	13.58	9.51	46.33	27.79	41.69	20.85	101.60	58.15
合计	421.49	295.06	165.39	99.22	350.24	175.12	937.15	569.40

表 3-56　三北工程区主要盆地和平原地下水开采量及开采程度（含微咸水和半咸水）

地区	可开采资源量/(亿 m^3/a)	现状开采量/(亿 m^3/a)	开采程度/%	剩余量/(亿 m^3/a)
松辽平原	233.52	115.52	49.47	118.00
三江平原	68.72	16.52	24.04	52.20
黄淮海平原	417.73	334.39	80.05	83.34
河西走廊	32.35	21.87	67.60	10.48
准噶尔盆地	90.45	24.33	26.90	66.12
塔里木盆地	144.43	27.02	18.71	117.41
柴达木盆地	30.98	1.38	4.45	29.60

　　资料来源：《中国地下水资源》，中华人民共和国国土资源部，2001 年。

东北华北平原农区为温带半湿润季风气候，降水对地下水补给较充沛，松嫩平原、辽河平原等平原盆地，地下水资源丰富，易于开发。其余地区大多为丘陵山地和小型山间盆地，大部分地区地下水资源量中等以上，较难开发。

风沙区、西北荒漠区、黄土高原丘陵沟壑区为干旱半干旱气候，广袤的荒漠盆地受周围高原山地包围，尤其是塔里木盆地，大洋水汽通道被高大山系阻隔，降水量一般小于200 mm/a，而蒸发量往往是降水量的数倍。荒漠盆地大气降水补给十分匮乏，地下水主要补给来源于山地的地形降雨以及高山融雪。

3.3.5 地下水位

三北工程区内国家级地下水监测点 2005 年、2010 年和 2015 年分别是 213 个、223 个和 193 个，地下水监测点分布及地下水埋深情况如图 3-21 所示。2015 年，东北华北平原农区地下水埋深基本小于 10 m，而其他地区地下水埋深小于 10 m 比例较少，不能够支撑植被自然生长存活，需要其他方式补水。

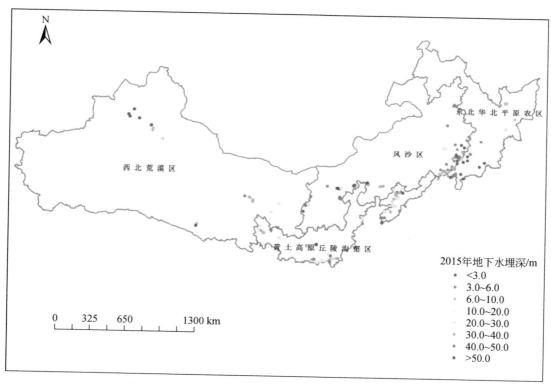

图 3-21　2015 年三北工程区地下水监测点及地下水埋深

黄土高原丘陵沟壑区共有 42 个地下水监测点，其中 17 个位点地下水埋深增加，10 个位点地下水埋深降低，其余缺乏监测数据；西北荒漠区共有 21 个地下水监测点，除张掖盆地 1 个位点和新疆奎屯河流域 1 个位点地下水埋深降低外，其余位点地下水埋深全部增加；东北华北平原农区 65 个地下水监测点，除 7 个位点地下水埋深降低外，其余位点地下水埋深全部增加；风沙区共有 65 个地下水监测点，其中 17 个位点地下水埋深降低，28 个位点地下水埋深增加，其余位点缺乏数据。

2010～2019 年，三北工程区大部分地区地下水平均埋深增加，部分地区如山西境内长治盆地、运城盆地、临汾盆地和太原盆地等地区，地下水埋深略有回升；内蒙古呼包平原、甘肃河西走廊、宁夏银川平原和卫宁平原地下水埋深增加趋势明显；松辽平原基本趋于稳定，平原内大部分地下水埋深小于 10 m；青海湟水河谷地及柴达木盆地监控区地下水埋深变化波动不大，但基本趋于波动增加的趋势；新疆吐鲁番地区地下水埋深有逐年下降的趋势（表 3-57）。

（1）松辽平原

松辽平原大部分地区地下水埋深小于 10 m，部分地区（吉林松原等局部地区）埋深较大，超过 20 m。总体来看，2010～2019 年松辽平原 65% 左右的地区地下水埋深稳定，埋深增加区较少（3% 左右），埋深减少区较多，在 30% 以上（表 3-57 和图 3-22）。

2010 年 7 月，松辽平原大部分地区地下水埋深小于 10 m，其中黑龙江平原区西部和辽宁平原区的大部分地区地下水埋深小于 5 m，黑龙江松嫩平原北部和三江平原东部的部分地区地下水埋深超过 10 m，吉林松原的部分地区地下水埋深 10～30 m。

2015 年 7 月，大部分地区地下水埋深小于 8 m，其中黑龙江松嫩平原和辽宁平原区大部地下水埋深小于 4 m，黑龙江松嫩平原北部和三江平原东北部、吉林平原区和内蒙古辽河平原区的局部地区地下水埋深 8～20 m。

2018 年 7 月，松辽平原地下水平均埋深 6.58 m，大部分地区地下水埋深小于 8 m，黑龙江松嫩平原东北部和三江平原东北部、吉林平原区局部、内蒙古平原区的局部地区地下水埋深 12～20 m，吉林松原平原区局部地区地下水埋深超过 20 m。

2019 年 7 月，松辽平原地下水平均埋深 6.26 m，大部分地区地下水埋深小于 8 m，黑龙江松嫩平原东部和三江平原、吉林平原区、内蒙古平原区的局部地区地下水埋深 12～20 m，吉林平原区局部地区地下水埋深超过 20 m。

（2）河北平原和北京平原

地下水埋深总体自东向西埋深逐渐增加，北京北部和河北唐山、保定、石家庄、邢台、邯郸地下水埋深 20～50 m，局部地区超过 50 m，为地下水埋深最大的地区。2010 年以来大部分地区地下水埋深减少或稳定，但河北平原区地下水埋深持续增加，储存量持续显著减少。

2010 年 7 月，北京平原区大部分地区地下水埋深 10～50 m，天津平原区大部分地区地下水埋深 1～5 m；河北平原区东部大部分地区地下水埋深 1～10 m，保定、石家庄、邢台地下水埋深一般 10～50 m，局部超过 50 m。

2015 年 7 月，北京平原区大部分地区地下水埋深 4～50 m，天津平原区大部分地区地下水埋深 1～4 m；河北平原区东部大部分地区地下水埋深 1～12m，保定、石家庄、邢台地下水埋深一般 8～50 m，局部超过 50 m。

2018 年 7 月，北京平原区大部分地区地下水埋深 4～50 m，天津平原区大部分地区地下水埋深 1～4 m；河北平原区东部大部分地区地下水埋深 1～12 m，保定、石家庄、邢台地下水埋深 12～50 m，石家庄南部及邢台北部局部超过 50 m。

表 3-57　三北工程区主要盆地平原地下水埋深情况

(单位: m)

地区		2010年7月			2015年7月			2018年7月			2019年7月		
		最大埋深	最小埋深	平均埋深	最大埋深	最小埋深	平均埋深	最大埋深	最小埋深	平均埋深	最大埋深	最小埋深	平均埋深
黑龙江、内蒙古、辽宁	松辽平原	>50	0.1	<10	>50	0.1	<8	>50	0.1	6.58	>50	0.1	6.26
北京	北京平原	>50	10	—	>50	4	—	>50	4	—	>50	4	—
河北	河北平原	>50	1	—	>50	1	—	>50	1	—	>50	1	—
山西	大同盆地	25.42	1.41	6.91	30.90	0.94	6.30	64.32	0.15	8.48	64.34	1.76	7.96
	忻定盆地	73.46	1.82	14.10	77.63	2.20	16.31	77.85	2.57	20.44	78.12	1.90	23.27
	长治盆地	22.32	1.77	9.27	15.24	2.36	8.35	15.15	2.90	8.36	15.50	2.60	9.47
	运城盆地	80.15	0	15.89	30.86	0.24	12.18	31.60	2.32	13.83	30.80	1.16	14.11
	临汾盆地	72.66	1.57	24.28	50.82	1.32	19.38	92.01	1.13	16.34	92.06	0.54	16.19
	太原盆地	93.73	1.41	24.19	91.72	0.92	22.91	90.71	0.74	21.27	96.63	0.58	22.29
内蒙古	呼包平原	21.15	0.30	5.21	12	<2	—	>50	<2	12.19	>50	<2	13.08
陕西	关中平原	108.17	2.10	26.96	>100	<2	—	>50	<2	28.48	>50	<2	28.34
甘肃	河西走廊	63.35	0.49	8.59	>50	<2	—	>50	<2	19.60	>50	<2	19.36
宁夏	银川平原	3.78	0.35	1.37	4.11	0.27	1.65	4.51	0.35	2.22	4.62	0.38	2.29
	卫宁平原				2.09	0.87	1.40	2.87	0.76	1.45	2.97	0.30	1.60
青海	湟水河谷平原	18.39	0.80	4.67	8.92	1.28	4.35	8.54	0.96	4.52	9.27	2.34	5.88
	柴达木盆地监控区				19.39	1.29	6.59	4.98	2.46	4.29	6.64	0.80	4.03
新疆	吐鲁番盆地	107.00	4.65	28.28	120.9	6.90	26.65	126.03	5.96	28.17	126.75	5.14	25.76

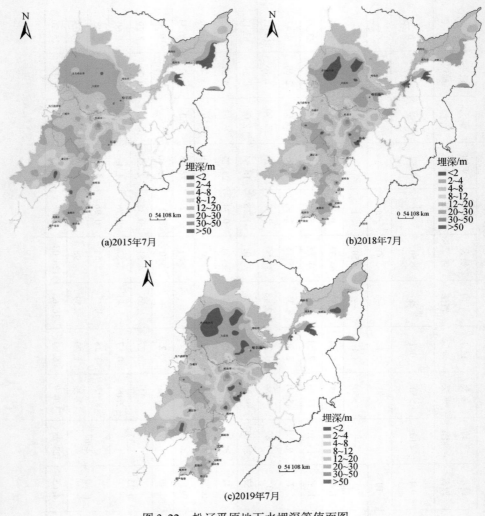

(a)2015年7月

(b)2018年7月

(c)2019年7月

图 3-22　松辽平原地下水埋深等值面图

据水利部水文司 2015~2019 年地下水数据

　　2019 年 7 月，北京平原区大部分地区地下水埋深 4~50 m；天津平原区大部分地区地下水埋深 1~8 m；河北平原区东部大部分地区地下水埋深 1~12 m，唐山、保定、石家庄、邢台地下水埋深 20~50 m，局部地区埋深超过 50 m。

（3）山西、陕西主要盆地

　　总体来说，山西、陕西主要盆地 2010~2015 年地下水埋深除临汾盆地地下水埋深有变浅的趋势，太原盆地有稳定趋向变浅以外，其他盆地呈趋向变深的趋势（表 3-57）。

　　2010 年 7 月，山西大同盆地地下水平均埋深 6.91 m，最浅处 1.41 m，最深处 25.42 m；忻定盆地地下水平均埋深 14.10 m，最浅处 1.82 m，最深处 73.46 m；长治盆地地下水平均埋深 9.27 m，最浅处 1.77 m，最深处 22.32 m；运城盆地地下水平均埋深 15.89 m，最浅处 0，最深处 80.15 m；临汾盆地地下水平均埋深 24.28 m，最浅处 1.57 m，最深处 72.66 m；太原盆地地下水平均埋深 24.19 m，最浅处 1.41 m，最深处 93.73 m。2015 年 7 月，大同盆地地下水平均埋深 6.30 m，忻定盆地地下水平均埋深 16.31 m，长治盆地地下水平均埋深 8.35 m，运城盆地地下水平均埋深 12.18 m，临汾盆地地下水平均埋深 19.38 m，太原盆地地下水平均埋深 22.91 m。2018 年 7 月，山西主要盆地地下水埋深 2~50 m。与 2015 年同期相比，山西大同盆地、忻定盆地地下水埋深增加；2019 年 7 月，山西主要盆地地下水平均埋深 15.35 m。大同盆地地下水平均埋深 7.96 m，忻定盆地地下水平均埋深 23.27 m，长治盆地地下水平均埋深 9.47 m，运城盆地地下水平均埋深 14.11 m，临汾盆地地下水平均埋深 16.19 m，太原盆地地下水平均埋深 22.29 m。

如图 3-23 所示，关中平原地下水埋深逐渐趋向加深，尤其关中平原北部地区地下水

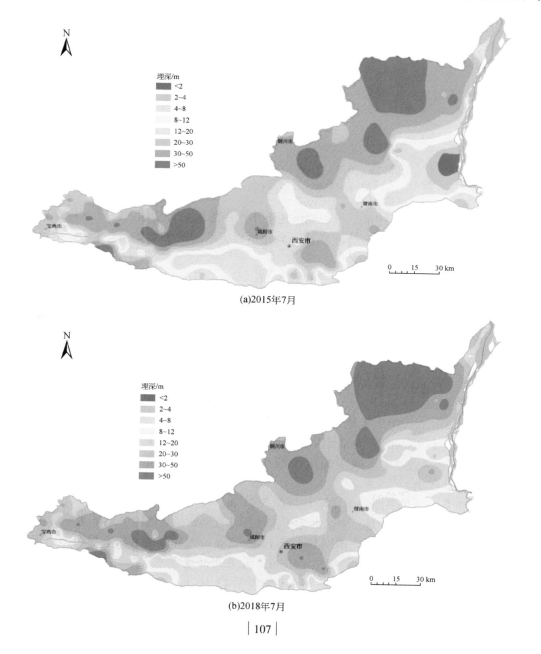

(a)2015年7月

(b)2018年7月

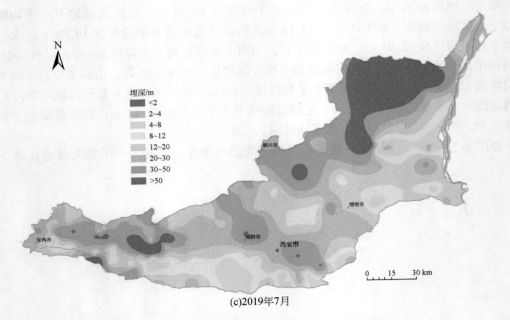

(c)2019年7月

图3-23 2015～2019年关中平原地下水埋深等值面图

据水利部水文司2015～2019年地下水数据

漏斗连通成片，关中平原中部、西部地区地下水埋深加深趋势变缓，地下水埋深有降低趋势。2015～2019年关中平原地下水埋深平均年增加幅度一般小于2 m，咸阳、渭南等局部地区增加幅度大于2 m。

2010年7月，关中平原地下水平均埋深26.96 m，渭河和黄河沿岸地区地下水埋深一般小于20 m，南部和北部部分地区地下水埋深20～75 m。2015年7月，南部大部分地区地下水埋深2～30 m，北部大部分地区地下水埋深12～50 m，部分地区超过50 m。2018年7月，关中平原地下水平均埋深28.48 m，西部和北部大部分地区地下水埋深30～50 m，局部超过50 m。2019年7月，关中平原地下水平均埋深28.34 m，南部及中部大部分地区地下水埋深2～30 m，北部大部分地区地下水埋深30～50 m，局部超过50 m。

（4）呼包平原

呼包平原2010～2019年地下水埋深增加区占34%左右，增加幅度一般小于2 m，平原中部局部地区及东南部局部地区增加幅度大于2 m；大部分地区地下水埋深稳定；地下水埋深减少区占4%，减少幅度一般小于2 m，包头局部地区减小幅度大于2 m（图3-24）。

2010年7月，呼包平原地下水平均埋深5.21 m，比上月增加0.17 m，最浅处0.30 m，最深处21.15 m。2015年7月，中南部地下水埋深小于4 m，其他地区地下水埋深4～12 m。与2010年比，地下水埋深变化范围基本处于−2～2 m，大部分地区地下水埋深增加。2018年7月，呼包平原地下水埋深一般2～50 m，包头北部地下水埋深超过50 m，平均埋深12.19 m。2019年7月，呼包平原地下水平均埋深13.08 m，包头北部埋深超过50 m。

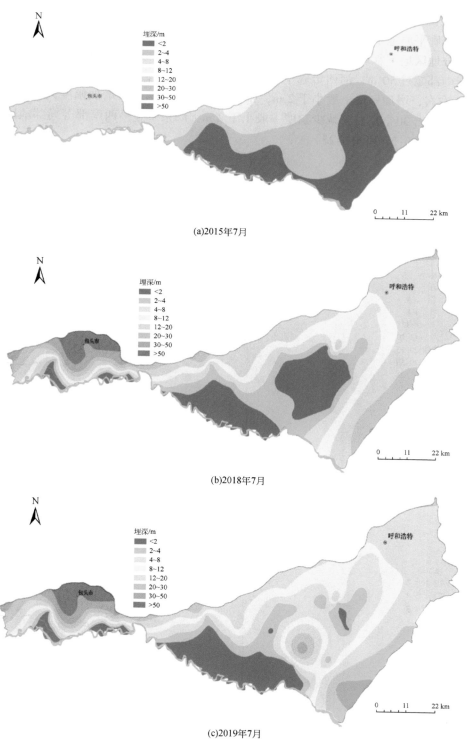

(a)2015年7月

(b)2018年7月

(c)2019年7月

图 3-24　2015～2019 年呼包平原地下水埋深等值面图

据水利部水文司 2015～2019 年地下水数据

(5) 河西走廊

河西走廊平原地下水平均埋深从 2010 年的 8.59 m 增加到 2019 年的 19.36 m，整体来说，大部分地区地下水埋深趋于加深或稳定。东部及中西部地下水埋深一般 2～30 m，金昌、武威南部超过 50 m。河西走廊平原地下水埋深稳定区占 60% 左右，地下水埋深增加区占 10% 左右，增加幅度一般小于 2 m，张掖、金昌等局部地区增加幅度大于 2 m。地下水埋深减少区占 30% 左右，减少幅度一般小于 2 m，酒泉及金昌西南部等局部地区减少幅度大于 2 m（表 3-57 和图 3-25）。

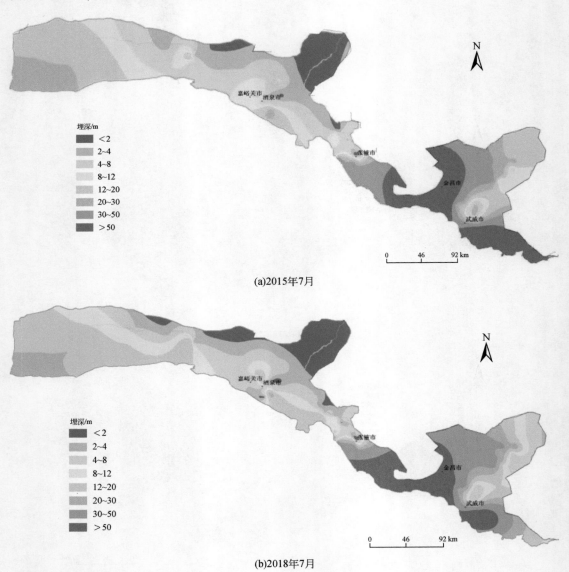

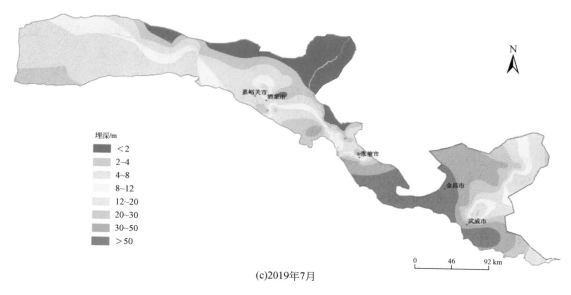

图 3-25 2015～2019 年河西走廊地下水埋深等值面图
据水利部水文司 2015～2019 年地下水数据

2010 年 7 月，河西走廊平原地下水平均埋深 8.59 m，比上月增加 1.09 m，最浅处 0.49 m，最深处 63.35 m。2015 年 7 月，中部地下水埋深一般 2～12 m，东部和西部地下水埋深一般 8～50 m，东部部分地区超过 50 m。2018 年 7 月，河西走廊平原地下水埋深 2～50 m，武威局部地区超过 50 m，平均埋深 19.60 m。2019 年 7 月，河西走廊平原地下水平均埋深 19.36 m，东部及中西部地下水埋深一般 2～30 m，金昌、武威南部超过 50 m。

（6）西北主要盆地

2010 年 7 月，银川平原和卫宁平原地下水平均埋深 1.37 m，比上月增加 0.04 m，最浅处 0.35 m，最深处 3.78 m。湟水河谷平原和柴达木盆地监控区地下水平均埋深 4.67 m，最浅处 0.80 m，最深处 18.39 m。吐鲁番盆地地下水平均埋深 28.28 m，最浅处 4.65 m，最深处 107.00 m。

2015 年 7 月，银川平原地下水平均埋深 1.65 m，最浅处 0.27 m，最深处 4.11 m；卫宁平原地下水平均埋深 1.40 m，最浅处 0.87 m，最深处 2.09 m；青海湟水河谷平原地下水埋深平均 4.35 m，最浅处 1.28 m，最深处 8.92 m；柴达木盆地监控区地下水平均埋深 6.59 m，最浅处 1.29 m，最深处 19.39 m；吐鲁番盆地地下水平均埋深 26.65 m，最浅处 6.90 m，最深处 120.9 m。

2018 年 7 月，银川平原地下水平均埋深 2.22 m；卫宁平原地下水平均埋深 1.45 m；湟水河谷平原地下水平均埋深 4.52 m；柴达木盆地监控区地下水平均埋深 4.29 m；吐鲁番盆地地下水平均埋深 28.17 m。

2019 年 7 月，银川平原地下水平均埋深 2.29 m，比 2018 年同期增加 0.07 m，最浅处 0.38 m，最深处 4.62 m；卫宁平原地下水平均埋深 1.60 m，比 2018 年同期增加 0.15 m，最浅处 0.30 m，最深处 2.97 m；湟水河谷平原地下水平均埋深 5.88 m，比 2018 年同期增加 1.36 m，最浅处 2.34 m，最深处 9.27 m；柴达木盆地监控区地下水平均埋深 4.03 m，比 2018 年同期减少 0.26 m，最浅处 0.80m，最深处 6.64 m；吐鲁番盆地地下水平均埋深 25.76 m，比 2018 年同期减少 2.41 m，最浅处 5.14 m，最深处 126.75 m。

3.4 生态植被建设灌溉可用水量分析

三北工程区生态植被建设主要考虑降水的直接利用，主要建设雨养植被，但在一些特定区域和特定时段，降水不能满足植被群落的需求，需要进行灌溉。本节计算不同区域的生态植被建设灌溉可用水量，生态植被建设灌溉可用水量是指一个区域的产水量减去生产生活水消耗量后，再考虑可用于生态植被建设比例系数的水资源量。

3.4.1 研究方法

3.4.1.1 产水量计算

产水是指在规定的时间段里，在单位流域面积上产生的河川的径流量。产水的多少对于一个地区的生态系统服务有着重要的代表意义（朱映新，2007）。本研究对三北工程区产水的估算，采用的是 InVEST 模型的产水模块。产水模型可以在子流域上生成脚本和输出总产水量与平均产水量。

产水模块根据水量平衡思想，基于气候、地形和土地利用来计算流域每个栅格的径流量，该模块基于 Budyko 假设，即多年平均尺度流域的蓄水变量可以忽略不计，简化了汇流过程，但没有区分地表径流、壤中径流和基流，该模块假设栅格产水量通过以上任意一种方式到达流域出口，各栅格产水量由该栅格的降水量减去实际蒸散发后得到，包括地表产流、土壤含水量、枯落物持水量、冠层截留量（潘韬等，2013）。

（1）计算方法

产水模型基于 Budyko 曲线和年均降水量。首先我们定义了基于每个像元 x 的产水量 $Y(x)$，计算公式为

$$Y(x) = \left(1 - \frac{\text{AET}(x)}{P(x)}\right) \cdot P(x) \tag{3-41}$$

式中，AET (x) 代表像元 x 上的实际蒸散量；$P(x)$ 代表像元 x 上每年的降水量。

对于植物的土地利用/土地覆被，水平衡中的蒸散发比例 $\frac{\text{AET}(x)}{P(x)}$ 基于 Budyko 曲线。

$$\frac{\text{AET}(x)}{P(x)} = 1 + \frac{\text{PET}(x)}{P(x)} - \left[1 + \left(\frac{\text{PET}(x)}{P(x)}\right)^{\omega}\right]^{1/\omega} \tag{3-42}$$

式中，PET (x) 表示潜在蒸散发；ω 表示自然气候–土壤属性所独有的一个非现实的参数，下面将对它们进行详细论述。

潜在蒸散发 PET (x) 定义为

$$\text{PET}(x) = K_{\text{c}}(\ell x) \cdot \text{ET}_0(x) \tag{3-43}$$

式中，$\text{ET}_0(x)$ 指每个像元的参考蒸散发；$K_{\text{c}}(\ell x)$ 指每个像元上与土地利用/土地覆被

ℓx 有关的植被蒸散发系数，ET_0（x）根据参考作物的蒸散量反映了当地的气候条件。K_c（ℓx）与每个像元的土地利用/土地覆被的植被特征有很大关系。K_c 调整土地利用/土地覆被图上每个像素的作物或植被类型的 ET_0 值。

ω（x）是一个经验参数，可以用一个线性函数来计算 $AWC \times N/P$，N 表示每年降水事件数量，AWC 表示容量植物可用的含水量。我们使用的表达式是 Donohue 提出的投资模型，定义 ω（x）为

$$\omega(x) = Z \frac{AWC(x)}{P(x)} + 1.25 \tag{3-44}$$

式中，土壤质地和有效根系深度定义了 AWC（x），这些水量可以被植物储存或释放到土壤中来使用。它利用植被根的最低限制层深度和植被根系深度来估计：

$$AWC(x) = Min(\text{Rest. layer. depth}, \text{root. depth}) \cdot PAWC \tag{3-45}$$

根系限制层深度是由于物理或化学特性，根渗透抑制的土壤深度。植物生根深度通常是出现植被类型的根生物量的 95% 的深度。PAWC 为植物生产可用水量的潜力，即田间持水量和凋萎点之间的区别。

Z 是一个经验常数，有时被称为"季节性因素"，其刻画了当地降水模式和额外的水文地质特征。它与 N 呈正相关，N 为每年降水事件的数量。1.25 是 ω（x）的最小值，被解释为裸露的土壤的值（即根的深度为 0）。一些文章中 ω（x）的值超过了 5。

对于其他土地利用/土地覆被（地表水、城市、湿地），实际蒸散是直接从参考蒸散发 ET_0 计算且有一个由降水定义的上限值。

$$AET(x) = min(K_c(\ell x) \cdot ET_0(x), P(x)) \tag{3-46}$$

式中，ET_0（x）是参考蒸散发；K_c（ℓx）是每种土地利用/土地覆被蒸散发的因素。

（2）模型校验

由于水供给量是降水与实际蒸散发的差值，降水量对水供给量的影响最大，达 65.89%（黄从红，2014），实际蒸散发由模型通过潜在蒸散发计算而来。因此在输入模型之前对降水和潜在蒸散发的空间插值数据进行校准能够在很大程度上保证水供给量计算的准确性。通过多次随机抽样站点的方式计算插值与实测值的相对误差，检验降水和潜在蒸散发空间插值数据的精度。

3.4.1.2 水资源消耗量计算

根据我国的统计年鉴，大多数年份将用水分为了三类，分别是农业、居民和工业水消耗（Gao et al.，2014）。为了更加直观地反映不同地区的水消耗情况，我们将统计数据在 ArcGIS 软件里进行了处理，得到每个栅格的水消耗图层。每个栅格所代表的水消耗量通过式（3-47）求得（Li et al.，2017）：

$$C_x = Agr_x + Ind_x + Dom_x \tag{3-47}$$

式中，C_x 代表栅格 x 的水消耗量；Agr_x 代表栅格 x 的农业用水水消耗量；Ind_x 代表栅格 x 的工业用水水消耗量；Dom_x 代表栅格 x 的生活用水水消耗量。具体的计算公式如下：

$$Agr_x = Area_{Agr} \times Com_{Agr} \tag{3-48}$$

$$Ind_x = Vol_{GDP} \times Com_{GDP} \tag{3-49}$$

$$\text{Dom}_x = \text{Num}_{\text{pop}} \times \text{Com}_{\text{pop}} \tag{3-50}$$

式中，Area_{Agr} 代表栅格 x 农业用地的面积；Com_{Agr} 代表单位面积农业用水水消耗量；Vol_{GDP} 代表栅格 x 的 GDP 总量；Com_{GDP} 代表每万元 GDP 水消耗量；Num_{pop} 代表栅格 x 人口的数量；Com_{pop} 代表每个人的水消耗量。

3.4.1.3 生态植被建设灌溉可用水量

三北工程区生态植被建设主要考虑对降水的直接利用。生态植被建设灌溉用水优先级别低于当地居民生活用水和生产用水。此外，还需要考虑当地水域湿地的生态用水。因此，生态植被建设灌溉可用水量可利用 InVEST 模型模拟的年供水量减去生产生活年用水量，并乘以相应系数获得

$$W_{\text{I}} = \delta \times \left(\sum Y(x) - \sum C(x) \right) \tag{3-51}$$

式中，W_{I} 为生态植被建设灌溉可用水量；δ 为当地净剩余水量可用于生态植被建设的比例；$Y(x)$ 为研究区栅格产水量；$C(x)$ 为研究区栅格水消耗量。

区域水供给量减去水消耗量剩余的水量并不能完全用于植被生态建设，其中很大部分需要用于保证河流径流量以维持河道生态平衡和净化能力，这部分水量称作河流环境流量。有关河流环境流量计算方法的研究表明（表3-58），河流环境流量管理可以分为 A、B、C、D、E、F 六个等级（韩琦等，2018）。维持 A、B 需要 60%～80% 的年平均径流量，维持 C、D 需要 40%～50% 的年平均径流量，维持 E、F 需要 20%～40% 的年平均径流量。本研究中剩余水资源量可用于生态植被建设，但不能损坏原有河流生态系统，即对应河流环境流量管理等级中的 A 和 B，需要维持原有年平均径流量的 60%～80%，均值为70%，则式（3-51）中的当地净剩余水量可用于生态植被建设的比例 δ 取值为 30%。

表3-58 河流环境里流量管理等级

等级	最可能的生态条件	管理观点
A	自然河流，河流和沿岸栖息地仅微小的改变	受保护的河流和盆地、水库和国家公园，不允许新建水利设施（水坝建设）
B	轻微改变的河流，有水资源开发和利用，但生物多样性和栖息地完整	可以用于灌溉和供水
C	生物的栖息地和活动受到干扰，但基本的生态系统功能仍然完好，一些敏感物种在一定程度上丧失或减少，有外来物种存在	与社会经济发展存在冲突，如大坝、分流、栖息地改变和水质退化
D	自然栖息地，生物种群和基本生态系统功能有巨大变化，物种丰富度明显降低，外来物种占优势	与流域和水资源开发存在明显的冲突，包括水坝、分流、栖息地改变和水质退化
E	栖息地的多样性和可用性下降，物种丰富度明显降低，只有耐受的物种才能保留，植被不能繁殖，外来物种入侵生态系统	高人口密度和广泛的水资源开发，一般而言，这种状况不能作为管理目标而被接受，应该将管理干预措施转移到更高的管理类别
F	生态系统已经完全改变，几乎完全丧失了自然栖息地和生物种群，基本的生态系统功能已被破坏，变化是不可逆转的	从管理角度看，这种状况是不能接受的，为恢复流域格局和河流栖息地需要将河流移动到更高的管理类别

虽然三北工程区可用于生态植被建设的灌溉水量可通过水供给量扣除水消耗量并乘以可用于生态植被建设的比例来计算。但是三北工程区范围广大，由于流域之间连通性问题，跨流域调水难度非常大。虽然某个流域存在较多可用于生态建设的灌溉水量，但并不能提供给其他流域用于生态植被建设灌溉。因此，本研究以三级流域为研究单元，仅当三级流域内部可用于生态植被建设的灌溉水量大于 0 时，才考虑在该流域单元内通过灌溉来补充植被生态需水亏缺量以开展植被建设。

3.4.2　三北工程区产水量

（1）三北工程区产水量分析

三北工程区单位面积产水量在 0～458.61 mm，单位面积产水量平均值为 71.93 mm，产水总量为 3567.18 亿 m³。空间上，单位面积产水量从东南部向西北部逐渐减少（图3-26）。

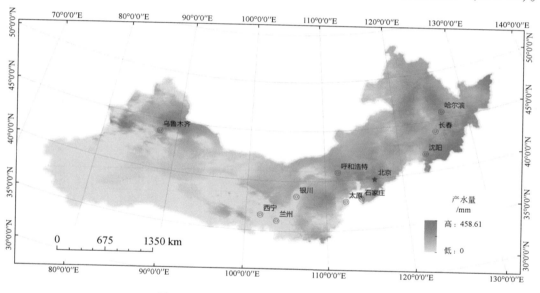

图 3-26　三北工程区产水量空间分布格局

（2）不同气候带产水量分析

从各个气候带来看，单位面积产水量平均值为 7.54～176.76 mm，其中湿润中温带最高，青藏高寒带最低。各气候带产水总量为 59.87 亿～1155.83 亿 m³，其中湿润中温带最高，占三北工程区产水总量的 32.40%；青藏高寒带最低，占三北工程区产水总量的 1.68%（表3-59）。

表 3-59　三北工程区不同气候带产水量

气候带	最小值/mm	最大值/mm	平均值/mm	产水总量/亿 m³
干旱暖温带	0	324.01	19.98	293.57
寒温带	40.71	225.97	136.10	85.23

气候带	最小值/mm	最大值/mm	平均值/mm	产水总量/亿 m³
湿润中温带	0	458.61	176.76	1155.83
半湿润暖温带	0	344.64	103.37	409.22
干旱中温带	0	308.21	98.18	921.13
青藏高寒带	0	181.15	7.54	59.87
半干旱中温带	0	355.00	99.59	642.33
合计	0	458.61	71.93	3567.18

从空间分布格局来看，三北工程区产水量空间差异较大，呈现东多西少的趋势。西部地区除天山地区产水量可以达到 200 mm 外，其他地区产水量较低。东部地区相较西部地区产水丰富，但地区差异也较为明显，高值区产水量可达 400 mm 以上，产水量在 0~100 mm 的低值区也有较多分布，且和高值区交错分布。

（3）三北工程分区产水量分析

三北工程分区单位面积产水量平均值在 34.63~173.45 mm，四个分区按降序排列为东北华北平原农区>风沙区>黄土高原丘陵沟壑区>西北荒漠区。各分区的产水总量在 168.70 亿~1252.58 亿 m³，风沙区的产水总量最高，占三北工程区产水总量的 35.11%；黄土高原丘陵沟壑区最低，占三北工程区产水总量的 4.73%（表 3-60）。

表 3-60　三北工程分区产水量

分区	最小值/mm	最大值/mm	平均值/mm	产水总量/亿 m³
东北华北平原农区	0	458.61	173.45	1126.30
风沙区	0	304.57	119.39	1252.58
黄土高原丘陵沟壑区	0	341.40	53.28	168.70
西北荒漠区	0	355.00	34.63	1019.60
合计	0	458.61	71.93	3567.18

（4）三北工程生态防护体系建设地区产水量分析

三北工程区生态防护体系建设地区单位面积产水量平均值在 37.16~176.86 mm，四个分区按降序排列为东部丘陵平原区>内蒙古高原区>黄土高原区>西北高山盆地区。各分区的产水总量在 280.61 亿~1333.62 亿 m³，东部丘陵平原区的产水总量最高，占三北工程区产水总量的 37.39%；黄土高原区最低，占三北工程区产水总量的 7.87%（表 3-61）。

表 3-61　三北工程生态防护体系建设地区产水量

分区	最小值/mm	最大值/mm	平均值/mm	产水总量/亿 m³
东部丘陵平原区	0	458.61	176.86	1333.62
内蒙古高原区	0	275.67	116.09	1051.04

分区	最小值/mm	最大值/mm	平均值/mm	产水总量/亿 m³
黄土高原区	0	341.16	72.57	280.61
西北高山盆地区	0	355.00	37.16	901.91
合计	0	458.61	71.93	3567.18

（5）不同省份产水量分析

三北工程区 13 个省（自治区、直辖市）单位面积产水量平均值在 12.54~219.67 mm，其中北京、吉林、黑龙江相对较高，而新疆、宁夏、甘肃、青海相对较低。从产水总量上来看，各省份的产水总量在 9.46 亿~1219.81 亿 m³，其中内蒙古产水总量最高，产水总量较高的还有新疆、黑龙江、吉林等省份；天津产水总量最低，产水量较低的还有宁夏、北京、青海等省份（表 3-62）。

表 3-62　三北工程区不同省份产水量

省份	最小值/mm	最大值/mm	平均值/mm	产水总量/亿 m³
北京	80.93	344.64	219.67	36.03
甘肃	0	163.77	23.17	82.11
河北	12.19	304.57	154.99	191.19
黑龙江	17.69	336.56	168.21	554.14
吉林	15.90	458.61	193.01	323.93
辽宁	0	416.21	153.27	148.01
内蒙古	0	275.67	104.67	1219.81
宁夏	0	150.53	26.60	14.32
青海	0	181.15	12.54	53.40
山西	0	260.62	88.96	74.50
陕西	0	341.40	103.81	130.86
天津	88.34	267.98	165.29	9.46
新疆	0	355.00	36.28	729.42
合计	0	458.61	71.93	3567.18

（6）植被分区产水量分析

各植被分区的单位面积产水量平均值为 7.15~147.72 mm，森林植被区最高，高原植被区最低。各植被分区产水总量为 51.49 亿~1780.42 亿 m³，森林植被区最高，占三北工程区产水总量的 49.91%，高原植被区最低，占三北工程区产水总量的 1.44%（表 3-63）。

表 3-63　三北工程植被分区产水量

植被分区	最小值/mm	最大值/mm	平均值/mm	产水总量/亿 m³
荒漠植被区	0	238.67	40.31	530.73
草原植被区	0	308.21	84.34	547.78

续表

植被分区	最小值/mm	最大值/mm	平均值/mm	产水总量/亿 m³
稀树灌草植被区	0	355.00	110.90	656.76
森林植被区	0	458.61	147.72	1780.42
高原植被区	0	181.15	7.15	51.49
合计	0	458.61	71.93	3567.18

(7) 三北工程重点建设区产水量分析

三北工程区 18 个重点建设区，平均单位面积产水量为 52.71 mm，产水总量为 1657.47 亿 m³，占三北工程区产水总量的 46.46%。单位面积产水量的平均值在 0.46 ~ 197.64 mm，其中，松嫩平原重点建设区最高，单位面积产水量较高的还有海河流域重点建设区、晋西北重点建设区、科尔沁沙地重点建设区等；湟水河流域重点建设区最低，单位面积产水量较低的还有塔里木盆地周边重点建设区、柴达木盆地重点建设区、河西走廊重点建设区等。从产水总量上来看，各重点建设区的产水总量在 0.08 亿 ~ 320.69 亿 m³。科尔沁沙地重点建设区的产水总量最高，占全部重点建设区产水总量的 19.35%。泾河渭河流域重点建设区、柴达木盆地重点建设区、海河流域重点建设区、晋西北重点建设区、晋陕峡谷重点建设区、松辽平原重点建设区和湟水河流域重点建设区产水总量较少，均占全部重点建设区产水总量的 2% 以下（表 3-64）。

表 3-64 三北工程重点建设区产水量

重点建设区	最小值/mm	最大值/mm	平均值/mm	产水总量/亿 m³
河套平原重点建设区	0	237.93	68.92	73.12
松嫩平原重点建设区	76.28	277.36	197.64	100.58
晋西北重点建设区	0.42	224.73	143.70	24.90
呼伦贝尔沙地重点建设区	0	168.80	63.54	53.05
浑善达克沙地重点建设区	0	216.26	105.75	213.63
海河流域重点建设区	12.19	260.90	148.89	31.72
晋陕峡谷重点建设区	0	206.54	56.33	24.80
阿拉善地区重点建设区	0	139.55	62.25	158.34
湟水河流域重点建设区	0	30.41	0.46	0.08
准噶尔盆地南缘重点建设区	0	308.21	115.74	179.53
塔里木盆地周边重点建设区	0	185.18	8.14	106.45
河西走廊重点建设区	0	151.79	33.43	42.88
柴达木盆地重点建设区	0	176.70	14.97	31.88
天山北坡谷地重点建设区	0	355.00	105.11	74.20
泾河渭河流域重点建设区	0	284.04	49.21	32.79
科尔沁沙地重点建设区	2.36	271.53	134.84	320.69
毛乌素沙地重点建设区	0	246.87	111.94	171.05
松辽平原重点建设区	0	192.19	107.34	17.78
合计	0	355.00	52.71	1657.47

3.4.3 三北工程区水资源消耗量

（1）三北工程区水消耗量分析

三北工程区单位面积水消耗量在 0 ~ 9141.42 mm，平均单位面积水消耗量为 59.40 mm，水消耗总量为 2663.97 亿 m³。空间上，单位面积水消耗量从东南向西北逐渐下降（图 3-27）。

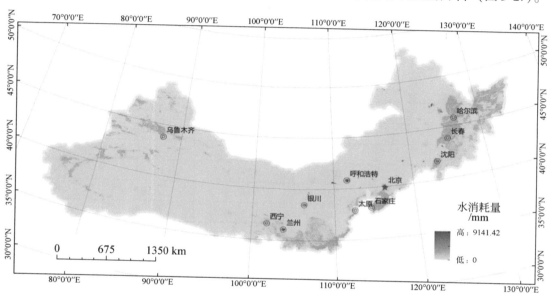

图 3-27　三北工程区水消耗量空间分布格局

（2）不同气候带水消耗量分析

从各个气候带来看，单位面积水消耗量平均值为 3.86 ~ 168.03 mm，其中湿润中温带最高，寒温带最低。各气候带水消耗总量为 2.41 亿 ~ 1086.21 亿 m³，其中湿润中温带最高，占三北工程区水消耗总量的 40.77%；寒温带最低，占三北工程区水消耗总量的 0.09%（表 3-65）。

表 3-65　三北工程区不同气候带水消耗量

气候带	最小值/mm	最大值/mm	平均值/mm	水消耗总量/亿 m³
干旱暖温带	0	5290.57	28.04	341.27
寒温带	0.02	4173.38	3.86	2.41
湿润中温带	0.31	4370.53	168.03	1086.21
半湿润暖温带	1.16	9141.42	161.94	628.94
干旱中温带	0	8513.59	27.18	238.27
青藏高寒带	0	2684.90	20.21	137.63
半干旱中温带	0.01	6104.46	37.44	229.24
合计	0	9141.42	59.40	2663.97

从空间分布格局来看，三北工程区水消耗量空间差异较大，呈现东多西少的趋势。西部地区除西北方向个别地区水消耗量较多外，其他地区水消耗量较低。东部地区相较西部地区水消耗量较大，尤其以三北地区东南部一带最为明显。

（3）三北工程分区水消耗量分析

从三北工程区的不同分区来看，各分区的单位面积水消耗量平均值在 26.03 ~ 172.16 mm，按降序排列为东北华北平原农区>黄土高原丘陵沟壑区>风沙区>西北荒漠区。各分区的水消耗总量在 414.67 亿 ~ 1104.99 亿 m³。各分区中东北华北平原农区的水消耗总量最高，占三北工程区水消耗总量的 41.48%，风沙区最低，占三北工程区水消耗总量的 15.57%（表3-66）。

表3-66 三北工程分区水消耗量

分区	最小值/mm	最大值/mm	平均值/mm	水消耗总量/亿 m³
东北华北平原农区	0.02	9141.42	172.16	1104.99
风沙区	0.01	9112.37	39.82	414.67
黄土高原丘陵沟壑区	0.13	5290.57	161.47	494.59
西北荒漠区	0	1296.89	26.03	649.72
合计	0	9141.42	59.40	2663.97

（4）三北工程生态防护体系建设地区水消耗量分析

三北工程区生态防护体系建设地区单位面积水消耗量平均值在 19.71 ~ 175.17 mm，按降序排列为东部丘陵平原区>黄土高原区>西北高山盆地区>内蒙古高原区。各分区的水消耗总量在 178.46 亿 ~ 1320.84 亿 m³。各分区中东部丘陵平原区的水消耗总量最高，占三北工程区水消耗总量的 49.58%，西北高山盆地区、黄土高原区、内蒙古高原区相对较低，分别占三北工程区水消耗总量的 23.95%、19.77%、6.70%（表3-67）。

表3-67 三北工程生态防护体系建设地区水消耗量

分区	最小值/mm	最大值/mm	平均值/mm	水消耗总量/亿 m³
东部丘陵平原区	0.31	9141.42	175.17	1320.84
内蒙古高原区	0.01	8513.59	19.71	178.46
黄土高原区	0.41	9112.37	134.95	526.55
西北高山盆地区	0	1296.89	26.29	638.12
合计	0	9141.42	59.40	2663.97

（5）不同省份水消耗量分析

各省份单位面积水消耗量平均值在 15.96 ~ 242.05 mm，其中黑龙江、吉林、天津、陕西等省份单位面积水消耗量相对较高，而内蒙古、青海、新疆和甘肃相对较低。从水消耗总量上来看，各省份的水消耗总量在 8.95 亿 ~ 669.39 亿 m³。其中，黑龙江水消耗总量最高，水消耗总量比较高的还有新疆、吉林、甘肃等省份；天津水消耗总量最低，水消耗总量比较低的还有北京、宁夏和青海等省份（表3-68）。

表 3-68 三北工程区不同省份水消耗量

省份	最小值/mm	最大值/mm	平均值/mm	水消耗总量/亿 m³
北京	8.38	5772.31	242.05	39.66
甘肃	0	5290.57	68.65	225.87
河北	3.18	9141.42	136.91	168.25
黑龙江	0.31	4370.53	206.49	669.39
吉林	1.48	2995.56	184.56	307.21
辽宁	2.60	4173.38	111.97	107.83
内蒙古	0	8513.59	15.96	182.49
宁夏	1.53	2311.88	98.00	50.80
青海	0	2202.00	21.52	82.23
山西	3.83	9112.37	104.70	86.96
陕西	0.43	1010.30	140.23	172.62
天津	15.56	2716.84	157.08	8.95
新疆	0	1296.89	34.25	561.71
合计	0	9141.42	59.40	2663.97

（6）植被分区水消耗量分析

各植被分区单位面积水消耗量平均值为 15.40 ~ 145.12 mm，其中森林植被区最高，高原植被区最低。从水消耗总量来看，各植被分区水消耗总量为 110.93 亿 ~ 1749.11 亿 m³，其中森林植被区最高，占三北工程区水消耗总量的 65.66%，高原植被区最低，占三北工程区水消耗总量的 4.16%（表 3-69）。

表 3-69 三北工程植被分区水消耗量

植被分区	最小值/mm	最大值/mm	平均值/mm	水消耗总量/亿 m³
荒漠植被区	0	1821.16	20.00	263.34
草原植被区	0.01	8513.59	43.52	282.67
稀树灌草植被区	0.01	9112.37	43.41	257.92
森林植被区	0.02	9141.42	145.12	1749.11
高原植被区	0	2202.00	15.40	110.93
合计	0	9141.42	59.40	2663.97

（7）三北工程重点建设区水消耗量分析

三北工程区 18 个重点建设区平均单位面积水消耗量为 43.56 mm，水消耗总量为 1209.67 亿 m³，占三北全区水消耗总量的 45.41%。各个重点建设区单位面积水消耗量平均值在 2.22 ~ 267.36 mm。其中，松嫩平原重点建设区单位面积水消耗量平均值最高，其他较高的重点建设区还包括泾河渭河流域重点建设区、海河流域重点建设区、湟水河流域重点建设区；阿拉善地区重点建设区单位面积水消耗量平均值最低，其他较低的重点建设区还包括呼伦贝尔沙地重点建设区、浑善达克沙地重点建设区和柴达木盆地重点建设区。

从水消耗总量上来看，各重点建设区水消耗总量在 5.35 亿 ~ 271.80 亿 m³。塔里木盆地周边重点建设区水消耗总量最高，占三北工程区水消耗总量的 10.20%，占全部重点建设区水消耗总量的22.47%。湟水河流域重点建设区、柴达木盆地重点建设区、河西走廊重点建设区、松辽平原重点建设区、晋西北重点建设区、浑善达克沙地重点建设区、呼伦贝尔沙地重点建设区、阿拉善地区重点建设区水消耗总量较少，均占全部重点建设区水消耗总量的2%以下（表3-70）。

表3-70 三北工程重点建设区水消耗量

重点建设区	最小值/mm	最大值/mm	平均值/mm	水消耗总量/亿 m³
河套平原重点建设区	0.03	2311.88	41.91	43.16
松嫩平原重点建设区	3.71	2035.31	267.36	135.32
晋西北重点建设区	3.83	536.83	47.20	8.07
呼伦贝尔沙地重点建设区	0.01	2099.34	7.44	6.19
浑善达克沙地重点建设区	0.01	525.69	3.70	7.42
海河流域重点建设区	6.33	646.76	192.03	40.77
晋陕峡谷重点建设区	1.95	607.78	121.41	52.36
阿拉善地区重点建设区	0	1821.16	2.22	5.35
湟水河流域重点建设区	0.40	2202.00	142.18	22.32
准噶尔盆地南缘重点建设区	0.01	707.75	97.13	126.19
塔里木盆地周边重点建设区	0	1296.89	26.14	271.80
河西走廊重点建设区	0	807.29	17.92	21.22
柴达木盆地重点建设区	0	522.19	11.58	21.99
天山北坡谷地重点建设区	0.14	1211.65	94.24	52.98
泾河渭河流域重点建设区	1.62	650.58	214.44	137.87
科尔沁沙地重点建设区	0.89	4370.53	87.89	208.76
毛乌素沙地重点建设区	0.36	897.44	21.10	31.47
松辽平原重点建设区	9.12	1126.84	99.38	16.43
合计	0	4370.53	43.56	1209.67

3.4.4 三北工程区生态植被建设灌溉可用水量

（1）不同三级流域生态植被建设灌溉可用水量

三北工程区涉及100个三级流域，按流域汇总灌溉可用水量大于0的三级流域单元，共47个。汇总这47个流域单元的植被建设灌溉可用水量得到三北工程灌溉可用水量，平均灌溉水量为22.44 mm，灌溉可用水总量为569.91亿 m³。

47个流域单位面积灌溉水量在2.90~70.99 mm，其中西北诸河流域的疏勒河三级流域单元最低，辽河流域的鸭绿江二级流域的浑江口以上三级流域单元最高。从灌溉可用水总量上来看，47个流域单元的灌溉可用水总量在0.02亿~64.94亿 m³，其中黄河流域的伊洛河三级流域单元最低，西北诸河流域的内蒙古高原东部三级流域单元最高，这主要是由于该区域面积比较大（表3-71）。基于不同三级流域单位面积灌溉水量可分别计算三北工程区不同分区类型的单位灌溉水量和灌溉水总量。

表 3-71 三北工程区不同流域灌溉可用水量

一级流域	二级流域	三级流域	灌溉可用水平均值/mm	灌溉可用水总量/亿 m³
松花江区	额尔古纳河	呼伦湖水系	12.93	4.93
		海拉尔河	23.38	14.37
		额尔古纳河干流	30.07	16.93
	嫩江	江桥以下	26.95	34.09
		尼尔基至江桥	41.32	42.00
		尼尔基以上	43.47	25.52
	西流松花江	丰满以上	31.41	13.21
	松花江三岔口	牡丹江	15.42	5.93
	绥芬河	绥芬河	34.53	2.57
	图们江	图们江	47.88	0.84
辽河	西辽河	西拉木伦河及老哈河	25.12	15.75
		乌力吉木仁河	27.18	10.57
		西辽河（苏家铺以下）	23.62	8.38
	辽河干流	柳河口以上	27.00	8.95
	浑太河	太子河及大辽河干流	13.50	1.65
	鸭绿江	浑江口以下	35.29	0.20
		浑江口以上	70.99	13.86
	东北沿黄渤海诸河	辽东沿黄渤海诸河	25.63	1.11
		沿渤海西部诸河	8.01	2.16
海河	滦河及冀东沿海诸河	滦河山区	33.93	14.85
	海河北系	永定河册田水库以上山区	27.01	4.81
		永定河册田水库至三家店	44.33	11.59
		北三河山区	37.5	8.56
	海河南系	大清河山区	3.74	0.34
黄河	兰州至河口镇	石嘴山至河口镇南岸	9.49	2.02
	河口镇至龙门	吴堡以下右岸	32.58	15.84
		河口镇至龙门左岸	25.90	10.08
		吴堡以上右岸	39.03	9.30
	三门峡至花园口	伊洛河	8.22	0.02
	内流区	内流区	30.68	13.49

续表

一级流域	二级流域	三级流域	灌溉可用水平均值/mm	灌溉可用水总量/亿 m³
西北诸河	内蒙古内陆河	内蒙古高原西部	34.05	33.61
		内蒙古高原东部	30.65	64.94
	河西内陆河	石羊河	9.88	4.11
		河西荒漠区	24.33	37.11
		黑河	5.37	8.21
		疏勒河	2.90	3.58
	柴达木盆地东	柴达木盆地东部	5.94	4.29
	阿尔泰山南麓诸河	乌伦古河	19.81	5.09
		吉木乃诸小河	12.30	0.88
	中亚西亚内陆河	伊犁河	3.41	1.93
	古尔班通古特	古尔班通古特荒漠区	51.09	43.31
	天山北麓诸河	天山北麓东段诸河	9.49	1.67
	塔里木盆地荒漠	塔克拉玛干沙漠	3.46	5.77
		库木塔格沙漠	11.88	16.92
	吐哈盆地小河	哈密盆地	10.25	3.00
		巴伊盆地	28.98	16.27
		吐鲁番盆地	14.22	5.30
合计			22.44	569.91

（2）不同气候带生态植被建设灌溉可用水量

从各个气候带来看，单位面积灌溉可用水量平均值为 1.17~35.94 mm，干旱中温带最高，青藏高寒带最低。各气候带灌溉可用水总量为 7.96 亿~195.22 亿 m³，干旱中温带最高，占三北工程区灌溉可用水总量的 34.25%，青藏高寒带最低，占三北工程区灌溉可用水总量的 1.40%（表3-72）。

表 3-72　三北工程区不同气候带灌溉可用水量

气候带	最小值/mm	最大值/mm	平均值/mm	灌溉可用水总量/亿 m³
干旱暖温带	0	28.98	3.68	44.73
寒温带	0	43.47	35.94	22.35
湿润中温带	0	70.99	19.37	125.19
半湿润暖温带	0	44.33	14.06	54.62
干旱中温带	0	51.09	22.29	195.22

续表

气候带	最小值/mm	最大值/mm	平均值/mm	灌溉可用水总量/亿 m³
青藏高寒带	0	11.88	1.17	7.96
半干旱中温带	0	44.33	19.60	119.84
合计	0	70.99	12.71	569.91

（3）三北工程分区生态植被建设灌溉可用水量

从三北工程区的不同分区来看，各分区单位面积灌溉可用水量平均值在 6.45 ~ 26.02 mm，按降序排列为风沙区>东北华北平原农区>西北荒漠区>黄土高原丘陵沟壑区。各分区的灌溉可用水总量在 19.73 亿 ~ 270.63 亿 m³。风沙区灌溉可用水总量最高，占三北工程区灌溉可用水总量的 47.49%，黄土高原丘陵沟壑区灌溉可用水总量最低，占三北工程区灌溉可用水总量的 3.46%（表 3-73）。

表 3-73 三北工程分区灌溉可用水量

分区	最小值/mm	最大值/mm	平均值/mm	灌溉可用水总量/亿 m³
东北华北平原农区	0	70.99	17.99	115.30
风沙区	0	44.33	26.02	270.63
黄土高原丘陵沟壑区	0	39.03	6.45	19.73
西北荒漠区	0	51.09	6.58	164.25
合计	0	70.99	12.71	569.91

（4）三北工程生态防护体系建设地区生态植被建设灌溉可用水量

不同三北工程生态防护体系建设地区单位面积灌溉可用水量平均值在 6.36 ~ 26.79 mm，按降序排列为内蒙古高原区>东部丘陵平原区>黄土高原区>西北高山盆地区。各分区的灌溉可用水总量在 40.37 亿 ~ 242.40 亿 m³。内蒙古高原区灌溉可用水总量最高，占三北工程区灌溉可用水总量的 42.53%，黄土高原区灌溉可用水总量较低，占三北工程区灌溉可用水总量的 7.08%（表 3-74）。

表 3-74 三北工程生态防护体系建设地区灌溉可用水量

分区	最小值/mm	最大值/mm	平均值/mm	灌溉可用水总量/亿 m³
东部丘陵平原区	0	70.99	17.59	132.72
内蒙古高原区	0	44.33	26.79	242.40
黄土高原区	0	44.33	10.44	40.37
西北高山盆地区	0	51.09	6.36	154.42
合计	0	70.99	12.71	569.91

（5）不同省份生态植被建设灌溉可用水量

各省份单位面积灌溉可用水量平均值在 1.22 ~ 25.36 mm，其中内蒙古、北京、河北等省份单位面积灌溉可用水量相对较高，而宁夏、青海、甘肃相对较低。从灌溉可用水总量上来看，各省份的灌溉可用水总量在 0.35 亿 ~ 289.81 亿 m³。其中，内蒙古灌溉可用水总量最高，占三北工程区灌溉可用水总量的50.85%；灌溉可用水总量比较高的还有新疆、黑龙江、吉林、河北等省份；天津灌溉可用水总量最低，占三北工程区灌溉可用水总量的0.06%；灌溉可用水总量比较低的还有宁夏、北京等省份（表3-75）。

表 3-75　三北工程区不同省份灌溉可用水量

省份	最小值/mm	最大值/mm	平均值/mm	灌溉可用水总量/亿 m³
北京	0	44.33	24.43	4.00
甘肃	0	24.33	3.25	10.67
河北	0	44.33	24.43	30.01
黑龙江	0	47.88	12.45	40.30
吉林	0	70.99	23.06	38.35
辽宁	0	70.99	16.32	15.71
内蒙古	0	44.33	25.36	289.81
宁夏	0	30.68	1.22	0.63
青海	0	9.88	1.37	5.23
山西	0	44.33	17.46	14.41
陕西	0	39.03	16.59	20.41
天津	0	37.50	6.09	0.35
新疆	0	51.09	6.10	100.03
合计	0	70.99	12.71	569.91

（6）植被分区生态植被建设灌溉可用水量

各植被分区单位面积灌溉可用水量平均值在0.99～19.29 mm，其中稀树灌草植被区最高，高原植被区最低。从灌溉可用水总量来看，各植被分区灌溉可用水总量7.16亿～220.69亿 m³，其中森林植被区最高，占三北工程区灌溉可用水总量的38.72%，高原植被区最低，占三北工程区灌溉可用水总量的1.26%（表3-76）。

表 3-76　三北工程植被分区灌溉可用水量

植被分区	最小值/mm	最大值/mm	平均值/mm	灌溉可用水总量/亿 m³
森林植被区	0	70.99	18.32	220.69
稀树灌草植被区	0	44.33	19.29	114.19
草原植被区	0	51.09	15.32	99.46
荒漠植被区	0	51.09	9.76	128.41
高原植被区	0	9.88	0.99	7.16
合计	0	70.99	12.71	569.91

（7）三北工程重点建设区生态植被建设灌溉可用水量

三北工程区18个重点建设区平均单位面积灌溉可用水量为10.25 mm，灌溉可用水总量为284.48亿 m³，占三北工程区灌溉可用水总量的49.92%。各个重点建设区单位面积灌溉可用水量平均值在0～30.73 mm。其中，浑善达克沙地重点建设区单位面积灌溉可用水量平均值最高，其他较高的重点建设区还包括科尔沁沙地重点建设区、毛乌素沙地重点建设区；湟水河流域重点建设区单位面积灌溉可用水量平均值最低，其他较低的重点建设区还包括泾河渭河流域重点建设区和柴达木盆地重点建设区。

从灌溉可用水总量上来看，各重点建设区的灌溉可用水总量在 0 ~ 61.62 亿 m³。浑善达克沙地重点建设区灌溉可用水总量最高，占全部重点建设区灌溉可用水总量的 21.66%。柴达木盆地重点建设区、松辽平原重点建设区、晋西北重点建设区、海河流域重点建设区、湟水河流域重点建设区、天山北坡谷地重点建设区、泾河渭河流域重点建设区灌溉可用水总量较少，均占全部重点建设区灌溉可用水总量的 2% 以下（表 3-77）。

表 3-77　三北工程重点建设区灌溉可用水量

重点建设区	最小值/mm	最大值/mm	平均值/mm	灌溉可用水总量/亿 m³
河套平原重点建设区	0	39.03	13.63	14.02
松嫩平原重点建设区	0	41.32	13.00	6.58
晋西北重点建设区	0	39.03	21.08	3.60
呼伦贝尔沙地重点建设区	12.93	41.32	19.42	16.14
浑善达克沙地重点建设区	25.12	34.05	30.73	61.62
海河流域重点建设区	0	44.33	13.44	2.85
晋陕峡谷重点建设区	0	39.03	16.77	7.23
阿拉善地区重点建设区	0	34.05	17.17	41.27
湟水河流域重点建设区	0	0	0	0
准噶尔盆地南缘重点建设区	0	51.09	11.09	14.41
塔里木盆地周边重点建设区	0	14.22	1.16	12.06
河西走廊重点建设区	0	24.33	5.00	5.92
柴达木盆地重点建设区	0	5.94	2.36	4.48
天山北坡谷地重点建设区	0	3.41	3.30	1.86
泾河渭河流域重点建设区	0	8.22	0.03	0.02
科尔沁沙地重点建设区	0	43.47	23.64	56.15
毛乌素沙地重点建设区	0	39.03	23.28	34.73
松辽平原重点建设区	0	33.93	9.31	1.54
合计	0	51.09	10.25	284.48

3.5　小结：降水、浅层地下水和生态植被建设灌溉可利用水资源

本章分析了三北工程区平水年降水量及其变化趋势，计算了植被可利用有效降水空间格局，分析了浅层地下水变化趋势，模拟计算了生态植被建设灌溉可利用水资源量。

（1）三北工程区降水空间格局

根据近 40 年区内各个站点降水观测数据计算的平水年空间插值结果显示，三北工程区平均降水量为 290.47 mm，降水总量为 11 827.38 亿 m³。对过去 40 年的降水量变化分析表明，自 1980 年以来，三北工程区年降水总量呈现波动中略有增大的变化特征，但增大的趋势因地而异。

不同气候带中平水年降水量平均值较高的是湿润中温带，较低的是干旱暖温，年降水

总量较高的是湿润中温带，较低的是寒温带。不同省份中平水年降水量平均值较高的是吉林，较低的是新疆。从降水总量来看，内蒙古、新疆、黑龙江三省（自治区）位列前三。降水总量主要取决于单位降水量和各省（自治区、直辖市）所占面积大小。不同三北工程分区中平水年降水量平均值较高的是东北华北平原农区，较低的是西北荒漠区；年降水总量较高的是风沙区，较低的是黄土高原丘陵沟壑区。不同三北工程区生态防护体系建设地区中平水年降水量平均值较高的是东部丘陵平原区，较低的是西北高山盆地区；年降水总量较高的是东部丘陵平原区，较低的是黄土高原区。不同植被分区中平水年降水量平均值较高的是森林植被区，较低的是荒漠植被区；降水总量较高的是森林植被区，较低的是高原植被区。18 个重点建设区中平水年降水量平均值较高的是海河流域重点建设区，较低的是塔里木盆地周边重点建设区；降水总量较高的是科尔沁沙地重点建设区，较低的是湟水河流域重点建设区。

（2）三北工程区降水历史变化趋势

三北工程区年降水量有 63.34% 的区域呈增加趋势，其中 35.12% 通过 90% 以上显著性检验。生长季期间，降水量有 70.10% 的区域呈增加趋势，其中 37.31% 区域通过信度为 90% 以上的显著性检验。非生长季期间，有 92.06% 的区域呈增加趋势，其中 36.79% 通过信度为 90% 以上的显著性检验。

从三北工程分区来看，东北华北平原农区、风沙区和黄土高原丘陵沟壑区年降水量总体上减少趋势强于增加趋势，西北荒漠区年降水量总体上呈增加趋势。从三北工程区生态防护体系建设地区来看，东部丘陵平原区、内蒙古高原区和黄土高原区年降水量总体上减少趋势强于增加趋势，西北高山盆地区年降水量总体上呈增加趋势。从省份来看，北京、河北、陕西等东中部省份年降水量大部分呈减少趋势；青海、新疆西部省份年降水量总体上呈增加趋势。从植被分区来看，荒漠植被区、草原植被区和高原植被区年降水量总体上增加趋势强于减少趋势，稀树灌草植被区和森林植被区年降水量总体上减少趋势强于增加趋势。

（3）三北工程区未来 30 年降水

未来 30 年三北工程区年降水量为 26.86～940.30 mm，均值为 310.43 mm，降水总量为 13 879.02 亿 m³。就未来 30 年平水年降水量平均值而言，三北工程分区中西北荒漠区最低，东北华北平原农区最高；三北工程生态防护体系建设地区中东部丘陵平原区均值较高，西北高山盆地区较低；省份中吉林较高，新疆较低；植被分区中森林植被区较高，荒漠植被区较低；重点建设区中松嫩平原重点建设区较高，塔里木盆地周边重点建设区较低。

（4）三北工程区植被可利用有效降水量

三北工程区单位面积现状植被可利用有效降水量在 13.31～921.03 mm，平均为 219.95 mm，有效降水总量为 9.82×10^{11} m³，占三北工程区平水年降水总量的 86.05%。单位面积未来 30 年植被可利用有效降水量在 20.04～887.80 mm，平均为 267.76 mm，有效降水总量为 1.196×10^{12} m³，占三北工程区平水年降水总量的 86.17%。综合现状与未来 30 年植被可利用有效降水量得到，三北工程区综合植被单位面积可利用有效降水量在 13.31～852.31 mm，平均为 218.45 mm，有效降水总量为 9.82×10^{11} m³，占三北工程区平水年降水总量的 86.02%。

在不同气候带中，单位面积有效降水量以湿润中温带较高，干旱暖温带较低；有效降水总量以湿润中温带较高，寒温带较低。在不同植被分区中，单位面积有效降水量以森林植被区较高，荒漠植被区较低；有效降水总量以森林植被区较高，高原植被区较低。在三北工程分区中，单位面积有效降水量以东北华北平原农区较高，西北荒漠区较低；有效降水总量以风沙区较高，黄土高原丘陵沟壑区较低。在三北工程区生态防护体系建设地区中，单位面积有效降水量以东部丘陵平原区较高，西北高山盆地区较低；有效降水总量以东部丘陵平原区较高，黄土高原区较低。在省份中，单位面积有效降水量以吉林、辽宁、天津等东部省份较高，新疆等西部省份较低；有效降水总量以内蒙古、新疆较高，北京、天津较低。

（5）三北工程区浅层地下水变化趋势

三北工程区地下水资源在空间分布上有显著差异，其中东北华北平原农区分布的松嫩平原、辽河平原和海河流域为松散沉积物孔隙水，山区为基岩裂隙水。内蒙古的河套平原主要为松散沉积物孔隙水。科尔沁沙地、毛乌素沙地、呼伦贝尔沙地为沙漠风积沙丘孔隙水。黄土高原丘陵沟壑区为黄土层孔隙水与丘陵盆地红层孔隙裂隙水，西北荒漠区为山间盆地冲积层孔隙水、内陆盆地冲积与洪积层孔隙水、沙漠风积沙丘孔隙水、丘陵山地砂砾岩孔隙裂隙水、丘陵盆地红层孔隙裂隙水、冻结层水。

浅层地下水的水质在气温、降水、地貌、水文等诸多因素的影响下，存在着显著的区域分布差异。浅层地下水的水质亦呈现着从东南向北及西北逐渐变化的特征。三北工程区可划分 4 个一级地下水系统，12 个二级地下水系统。可以将含水层划分为三种类型：松散孔隙含水层、基岩裂隙含水层、其他零星含水层。2015 年，三北工程东北华北平原农区地下水埋深基本小于 10 m，而其他地区地下水埋深小于 10 m 比例较少，不能够支撑植被自然生长存活，需要其他方式补水。2010～2019 年，三北工程区大部分地区地下水平均埋深增加，部分地区如山西境内长治盆地、运城盆地、临汾盆地和太原盆地等地区，地下水埋深略有回升；内蒙古呼包平原、甘肃河西走廊、宁夏银川平原和卫宁平原地下水埋深下降趋势明显；松辽平原基本趋于稳定，平原内大部分地下水埋深小于 10 m；青海湟水河谷地及柴达木盆地监控区地下水埋深变化波动不大，但基本趋于波动增加的趋势；新疆吐鲁番地区地下水埋深有逐年下降的趋势。

（6）三北工程区生态植被建设灌溉可用水量

三北工程区平均单位面积产水量为 71.93 mm，产水总量为 3567.18 亿 m³；三北工程区平均单位面积水消耗量为 59.40 mm，水消耗总量为 2663.97 亿 m³。将三北工程产水量与水消耗量相减，按照三北工程区三级流域汇总得到生态建设灌溉可用水量。从灌溉可用水总量上来看，各流域的灌溉可用水总量在 0～6.49×10⁹ m³。内蒙古高原东部流域的灌溉可用水总量最高，古尔班通古特荒漠区、尼尔基至江桥、河西荒漠区也相对较高。吉木乃诸小河、图们江、大清河山区、浑江口以下、伊洛河灌溉可用水总量较少。还有一些流域产水量小于流域内水消耗总量，因而无灌溉可用水量。

第4章 水资源林草植被承载力

水资源承载能力指的是在一定流域或区域内，其自身的水资源能够持续支撑经济社会发展规模，并维系良好的生态系统的能力。在本研究中指一定区域（三北工程区、重点建设区或重点县）范围内，利用以降水为来源的土壤补充水与生态建设灌溉可用水可建设乔灌草植被的面积。本研究从两个层次确定区域乔灌草植被承载力：①基于以降水为来源的土壤水分补充量（有效降水量）的植被承载力；②基于生态建设灌溉可用水量的植被承载力。

4.1 水资源植被承载力

4.1.1 土壤水分植被承载力

承载力是指物体在不产生任何破损时所能承受的最大负荷，是一个力学概念。群落生态学最先借用承载力这一概念，其含义为"某一特定生境条件能维持某一生物物种种群生存的最大数量"（龙腾锐等，2004）。对多种物种的研究表明，种群数量的增长符合逻辑斯谛规律，即在种群形成的初期，种群增长受环境条件的限制较小，种群数量快速增加，到达一定程度以后，由于环境阻力的限制，种群数量不再增加，而处于动态平衡之中（Odum，1971）。承载力理论在实践中的最初应用领域是畜牧业，出现了草地承载力、最大载畜量等概念。后来，随着人口的增长和经济的发展，资源日益短缺，生态环境恶化，出现了环境承载力、生态承载力、土地资源承载力、水资源承载力等一系列概念，用于指导解决社会经济发展中遇到的诸多问题。总之，承载力是一个与资源禀赋、技术手段、社会选择和价值观念等密切相关的、具有相对极限内涵的概念，其理论仍处于不断丰富与完善中。

曲仲湘等（1983）在植物生态的研究中定义土壤水分植被承载力是土地植被承载力的一个特殊类型。土地植被承载力是指单位面积土壤所能承载植物的最大负荷，简称植被承载力。对于常年雨量大，而且季节分配合理或地下水位较高的地区，水分不是植物生长的限制因子。对于降水量稀少、土壤水分补给能力有限的地区，土壤水分不能满足高郁闭度和高生产力的林分正常生长与发育，则是植物生长的限制因子，这样的植被承载力实质上就是土壤水分植被承载力。以往的林草植被建设中存在"三重三轻"现象，即树草种选择中重视乔木、轻视灌草；经营目标确定中重视用材林和经济林等商品林，轻视水土保持林和防风固沙林等公益林以及植被建设过程中重视前期的造林而轻视后期的抚育管理，以致在多年生速生、高产和高水分利用效率的人工林草地出现了以土壤旱化为特征的地力衰退和土壤退化（郭忠升和邵明安，2003a）。"以水定林草"实际上就是要在植树造林的过程中考虑土地资源和土壤水分的植被承载力。土地资源承载植被的能力即土地植被承载力，简称"植被承载力"，是生态承载力、环境承载力、资源承载力、水资源承载力等诸多概念相继出现后用于描述土地资源能维持的最大植被健康生长的容量（郭忠升和邵明安，2003b）。其最早开始于潜在自然植被的研究，潜在自然植被是假定植被全部演替系列在没有人为干扰、在相应的环境条件下立地应该存在的植被。但在实际生产当中，由于林木的经济功能，特别是木材产量往往是人们关注的首要对象，相关研究人员试图通过森林最大密度、最大叶承载量、最大胸高断面积来指示某一立地条件下的最大木材产量水平，即植被承载力（郭忠升，2004）。

郭忠升和邵明安（2003b）认为除特殊地段和特殊用途人工林草植被外，大面积土壤退化林草地的防治应采取以水定需，即根据土壤水分状况，调整植被类型和群落密度，控制植物生产力，增加土壤水分补给，减少土壤水分消耗，其理论依据就是土壤植被承载力。其在黄土高原半干旱地区以人工柠条林为例，对人工林冠层截留、地表径流、土壤水分和植物生长等进行了定位观测，研究了土壤水分植被承载力，建立了土壤水分植被承载力数学模型。王延平和邵明安（2005）对陕北黄土丘陵沟壑区杏林土壤植被承载力进行了研究，并将土壤水分植被承载力的计算和评价方法概括为数学模型模拟的粗略计算以及根据土壤水分平衡原理的精确计算两类。前者如徐学选（2001）、田有亮等（2008）用植被生产力的水资源模型和 Penman- Monteith 方程模拟计算土壤水分植被承载力，后者如郭忠升和邵明安（2004）。

三北工程区大多位于西北内陆地区，一方面干旱缺水；另一方面需要恢复植被以改善生态环境，林水矛盾突出。因此，水分条件成为林草建设的首要限制因子，即需要首先考虑土壤水分植被承载力。土壤水分植被承载力是土壤水分紧缺地区补充给土壤的部分雨水所能承载植物的最大负荷，是指在较长时期内，在现有的条件下，当根层土壤水分消耗量等于或小于降水补给量时，所能维持特定植物群落健康生长的最大密度（郭忠升和邵明安，2003a）。三北工程区内的大部分区域，土壤水分的唯一补给源为天然降水，土壤供水状况不仅受降水量、雨强和降水间隔期的影响，而且受土壤入渗能力、持水能力等物理特性的影响。植物生长所需水分主要通过根系从土壤吸收和补充。植物生长发育不仅受生长发育阶段、密度、立地条件（地形、太阳辐射、土壤供水状况等）的影响，而且受植物自身的蓄水"库容"和含水量的影响。陆地植物特别是木本植物能够依靠雨季恢复的土壤水分，或通过根系延伸吸收深层土壤储水，或通过调节蒸腾强度和生长量维持其生存，因此在一般情况下，在全土壤剖面或土壤剖面的某一土壤层，短期土壤水分胁迫（即使某层土壤含水率接近萎蔫系数）能引起植物个体生长发育不良和生产力下降，但一般不会使植物枯死，特别是木本植物，这是因为木本植物的结构能保证其在遭到干燥以后仍能保持其原有的形态。植物常常通过降低叶含水率、落叶等调节自身的蒸腾量和生长量来适应干旱土壤与气候条件。只有当植物个体生长发育在较长时间（1 年以上）受到土壤供水严重不足的影响时，才导致植物个体死亡和群落个体数量下降。另外在三北工程区的干旱、半干旱和半湿润地区，降水的年际变化较大，在干旱年份，土壤水分一般收入小于支出；在丰水年份，土壤水分收入大于支出，富余的水分储存在土壤水库中以供植物来年利用。

　　然而很多研究在计算土壤水分植被承载力时，多假设天然降水资源全部用于植被生长消耗用水（潘帅，2013）。降水是干旱及半干旱区水资源的根本来源，如果降水全用于植被生长消耗，将导致河川径流锐减甚至断流，进而导致河流、湖泊及湿地等生态系统退化，严重阻滞区域社会经济的发展，威胁国家的生态安全。因此确定干旱区土地的植被承载力时，应从水–生态–社会经济复合系统出发，同时考虑社会经济发展用水和生态系统中其他组成成分（河流、湖泊、湿地）用水需求，即降水资源中，除一部分用于植被生长消耗外，还应留取部分，用于满足河流、湖泊、湿地等生态系统其他组分的生态用水需求及社会经济发展的用水需求（梁明武和高春荣，2012）。从这一点出发，干旱区土地所能承载的植被最大负荷仍然受制于区域的水资源供给量，其植被恢复规模要考虑有限水资源的限制，实质为土壤水分植被承载力。土壤水分补给量是决定土壤水分承载力大小的物质基础。因此，在确定土壤水分植被承载力时，首先应研究天然降水与土壤水分补给关系，然后建立土壤水分消耗量与植物生长之间的定量关系，即要深入研究土壤–植被–大气系统水量转化规律，包括天然降水与土壤水分的转化、林分生长与土壤水分消耗、根层土壤水分补给量和消耗量的关系。

4.1.2　土壤–植被–大气系统水量转化规律

　　早在 18 世纪，Stephen Hales 就开始定量研究土壤水分蒸发和植被蒸腾（卫三平，2008）。1960 年 Gardner 首次提出土壤–植被–大气的水分运移系统。Cowan（1965）对该系统进行了描述，认为尽管系统中各部分的介质不同、界面不一，但在物理上可以看作一个连续的统一体系，这标志着水分研究进入了系统时代。在前人研究的基础上，澳大利亚著名水文与土壤物理学家 Philip（1966）提出了完整的土壤–植被–大气连续体（soil-plant-atmosphere continuum，SPAC）的概念，认为水分在其中运移的驱动力可以用一个统一的标准"水势"来进行衡量，"水势"概念在土壤、植物及大气中都同等有效，普通通用。这一概念把生物圈内水分循环及水分、能量平衡微观分解为在土壤–植被–大气连续体各个界面上和过程中的传输（Famigliette and Wood，1994）。

　　20 世纪 60 年代以来，美国、英国、法国、德国、加拿大、澳大利亚等发达国家对 SPAC 进行了大量深入的研究，对 SPAC 的研究已不只局限于 SPAC 本身的基本理论，而是将这一理论应用到生产实践中来解决比较综合复杂的问题（聂立水，2005）。目前，水与植物关系的研究已经从 SPAC 系统发展到 SVAT（土壤–植被–大气物质能量传输，soil-vegetation-atmosphere transfer）系统（樊军，2005）。我国对土壤–植被–大气系统水能传输研究始于 20 世纪 80 年代，庄季屏（1986）首次全面、系统地介绍了 SPAC 理论及其发展。我国研究人员在该领域内所做的工作与欧美等发达国家相比，虽然在整体水平上仍有较大差别，但进展较快，已获得不少研究成果，主要有以下几方面（刘昌明和孙睿，1999）：①农田生态系统水能平衡研究；②干旱、半干旱地区 SPAC 系统水能交换及平衡研究；③大范围陆面过程模型研究；④遥感在地表能量平衡研究中的应用等。虽然模拟土壤–植被–大气系统水分方面的研究很多，但全面考虑水分、能量等多因素的联合作用方面的研究不多，更何况这些研究大部分为农作物，而不是自然植被，深入分析和综合考虑多因素对植被生态需水的影响还处在初步研究阶段，总体上处在定性研究阶段，定量研究很薄弱。土壤水分与植物生长的相互关系包括植物生长对土壤水分补给和消耗的影响，另外根系直接吸水或通过冠层影响地面微气候，抑制土壤水分蒸发，影响土壤水分消耗（郭忠升，2004）。为了研究土壤水分植被承载力，就必须从种群和群落水平，全面深入地研究和分析 SVAT 系统土壤水分与植物生长，特别是发生土壤旱化的林草地土壤水分与植物生长的相互关系。但是现有的 SVAT 模型含有大量的参数和经验常数需要确定，如 SiB 模型包括 49 个经验常数，BATS 模型用 27 个参数来描述植被和土壤的物理与生理特征（贾仰文等，2005）。即使是一个能完全控制植物环境、设施齐全的微型气象试验场地，也无法完整地提供这些常数的精确值。

4.2　植被生态需水量阈值

三北工程区水资源天然不足，加之人类活动范围的不断扩大和对水资源的不合理开发利用，导致林草植被退化，河流断流，湖泊消失，土地沙化，沙尘暴强度和频次增加，水土流失加剧，生态环境日趋恶化。尽管实施一系列重大林业生态工程后三北地区生态环境有所好转，但整体治理、局部恶化的态势没有得到根本解决。严重的生态危机威胁着这一地区人类的生存和生活，已引起政府及相关部门的高度重视。正因此，在新形势下，如何进一步推进三北工程建设，以水定绿、绿水平衡，对筑牢祖国北疆生态屏障，确保生态安全，实现三北地区可持续发展和中华民族伟大复兴等均具有重要的理论与实践意义。为更好地推进三北工程建设，必须保护和建设好林草植被群落，而林草植被生长发育和更新必然会消耗一定的水量。近年来，许多专家学者从不同的方向和层面对生态环境中植被需水的理论机制与计算方法开展了广泛研究，并取得了重要进展。但植被生态需水涉及生态学、环境科学、水文学、气象学、人文地理学等学科，许多基本理论和计算方法的研究还不够深入、完善，目前基本停留在定性分析和宏观定量分析阶段，计算结果还难以在水资源优化配置和生态环境建设的具体实践中得到应用。本研究在阅读大量相关研究文献的基础上，对植被生态需水的计算方法进行了较为系统的总结和评析，指出了目前研究中存在的一些问题，并展望了未来研究的发展方向，同时利用生态模型拟合三北工程区植被生态需水量，研究各气候带森林、灌丛、典型草原和荒漠草原等主要植被生态需水特征，为三北工程林草植被优化配置与林草植被升级改造提供基础数据支撑。

4.2.1　植被生态需水量概念

生态需水量最早由 Cleick（1998）提出，指的是提供一定质量和数量的水维持生态环境，以求最大限度地恢复天然生态系统的过程，并保护物种多样性和生态完整性。国内生态需水研究最早开始于 20 世纪 90 年代，主要在西北干旱缺水地区展开。随后，很多学者围绕生态需水量的概念和估算开展了大量研究工作，取得了不少科研成果。关于众多生态需水量的概念，概括起来有三方面，即从水文学、环境学和生态学特别是植物生态学进行总结（汤奇成，1995；贾宝全和许英勤，1998；郑红星等，2004）。赵文智等（2006）认为在人口增加水资源日益短缺的干旱区，有限的水资源很难维持河流的基流，干旱区的生态需水主要是指维护天然绿洲和人工绿洲防护体系稳定生长的耗水量，该生态需水概念侧重生态学方面，应该是植被生态需水，并提出干旱区植被生态需水量可划分为临界生态需水量、最适生态需水量和饱和生态需水量（赵文智和程国栋，2001）。

植被生态需水概念与内涵理解因研究出发点和研究对象不同而不同（梁瑞驹和王芳，2001；王芳等，2002a；夏军等，2002；张远和杨志峰，2002；闵庆文等，2004；何永涛等，2005）。研究表明，植被生态需水受大气降水、地表水和地下水及其水质等的显著影响，同时还与区域生态系统类型、植被状况、人为活动等有关。现有文献表明，植被生态需水还没有一个明确统一的定义，因而使得使用者在概念的内涵和外延理解上尚有一些差异，导致同一地区核算的植被生态需水量差异显著，有的差别达 1~2 个数量级（赵文智等，2006）。王芳（2002a）将其定义为维护生态系统稳定，天然生态保护与人工生态建设所消耗的水量。夏哲超等（2007）将其定义为维持植被正常生长、植被生态系统动态平衡和健康发展所消耗的水量。胡广录等（2008）将其定义为保证生态系统中的植被能够正常生长、发育，维护生态环境不再进一步恶化并逐渐改善、健康运行所需要的地表水和地下水资源总量，并将干旱区绿洲生态需水量分成天然绿洲植被生态需水和人工绿洲植被生态需水。

4.2.2　植被生态需水量核算方法综述

关于干旱半干旱区植被生态需水量的核算，相关学者依据植被类型及所处区域气象、土壤、水文地质、生态等条件的不同，提出了不同的核算方法。

4.2.2.1　面积定额法

以某一地区某一类型植被的面积乘以其生态需水定额核算得到该类型植被的生态需水量，某地区各类型植被生态需水量之和即为该地区植被生态需水总量（韩英和饶碧玉，2006）。计算模型为

$$w = \sum w_i = \sum A_i \times r_i \tag{4-1}$$

式中，w 为植被生态需水总量（m^3）；w_i 为植被类型 i 的生态需水量（m^3）；A_i 为植被类型 i 的面积（m^2）；r_i 为植被类型 i 的生态需水定额（m^3/m^2）。

该方法参数较少，且计算简单，适用于研究基础条件较好的地区与植被类型，如防风固沙林、人工绿洲及农田系统等人工植被的生态需水量计算。在实际核算时针对某一地区、某一土地类型和植被类型，以其主要植物类型为代表，同时以其主要树种的生态需水定额为代表，来估算整个系统的生态需水量（左其亭，2002）。然而，由于影响植被生态需水的因子非常多，各种自然条件下植被生态需水定额是很难测定的。目前不同植被生态需水定额主要采用以下两种方法（贾宝全和慈龙骏，2000；陈丽华和王礼先，2001；王西琴等，2002；粟晓玲和康绍忠，2003；闵庆文等，2004；何永涛等，2005）进行确定。

1）根据实际测定的不同类型植物的蒸散量以及水分供给量，并结合不同地区的植被系数来确定不同植物类型的生态需水定额。目前大多数研究者都是根据植被的成林密度、

蒸渗仪和 TDP 测定的单株最大需水量（蒸散量）来确定不同植被单位面积的最大生态需水定额。

影响植物生态需水量的因素很多，特别是气温、风速、土壤湿度，不但影响植物的当日蒸散速率，而且其长期累积效果将影响植物生长发育状况，进而影响蒸散速率，因此在确定不同植被类型的生态需水定额时，需要针对每一气候区域、每一土地类型、每一林草类型，考虑时空差异，分别测定其各自的生态需水定额，故该法适用于研究基础较好的区域或植被类型。

2）理论计算法，即结合影响因子核算植被生态需水定额，一般可用式（4-2）计算：

$$r_i = \sum K_s \times K_c \times PE_0 \tag{4-2}$$

式中，PE_0 为由气候条件决定的潜在蒸散量，通常由 Penman 公式计算得到；K_c 为植物系数，是植物最大实测需水量与最大可能蒸散量的比值，其值与植物种类、林分密度、林龄、生长季节的环境状况等有关，常通过试验获得；K_s 为土壤水分修正系数，与土壤质地及土壤含水量有关。如果 $S_\omega \leq S \leq S_c$，则

$$K_s = \ln\left[\frac{(S-S_\omega)}{(S_c-S_\omega)} \times 100 + 1\right] / \ln 101 \tag{4-3}$$

式中，S 为土壤实际含水量；S_ω 为土壤凋萎含水量；S_c 为土壤临界含水量。

土壤水分状况与林木生长关系密切，根据对土壤水分有效性的划分，杨文治和邵明安（2000）认为林木暂时凋萎含水量（S_ω）和生长阻滞含水量（S_r）分别是能保证林木基本生存与正常生长时的土壤含水量下限，可以将相应的林地生态需水量作为林地的最小生态需水定额和适宜生态需水定额。何永涛等（2004）结合黄土高原地区不同土壤类型的水分参数，以及林地最小生态需水定额和适宜生态需水定额的定义，将 $S=S_r$ 和 $S=S_s$ 代入式（4-3），得到不同土壤类型相应的水分修正系数 K_s 值。陈天林等（2008）在研究延安市燕沟流域刺槐林生态需水量时，把土壤水分含量为干土重 8.34% 作为保证刺槐林基本生存的暂时凋萎含水量 S_s，把对应的土壤水分含量为干土重 14.4% 作为保证刺槐林正常生长的生长阻滞含水量 S_r，并取 S_ω 为干土重的 3.56%，取 S_c 为田间持水量的 75%，代入式（4-3）获得相应的土壤修正系数，进而核算获得刺槐林地的最小生态需水定额和适宜生态需水定额。结果显示，刺槐幼龄林最小生态需水量和适宜生态需水量分别为 420.3 mm 和 506.7 mm；刺槐中龄林最小生态需水量和适宜生态需水量分别为 602.4 mm 和 730.4 mm。

理论计算法考虑了植被生态系统的主要水分支出项——蒸散及其影响因子，同时也考虑了植物种类的差异，这就使不同区域不同植被的生态需水定额差别通过气候因子、土壤类型的变化得到了体现（何永涛等，2005）。目前这一方法已经在林地系统的生态需水研究上得到了较好的应用。但干旱半干旱地区林木植被系数的实测资料很少，使得理论计算法在这一区域的应用一定程度上受到限制。据现有的文献可知，中国科学院新疆生态与地理研究所在阿克苏水平衡试验站进行过这方面的研究工作，研究结果表明，当潜水埋深从 1 m 增大到 4 m 时，植被系数由 1.98 减小到 1.0。

4.2.2.2 潜水蒸发法

干旱区植被生存主要依赖于地下水在毛细管力作用下向植被根系层的输水。在干旱区，

植被的实际蒸散是由潜水向上形成土壤水供给的，而影响植物生长的土壤水分状况取决于潜水蒸发量的大小，从较大的空间尺度而言，当土壤处于稳定蒸发时，地表的蒸发强度保持稳定，土壤含水量也不随时间而变化，即潜水蒸发强度、土壤水分通量和土壤蒸散强度三者相等（雷志栋等，1985）。因此可以根据对潜水蒸发量的计算来间接计算植被生态需水量，即用某一植被类型在某一地下水位的面积乘以该地下水位的潜水蒸发量与植被系数，得到该面积下该植被生态需水量，各种植被生态需水量之和即为该地区植被生态需水总量。

基于上述植被蒸腾与潜水位之间的关系，考虑到干旱平原区天然和大部分人工植被的生存与繁衍主要依赖于地下水，因而大多数学者（王根绪和程国栋，2002；黄天明等，2004；司建华等，2004；张凯等，2006）选用最具代表性的潜水蒸发模型——阿维里扬诺夫公式计算植被生态需水量。根据对民勤县植物生长和地下水位关系的研究，当地下水位下降到 5 m 以下时盐生草甸植被类型中大部分植被死亡，乔灌木开始生长不良，因此，张凯等（2006）把潜水埋深 5 m 作为合理生态水位下限。当大气蒸发能力较大时，可根据雷志栋等（1984）提出的潜水蒸发公式，估算天然植被生态需水量；刘昌明（2004）利用沈立昌经验模型确定了黑河下游林地和草地潜水蒸发强度，并据此获得林地和草地维持合理生态地下水位 2~4 m 时的生态需水量分别为 0.87 亿 m^3 和 8.36 亿 m^3。

潜水蒸发法适合于干旱区植被生存主要依赖于地下水且研究基础较好的区域（左其亭，2002；闵庆文等，2004；鲍卫锋等，2005；何永涛等，2005），对于某些基础工作较差且模型参数获取困难的半干旱地区，也可考虑采用此法估算维护天然植被正常生长的生态需水量，但其结果会因研究区域、目的、对象的不同差别很大。

4.2.2.3 植物蒸散量法

植物在其生长发育的过程中要消耗大量的水分来维持其生存和繁衍，而植物的生态需水量除了主要植物蒸腾作用耗水外，土壤蒸发也会消耗大量水分。植被的生态需水量可以直接通过计算植被的蒸散发耗水量来确定，而植物的基础生理需水量只是很小的一部分（丰华丽等，2002），在计算过程中可忽略不计。对于植物蒸散量的计算通常采用的方法是改进 Penman 模型法和 Hargreaves 模型法。

（1）改进 Penman 模型法

该方法是指通过计算植物潜在蒸发量来推算植物实际需水量，并以植物的实际需水量作为植被生态需水量（卞戈亚等，2003；姜德娟等，2003）。潜在蒸发量（ET_0）核算目前常用改进 Penman 公式。植物实际需水量的计算公式为

$$ET = ET_0 K_c f(s) \tag{4-4}$$

式中，ET 为植物实际需水量（mm/d）；K_c 为植物系数，随植物种类、生长发育阶段而异，生育初期和末期较小，中期较大，接近或大于 1.0，一般通过试验取得；$f(s)$ 为土壤影响因素，在非充分灌溉条件下或水分不足时，$f(s)$ 主要反映土壤水分状况对植物蒸腾量的影响（闵庆文等，2004）。

$$当\ \theta \geq \theta_{c1}\ 时,\ f(s) = 1 \tag{4-5}$$

$$当\ \theta_{c2} \leq \theta \leq \theta_{c1}\ 时,\ f(s) = \ln(1+\theta)/\ln 101 \tag{4-6}$$

$$当\ \theta \leq \theta_{c2}\ 时,\ f(s) = a\exp(\theta - \theta_{c2})/\theta_{c2} \tag{4-7}$$

式中，a 为经验系数，一般为 $0.8 \sim 0.95$；θ 为实际平均土壤含水率；θ_{c1} 为土壤水分适宜含水率；θ_{c2} 为土壤水分胁迫临界含水率，为与植物永久凋萎系数相对应的土壤含水率。从目前的研究来看，在某一区域不同水平的土壤含水率实测数据缺乏，限制了这种方法的实际应用。胡广录等（2008）研究了石羊河下游民勤绿洲主要防风固沙植被在正常生长条件下，各树种的土壤影响系数，结果表明新疆杨 0.62、沙枣 0.62、梭梭 0.76、白刺 0.74、柽柳 0.53。

一般用改进 Penman 模型法核算得到的值是在充分供水、供肥、无病虫害理想条件下植物获得的需水量，即植被的最大需水量，并不是维持植物正常生长、不发生凋萎的实际生态需水量。该方法主要利用能量平衡原理，理论上比较成熟，实际上具有很好的操作性，可以采用该方法计算的结果乘以折减系数得到非理想条件下的植被生态需水量。

（2）Hargreaves 模型法

Penman 模型核算获得的 ET_0 只与气象因素有关，它反映了不同地区、不同时期大气蒸发能力对植物需水量的影响（何永涛等，2005）。然而 Penman 模型需要的参数众多，当某些参数缺失时，ET_0 就算不出来。为此，FAO 推荐 Hargreaves 模型法来核算植被 ET_0（刘蕾等，2005）。Hargreaves 模型法计算公式如下：

$$ET_0 = C_0 (T_{max} - T_{min})^{0.5} \times (T_{mean} + 17.8) \times R_a \tag{4-8}$$

式中，ET_0 为蒸散能力（mm/d）；T_{max} 和 T_{min} 为日最高气温和最低气温（℃）；R_a 为天文辐射日总量 $[MJ/(m^2 \cdot d)]$；C_0 为转换系数，当 R_0 以 mm/d 为单位时，$C_0 = 2.3 \times 10^{-3}$，而当 R_0 以 $MJ/(m^2 \cdot d)$ 为单位时，$C_0 = 9.39 \times 10^{-4}$；$(T_{max} - T_{min})$ 可以近似地表征地表可用辐射能的大小，同时又是水汽压差大小的指标，晴天时 $(T_{max} - T_{min})$ 较大，而阴天时则相对较小；T_{mean} 为日平均气温（℃）。

计算出 ET_0 后，再利用傅抱璞公式计算陆面植被蒸发量，计算公式如下：

$$ET = ET_0 \{1 + P/ET_0 - [1 + (P/ET_0)^m]^{1/m}\} \tag{4-9}$$

式中，ET 为陆面植被蒸发量（mm）；m 为表征下垫面透水性、植被状况和地形等特征的参数，一般取 $m=2$；P 为降水量（mm）。

计算出陆地植被蒸发量后，利用式（4-10）计算陆地植被生态需水量：

$$W = 1000 \times ET \times A \tag{4-10}$$

式中，W 为陆地植被生态需水量（m^3）；A 为陆地植被单元面积（km^2）。

刘昌明（2004）利用 Hargreaves 模型法得出黑河中游林地和草地年单位面积蒸发量分别是 412.4 mm 和 167.5 mm，进而估算出林地和草地的生态需水量分别是 4.08 亿 m^3 和 0.4 亿 m^3。此方法虽然考虑了下垫面透水性、植被状况和地形等特征，但没有考虑水文循环中水分的转化过程。尤其是干旱区天然植被，降水量稀少，主要依靠地下水生存，要准确计算天然植被生态需水量，就应该从植被生长的需水来源、水分转化角度研究生态需水，这是 Hargreaves 模型法的弊端。

核算植物蒸散量的方法还有很多，如波文比法、蒸渗仪法、涡度相关法、热脉冲法、热扩散法、道尔顿蒸发经验公式等。不管采用哪种方法计算植物蒸散量，由于地面植被和土壤分布的不均匀性，按照植物蒸腾和土壤蒸发计算的蒸散发量在向大尺度的转化过程中均会产生误差，影响计算结果的精度。但针对我国植被生态需水研究还比较薄弱的实际情况，Hargreaves 模型法可近似估算基础资料较全区域的植被生态需水量。

4.2.2.4 水量平衡法

目前，对植被生态需水量研究只注重给出生态需水数量，而缺乏对植被在水文循环过程各个环节所起的作用以及对不同环节变化响应的关系研究，特别是植被与土壤水分关系的研究。分析植被所需水分的主要来源（地下水、降水还是土壤水）、需水的时间分布以及同一生态系统中不同植物间水分利用和竞争的关系，对准确计算生态需水至关重要。因此，只有在水文循环和水量平衡的基础上，辨识水文过程和生态过程的相互作用，才能合理地估算生态需水，为生产实践提供更科学、更有效的信息指导（丰华丽等，2005）。研究表明，植被生态需水具有一定的区域性，可以根据不同区域的典型植被类型（农田防护林、防风固沙林、牧场防护林等）生态需水特征，结合降水补给土壤水分的实际可利用量，采用水量平衡法进行植被生态需水量计算（姜德娟等，2003）。

把植被生态系统视为植被−土壤综合系统，对该系统列水量平衡方程，求出一个时段的植被蒸散量，用植被蒸散量加上时段末土壤含水量作为此时段植被生态需水量（杨志峰和崔保山，2003；何志斌等，2005；黄奕龙等，2005）。在无人为干扰的情况下，植被−土壤综合系统的水量平衡关系可表示为

$$E_t + (W_{t+1} - W_t) = (P + C) - (R + D) \tag{4-11}$$

式中，E_t 为 t 到 $t+1$ 时段植被蒸散量（mm）；P 为降水量（mm）；C 为地下水补给量（mm）；R 为地表径流量（mm）；D 为土壤水渗漏量（mm）；W_t 为 t 时刻土壤含水量（mm）；W_{t+1} 为 $t+1$ 时刻土壤含水量（mm）。其中当地下水埋深较大时，C 和 D 忽略不计。

土壤含水量实测资料只能代表点的情况，故通常用前期影响雨量 P_a 间接表示土壤含水量（丰华丽等，2002），P_a 的计算公式如下：

$$P_{a,t+1} = K(P_{a,t} + P_t - R_t) \quad K = 1 - EM/WM \tag{4-12}$$

式中，$P_{a,t}$ 为第 t 日的前期影响雨量（mm）；$P_{a,t+1}$ 为第 $t+1$ 日的前期影响雨量（mm）；K 为土壤含水量的日消退系数或折减系数；P_t、R_t 分别为第 t 日的降水量和径流量（mm）；EM 为流域日蒸散发能力（mm）；WM 为流域最大蓄水量（mm）。

在确定 P_a 的起始值时，一般若前期较长一段时间无雨，则 $P_a = 0$；若在一场或几场大雨之后，则 $P_a = WM$，具体计算时可令 $W_t = P_a$。也有学者研究了植被生态需水量与地下水位降幅之间的关系，如王根绪和程国栋（2002）研究认为干旱区植被生态需水量与地下水位降幅之间存在水量平衡关系，并以此建立了基于植被生态需水量模型：

$$Q_1 = P\lambda_1 + R\lambda_2 - \mu\Delta H \tag{4-13}$$

式中，Q_1 为植被生态需水量（mm）；P、R 分别为灌水量和降水量（mm）；λ_1 和 λ_2 分别为灌水和降水补给系数；μ 为给水度；ΔH 为地下水位降幅（mm）。

总之，水量平衡法是目前植被生态需水量计算最常用的方法之一，比较适合完整流域的生态环境需水计算。它是通过分析水资源的输入、输出和储存量之间的关系，间接地求取生态系统的需水量，原理清晰，方法简单，也是区域较大尺度上，当缺乏生态系统本身的有关数据时常采用的方法之一。目前该方法在我国塔里木河、黑河、泾河、辽河、海河、滦河等流域都有具体实际的应用案例。然而，水量平衡法计算的是天然植被生态系统

实际获得的水资源量，是以生态系统的用水来替代需水，没有从生态系统的结构和功能对水分需求的角度来计算生态需水，因此也具有不合理的一面。同时水量平衡法计算公式中各水分收入项、支出项的精确确定仍然是比较困难的，这也影响了区域植被生态需水量的计算精度。

4.2.2.5 生物量法

生物量法是针对单纯靠降水支撑的地带性植被，其生态需水可用生物生产量以及其水分利用率来确定（程慎玉和刘宝勤，2005）。对不同的生态系统而言，水分利用效率各不相同，也就是说单位水量所生产的干物质量有所差别。因此，植被的不可控生态需水量 E 可用式（4-14）计算（王芳等，2002b）：

$$E = \sum A_i \times Q_{nppi} \times \mu_i \tag{4-14}$$

式中，A_i 为 i 类植被利用面积（m^2）；Q_{nppi} 为 i 类植被的净第一性生产力，即单位面积、单位时间内干物质的重量 $[g/(m^2 \cdot a)]$；μ_i 为 i 类植物水分利用系数，表示单位土地面积上生产的干物质与蒸散耗水之比（g/kg）。

生物量的估算应包括根、茎、叶等，在目前研究中，一般只考虑了地上部分，而对地下部分的估算则重视不够。由于生物量的估算较为困难，特别是根系的生物量，同时水分利用效率的数据也难以准确获取，该方法的应用受到一定限制。但是该方法从另外一个角度提供了计算生态需水的途径，尤其是随着遥感技术在生物量估算中的应用，这一方法有广阔的应用前景（丰华丽等，2005）。

4.2.2.6 遥感法

目前最新的研究方法是基于植被生长需水的区域分异规律，通过遥感手段、地理信息系统（geographic information system，GIS）等软件和实测资料相结合计算植被生态需水量（王芳等，2002b）。主要思路为：首先利用遥感与 GIS 技术进行生态分区，然后通过生态分区与水资源分区叠加分析确定流域各级生态分区的面积及其需水类型，再进一步分析生态分区与水资源分区的空间对应关系，确定生态需水的范围和标准（定额），并以流域为单元进行降水平衡分析和水资源平衡分析，在此基础上根据实测资料计算不同植被群落、不同盖度、不同地下水埋深的植物蒸腾和潜水蒸发，从而求出该区的植被生态需水量（卞戈亚等，2003）。计算公式如下：

$$Q = \sum Q_i \tag{4-15}$$

$$Q_i = Q_{i1} + Q_{i2} \tag{4-16}$$

式中，Q 为区域植被总需水量；Q_i 为植被类型 i 的生态需水量；Q_{i1} 为植被类型 i 的植株蒸腾量；Q_{i2} 为植被类型 i 的棵间潜水蒸发量。

基于遥感技术的植被生态需水量计算方法（卞戈亚等，2003；李纪人和黄诗峰，2003；张丽等，2003；刘昌明，2004）是一种新兴的计算方法，能够方便地提供大范围的地表特征信息，为大尺度非均匀区域蒸散耗水研究提供新途径。国内外已有不少应用遥感信息估算区域腾发量的模型和方法，其中植被指数-地表温度法较为直观和方便应用（刘志武等，2004）。而 MODIS 遥感数据则具有免费接收和使用、高光谱分辨率、高时间分辨率的优点，非常适用于大区域、长时段尺度的植被腾发量计算。张丽和董增川（2005）利用遥感技术提供的影像资料计算了黑河流域下游天然植被生态需水量，并将计算结果与其他算法的结果进行了比较，认为该算法是合理可行的，可以推广应用到干旱区或其他地区的生态需水量计算。赵文智等（2006）采用 3S 技术[①]与野外生产力测定相结合的方法，通过建立 NDVI、生产力、蒸腾系数之间的关系方程，计算了额济纳荒漠绿洲植被现状生态需水量和达到目前最高生产力水平对应的生态需水量。结果表明，维持额济纳绿洲现状的需水量为 1.53 亿 m^3，若要使现有的植被恢复到目前最高生产力水平，生态需水量应为 3.49 亿 m^3。张凯等（2006）在植被和土壤野外调查资料的基础上，以遥感和 GIS 为主要技术手段，对民勤绿洲现有植被生态需水进行了评估，得出民勤绿洲现有植被生态需水量最低为 1.49 亿 m^3，而目前民勤生态用水量只有 0.35 亿 m^3，植被生态用水的严重不足，加快了民勤绿洲生态环境退化。然而该方法具有工作量大和技术复杂的特点，在遥感技术知识薄弱的地方，应用推广目前尚有一定的困难。

4.2.3 本研究采用的植被生态需水量计算方法

本研究采用基于植物蒸散量的计算方法核算植被生态需水量阈值。该方法是指通过计算植物潜在蒸发量来推算植物实际需水量，并以植物的实际需水量作为植被生态需水量。潜在蒸发量的计算常用改进后的 Penman 公式，即

$$ET_0 = C \times [WR_n + (1+W) \times f(u) \times (E_a - E_d)] \tag{4-17}$$

式中，ET_0 为潜在蒸发量（mm/d）；W 为与温度有关的权重系数；C 为补偿白天与夜晚天气条件所起作用的修正系数；R_n 为按等效蒸发量计算得到的净辐射量（mm/d）；$f(u)$ 是与风速 u 有关的函数；$E_a - E_d$ 为在平均气温中，空气的饱和水汽压 E_a 与实际平均水汽压 E_d 之差值（mb）。

植物实际蒸散量采用傅抱璞公式的计算，其计算公式为

$$ET = ET_0 \{1 + P/ET_0 - [1 + (P/ET_0)^m]^{1/m}\} \tag{4-18}$$

式中，ET 为陆面植被蒸发量（mm）；m 为表征下垫面透水性、植被状况和地形等特征的参数，一般取 $m=2$；P 为降水量（mm）。

（1）气象数据

1980～2015 年的气象站点降水数据来源于中国地面气候资料日值数据集（V3.0）（http：//data.cma.cn/），该气象数据经中国气象局严格质量监控，各要素项数据的实有率普遍在 99% 以上，数据的正确率均接近 100%，包括 2474 个国家气象站点数据。

为了体现多年降水量的平均水平，引入"降水量保证率"的概念，降水量保证率是指某一时间段内，降水量 ≥（或 ≤）某一界限值的累计频率，用于说明降水量出现该值的可靠程度。如果要确定某个降水量保证率下的降水量，需要先绘制降水量保证率曲线图。具体包括以下步骤：

1）收集多年降水量资料，按照降水量从大到小生成序列表。

---

① 地理信息系统（GIS）、遥感（RS）、全球定位系统（GPS）的统称和集成。

2）利用序列表中的数据排列序号除以样本总数得到的百分数即为每个降水量数据的保证率，编制降水量保证率统计表。

3）将各降水量数据作为横坐标，保证率作为纵坐标，绘制降水量保证率曲线图。

4）根据降水量保证率曲线图可以查到50%降水量保证率下的降水量值，作为代表三北工程区1980～2015年平水年降水的平均水平。

降水栅格数据利用AUSPLINE软件，结合DEM数据进行空间插值，获得研究区降水空间数据，其中三北工程区与重点建设区分辨率为1 km×1 km。

（2）土地覆被数据

本研究将在三北工程区、重点建设区和重点县三个空间层次开展研究工作，所需数据存在较大差别。三北工程区与重点建设区层次的有效降水量研究基于1 km栅格数据开展，土地覆被数据（空间分辨率1 km）来源于中国科学院遥感与数字地球研究所。

4.2.4 不同植被生态需水量阈值

4.2.4.1 三北工程区植被生态需水量格局

三北工程区植被生态需水整体呈现东高西低、南高北低的分布格局，这是区域植被、年降水量及地形地貌等共同作用的结果。其中高值区主要分布于湿润中温带和半湿润暖温带，低值区主要分布于干旱暖温带、干旱中温带和青藏高寒带。此外，由于受到北冰洋暖流、印度洋暖流、西风带及山脉的影响，天山北坡及祁连山等地年降水量较高，植被生长茂盛，这些区域植被生态需水量较高（图4-1）。

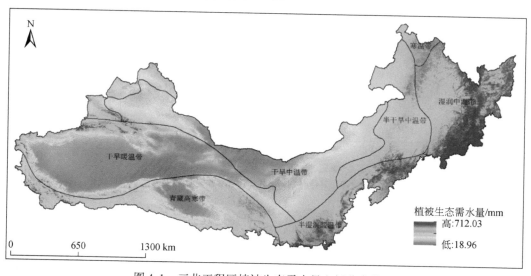

图4-1 三北工程区植被生态需水量空间分布格局

全域植被生态需水量平均为268.5 mm，其中以湿润中温带最高，平均为446.49 mm，半湿润暖温带次之，为426.46 mm，随后依次为寒温带、半干旱中温带、青藏高寒带、干旱中温带和干旱暖温带，分别为422.90 mm、336.10 mm、262.41 mm、191.20 mm和

145.59 mm（表4-1）。

表4-1　不同气候带生态需水量特征　　　　　（单位：mm）

气候带	极小值	极大值	平均值
寒温带	276.55	496.72	422.90
湿润中温带	289.54	664.60	446.49
半干旱中温带	124.95	622.63	336.10
干旱中温带	37.73	625.27	191.20
半湿润暖温带	273.52	712.03	426.46
干旱暖温带	18.96	706.05	145.59
青藏高寒带	31.80	655.06	262.41

各气候带生态需水量变化特征表明，尽管平均生态需水量以湿润中温带最高，干旱暖温带最低，但生态需水量变化范围却以干旱暖温带最高，青藏高寒带次之，寒温带最低，说明干旱暖温带年降水量、植被分布、地形地貌等差异最大，寒温带植被类型、年降水量、地形地貌等变化最小（图4-2）。

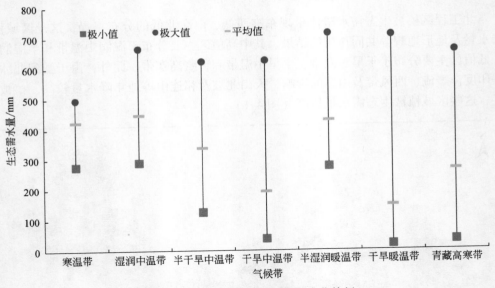

图4-2　不同气候带生态需水量变化特征

4.2.4.2　不同气候带主要植被生态需水量特征

（1）森林植被

各气候带森林年生态需水量分布特征详见图4-3。由于各气候带年降水量、森林类型、年均气温等因素差异显著，三北防护林体系建设工程区各气候带森林生态需水量差异显著。在此以累计森林面积在各气候带占比10.0%时的生态需水量定为各气候带森林生态需水量阈值，则各气候带森林年生态需水量以半湿润暖温带最高，为454.3 mm，湿润中温带次之，为449.4 mm，随后是寒温带、半干旱中温带、干旱暖温带、青藏高寒带和干旱中温带，分别为 396.4 mm、381.5 mm、351.5 mm、340.5 mm 和 328.5 mm（图 4-3）。

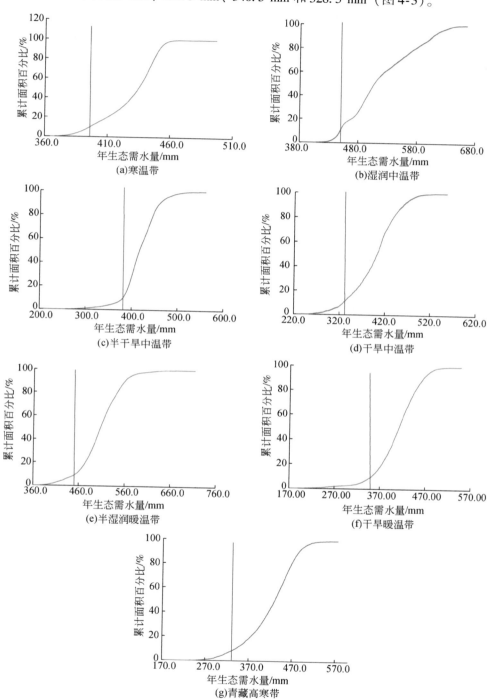

图 4-3　不同气候带森林植被年生态需水量分布特征

（2）灌丛植被

以累计灌丛面积在各气候带占比10%时的生态需水量定为各气候带灌丛生态需水量阈值，即有10%的灌丛因水资源生态承载力低于生态耗水量而生长不良，则各气候带灌丛年生态需水量分布特征详见图4-4。灌丛年生态需水量以半湿润暖温带最高，达414.2 mm，湿润中温带次之，为403.6 mm，随后是寒温带、半干旱中温带、干旱中温带、青藏高原带和干旱暖温带，分别为366.6 mm、350.5 mm、320.8 mm、320.7 mm和288.2 mm。

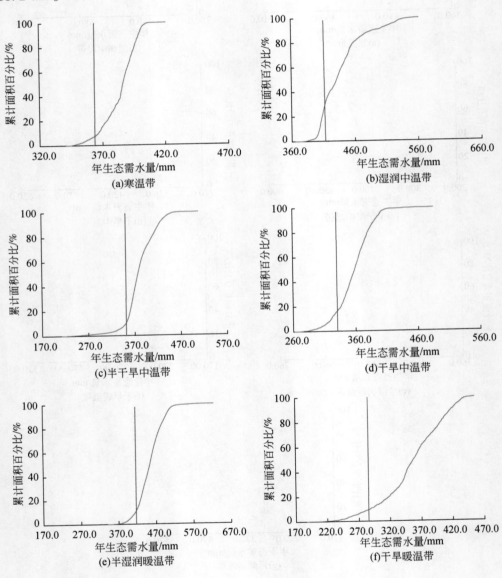

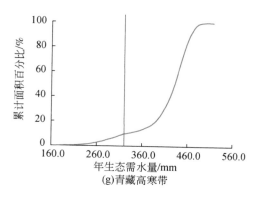

(g)青藏高寒带

图 4-4 不同气候带灌丛植被年生态需水量分布特征

（3）草原植被

以累计草原植被面积在各气候带占比 10% 时的生态需水量定为各气候带草原植被生态需水量阈值，即有 10% 的草原植被因水资源生态承载力低于生态耗水量而生长不良，则各气候带草原植被年生态需水量分布特征详见图 4-5。草原植被年生态需水量以半湿润暖温带最高，为 353.3 mm，湿润中温带次之，为 341.1 mm，随后是半干旱中温带、干旱中温带、青藏高寒带和干旱暖温带，分别为 259.4 mm、243.5 mm、230.8 mm 和 187.9 mm。水资源承载力不是寒温带草原植被分布与生长的限制性因子，故在此不对其进行探讨。

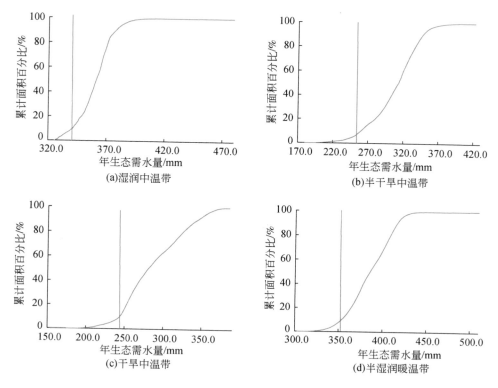

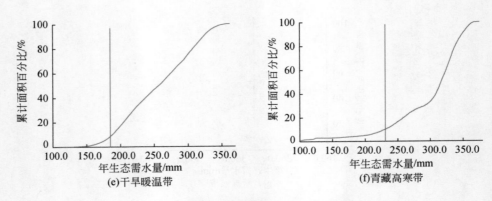

(e)干旱暖温带 (f)青藏高寒带

图 4-5   不同气候带草原植被年生态需水量分布特征

（4）荒漠植被

以累计荒漠植被面积在各气候带占比 10% 时的生态需水量定为各气候带荒漠植被生态需水量阈值，即有 10% 的荒漠植被因水资源生态承载力低于生态耗水量而生长不良，则各气候带荒漠植被年生态需水量阈值分布特征详见图 4-6。荒漠植被年生态需水量以半干旱中温带最高，为 170.2 mm，干旱中温带次之，为 157.6 mm，随后是干旱暖温带和青藏高寒带，分别为 118.9 mm 和 65.5 mm（图 4-6）。

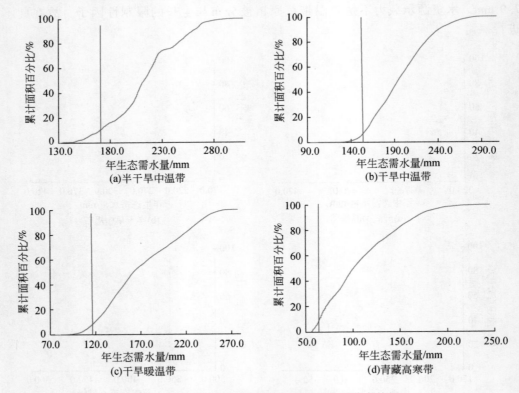

(a)半干旱中温带 (b)干旱中温带

(c)干旱暖温带 (d)青藏高寒带

图 4-6   不同气候带荒漠植被年生态需水量分布特征

4.2.4.3　不同植被生态需水量验证

（1）森林植被

表 4-2 是根据文献统计的各气候带主要森林生态需水量的测定或拟合结果。结果表明，森林生态需水量因研究区、研究时期、区域气候、优势树种、林龄等因子的不同而不同，一般表现为阔叶林大于针叶林。各气候带森林生态需水量平均值以干旱中温带最高，约 603.3 mm，湿润中温带次之，约 521.9 mm，随后是半干旱中温带、青藏高寒带、干旱暖温带和半湿润暖温带，寒温带最低，约 387.7 mm（表 4-2）。尽管本研究拟合的生态需水量与前人研究成果存在一定的差异，但前人研究成果均在本研究核算的最小值和最大值范围内，因此，考虑到植被生态需水量林分类型、林分状况与质量、地下水埋深等因子的关系，本研究核算的植被生态需水量较科学合理，可将本研究得到的各地区森林植被生态需水量作为各地区雨养森林生态需水量参考阈值。

表 4-2　森林植被生态需水量　　　　　　　　（单位：mm）

区域/林分	寒温带	湿润中温带	半干旱中温带	干旱中温带	半湿润暖温带	干旱暖温带	青藏高寒带	出处
落叶松林	398.7							周梅（2003a，2003b）
	338.3							武吉华等（2004）
	426.0							
红松林		602						刘世荣等（1996）
白桦林		554						
柞木林		504						
油松林		465						
					362.7			孙立达和朱金兆（1995）
华山松林					398			刘世荣等（1996）
刺槐					414.2			黄枝英（2012）
油松					427.7			
侧柏					432.9			
栓皮栎					447.2			
北京林					370.5			陈丽华和王礼先（2001）
杨树					587.5			张燕（2010）
侧柏林					361.1			满春等（2016）
黑河乔木林						552		连晋姣（2016）
长白山红松		484.7						张新建等（2011）
栓皮栎林					546.1			黄辉等（2011）

区域/林分	寒温带	湿润中温带	半干旱中温带	干旱中温带	半湿润暖温带	干旱暖温带	青藏高寒带	出处
榆树林			432.7					张颖（2015）
柳树林			534.2					
杨树林			460.7					
山杨林			524.1					
黑桦林			489.9					
白桦林			464.6					
樟子松			378.4					
新疆乔木林						380		闫满存和王光谦（2010）
孔雀河乔木林						340		周洪华等（2017）
额济纳林地				570				刘艺侠（2013）
额济纳胡杨林				670				张海清（2006）
泾源县乔木林				570				胡婉婷等（2015）
新疆杨						508.3		屈艳萍等（2014）
青海云杉							314.2	李世荣等（2006）
青海云杉林							423.4	杨文娟（2018）
白桦							520.0	常国梁等（2005）
青杨							484.2	
紫果云杉							494.2	
华北落叶松							461.6	
青杨 + 青海云杉							480.3	
白桦 + 青海云杉							488.1	
华北落叶松 + 青海云杉							472.7	
实测平均值	387.7	521.9	469.2	603.3	434.8	445.1	459.9	文献均值
本研究拟合值	396.4	449.4	381.5	328.5	454.3	351.5	340.5	本研究

（2）灌丛植被

因水资源不是寒温带和湿润中温带的主导限制因子，此类区域灌草一般分布于乔木林之上，其上限主要受夏季温度影响，故在此不研究此类区域灌丛年生态需水量特征。表4-3是前人研究获得的灌丛植被生态需水量。结果表明，三北工程区灌丛生态需水量以半湿润暖温带最高，约596.99 mm，青藏高寒带次之，约389.74 mm，随后是干旱暖温带、干旱中温带和半干旱中温带。这说明灌丛生态需水量不仅与区域降水量密切相关，还与区域水热特性、优势物种、地下水埋深等显著相关（表4-3）。

表4-3 灌丛植被生态需水量 （单位：mm）

区域	半干旱中温带	干旱中温带	半湿润暖温带	干旱暖温带	青藏高寒带	出处
北京灌丛			345.5			陈丽华和王礼先（2001）
新疆灌木林				180		闫满存和王光谦（2010）
孔雀河灌丛				220		周洪华等（2017）
科尔沁沙地		335.3				包永志等（2019）
祁连山灌丛					230	陈昌毓（1993）
宁夏灌丛草甸		415.1				刘可等（2018）
矮蒿草原					391	郑涵等（2013）
黄土高原灌丛			590			卜崇峰等（2004）
海河流域灌丛			645			魏彦昌等（2004）
高寒灌丛草甸					529	郑涵等（2013）
海子流域灌丛			461			胡婉婷等（2015）
灌丛草原		103.0				丰华丽等（2002）
科尔沁锦鸡儿		288.76				阿拉木萨等（2006）
祁连山灌丛				413.7		董晓红（2007）
黄土高原灌丛			590			王鹏涛等（2016）
彭阳县灌丛		255.9				曹园园等（2015）
沙柳灌丛	236.5					包铁军（2005）
百里香灌丛	148.0					
沙棘灌丛	175.7					
柠条灌丛	158.0					
白刺灌丛		174.8				赵晨光等（2018）
		324.8				
		72.9				
小叶锦鸡儿灌丛		297.8				阿拉木萨等（2006）
青海湖灌丛				385		马育军（2011）
小叶锦鸡儿灌丛				299		刘新平等（2009）
柽柳灌丛				400		张小由等（2004）
柳林泉灌丛			884			冯晓曦等（2014）
京津冀林草地			663.4			安塞（2017）
实测平均值	179.55	252.04	596.99	274.75	389.74	文献均值
本研究拟合值	350.5	320.8	414.2	288.2	320.7	本研究

生态需水量不仅与植被类型密切相关，还与植被结构与质量、地下水埋深、空气湿度及微地形等显著相关。尽管本研究核算的平均值与前人研究的平均值有一定的差异，但由

于前人主要研究耐旱灌丛及人工灌丛，且研究时段往往是某一年份或生长季结果，而本研究得到的是各气候带所有灌丛生态需水量的平均值，考虑到研究时段、研究对象及研究方法的差异，本研究结果与前人研究结果基本一致。

（3）草原植被

表 4-4 是前人研究典型草原植被生态需水量的结果。由于水资源不是限制寒温带和湿润中温带典型草原分布的主导因子，在此不分析寒温带和湿润中温带典型草原生态需水量特征。典型草原生态需水量因研究区、研究时期、区域气候等因子的不同而不同，就平均值而言，典型草原生态需水量以半湿润暖温带最高，约 417.2 mm，干旱暖温带次之，约 366.1 mm，随后是半干旱中温带和干旱中温带，青藏高寒带最低，约 184.5 mm，说明区域植被生态需水量不仅受区域气候、植被、土壤和人类干扰等因子的制约，还受地下水资源丰富度的影响（表 4-4）。

表 4-4　草原植被生态需水量　　　　　　　　　（单位：mm）

区域	半干旱中温带	干旱中温带	半湿润暖温带	干旱暖温带	青藏高寒带	出处
内蒙古锡林郭勒	210.8					张巧凤等（2017）
新疆				343.9		黄小涛和罗格平（2017）
宁夏干草原		282.6				刘可等（2018）
青海海北					160	郑涵等（2013）
内蒙古		163				Li 等（2007）
内蒙古		143				Liu 等（2010）
内蒙古	350					Hao 等（2007）
内蒙古	434					Chen 等（2009）
内蒙古察哈尔右翼后旗、镶黄旗	360	360				侯琼等（2008）
内蒙古		381.7				
宁夏		372				
甘肃				388.2		李春梅和高素华（2004）
陕西			426			
陕西			408.4			
内蒙古锡林郭勒	186.8					张巧凤等（2017）
内蒙古锡林郭勒	224.3					佟斯琴等（2016）
青藏高原					209	武吉华等（2004）
实测平均值	294.3	283.7	417.2	366.1	184.5	文献均值
本研究拟合值	259.4	243.5	353.3	187.9	230.8	本研究

前人研究仅是某一区域或某一优势草原某一年份或生长季的生态需水量，致使其平均值不一定能表征各气候带典型草原年生态需水量阈值。所以尽管本研究核算得到的各气候带典型草原年生态需水量与前人研究结果有一定差异，但考虑到研究时段、研究对象及研

究区域的差异，且前人研究结果也在本研究各气候带年生态需水量范围内，故本研究得到的典型草原生态需水量还是具有一定的科学性的。

（4）荒漠植被

荒漠植被生态需水量存在一定的差异，基本呈现随气温和干燥度的升高而增大。而青藏高原荒漠植被可能由于还受到低温的影响，其年降水量较大，需水量也较高。各区荒漠植被生态需水量详见表4-5。荒漠植被生态需水量不仅受优势物种、年降水量和降水特征等因子的影响，还受地下水埋深的影响，因此，难以确定各植被区荒漠植被生态需水量阈值。

表4-5　荒漠植被生态需水量特征　（单位：mm）

区域	植被类型	半干旱中温带	干旱中温带	干旱暖温带	青藏高寒带	出处
塔里木盆地	荒漠植被			276.44		包永志等（2019）
科尔沁沙地	荒漠丛		296			张巧凤等（2017）
锡林郭勒草原	荒漠草原	145.1				黄小涛和罗格平（2017）
新疆	荒漠草原			236.2		陈昌毓（1993）
祁连山	荒漠草原				335	刘可等（2018）
宁夏	荒漠草原		197			梁文涛等（2017）
内蒙古	荒漠草原		217			郑涵等（2013）
青海	荒漠草原			209.1		阳伏林和周广胜（2010）
内蒙古	荒漠草原	190.3				任杰（2006）
毛乌素沙地	荒漠化草原		158.7			侯琼等（2008）
内蒙古	荒漠草原	180	180			梁文涛等（2017）
内蒙古	荒漠草原		136.3～199.0			李春梅和高素华（2004）
中国半干旱区	荒漠化草原	278～338				李春梅和高素华（2004）
实测平均值		171.8	209.7	240.6	335.0	文献均值
本研究拟合值		170.2	157.6	118.9	65.5	本研究

植被生态需水研究主要是基于流域尺度展开的，对单一植被类型生态需水的研究较少，以往研究主要集中于干旱半干旱中温带，对干旱暖温带和青藏高寒带荒漠植被生态需水的研究较少。与相关研究结果相比较，本研究获得的干旱中温带和半干旱中温带荒漠植被生态需水量与前人研究结果基本一致，但干旱暖温带和青藏高原荒漠植被结果与前人有一定差异，其原因可能是前人研究结果较少，且前人研究主要是在某一区域某一时段开展的。此外，研究对象也存在差异，本研究首先根据湿润指数确定荒漠植被分布带，再结合土地覆被数据中的荒漠植被最终提取荒漠植被带中的荒漠植被，是没有考虑人为干扰和地下水埋深影响的荒漠植被，而前人研究是考虑了地下水埋深影响的荒漠植被生态需水

量。因此，考虑到研究对象、研究时段、研究区域等差异，本研究核算获得的生态需水量与前人结果是一致的。

4.2.4.4 不同植被生态需水量阈值总结

一般来讲，在不同温度带下或温度条件下，同一种植被群落的生态需水量会有所差异，综合上述结果，可归纳出不同气候带下基于植物蒸散量的植被生态需水量计算方法所核算的植被耗水量，此值可视为不同气候带下的植被生态需水量最低阈值。根据植被生态需水量和水量平衡公式，反推得到三北工程区不同植被类型的平均降水量阈值，即认为可利用有效降水量完全用于植被生长所需的生态需水量，计算公式如下：

$$P_{\text{demand}} = w/(1-\alpha-\beta) \tag{4-19}$$

结果显示，森林植被的生态需水量阈值在 328.5～454.3 mm，灌丛植被的生态需水量阈值在 288.2～414.2 mm，草原植被的生态需水量阈值在 187.9～353.3 mm，荒漠植被的生态需水量阈值在 65.5～170.2 mm。森林植被的降水量阈值在 374.5～549.4 mm，灌丛植被的降水量阈值在 334.5～502.1 mm，草原植被的降水量阈值在 221.7～465.0 mm，荒漠植被的降水量阈值在 83.8～217.8 mm（表4-6）。

表4-6　不同植被生态需水量阈值　　　　　　　　（单位：mm）

气候带	森林植被		灌丛植被		草原植被		荒漠植被	
	生态需水量阈值	降水量阈值	生态需水量阈值	降水量阈值	生态需水量阈值	降水量阈值	生态需水量阈值	降水量阈值
湿润中温带	449.4	549.4	403.6	472.8	341.1	420.5	—	—
半湿润暖温带	454.3	528.1	414.2	502.1	353.3	465.0	—	—
半干旱中温带	381.5	450.1	350.5	397.3	259.4	300.7	170.2	217.8
干旱暖温带	351.7	408.3	288.2	334.5	187.9	221.7	118.9	142.9
干旱中温带	328.5	374.5	320.8	374.7	243.5	297.6	157.6	178.6
寒温带	396.4	476.1	366.6	422.3	—	—	—	—
青藏高寒带	340.5	533.2	320.8	449.7	230.8	289.3	65.5	83.8

4.3　水资源可承载植被

4.3.1　水资源可承载植被确定流程

基于获得的植被可利用最小有效降水量，结合不同气候带不同植被类型生态需水量阈值，分别确定森林、灌丛、草原和荒漠植被空间分布格局，然后结合灌溉水量确定灌溉水可承载植被空间分布格局，最后综合降水与灌溉水植被布局以确定水资源承载植被空间分布格局。具体包括以下步骤（图4-7）。

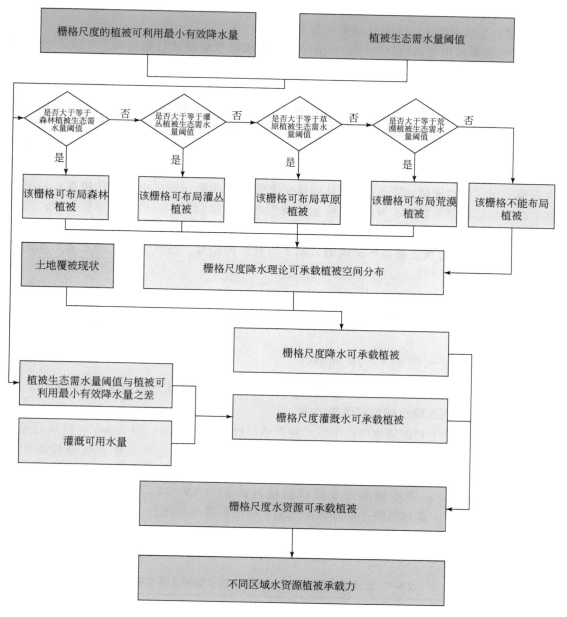

图 4-7　水资源可承载植被确定流程

1）栅格尺度基于植被可利用最小有效降水量与不同气候带不同植被类型的生态需水量阈值，生成降水理论可承载植被空间分布格局。

2）考虑当前土地覆被现状，扣除建设与交通用地、农田、水域、湿地等土地利用类型，获得降水可承载植被空间分布格局。

3）选择位于城市与农村聚落周边、河流两侧等对人类生产生活非常重要同时具备灌溉条件的区域，通过计算植被生态需水量阈值（一般选择森林植被）与植被可利用最小有效降水量之差，将灌溉可用水量用于提升该区域内灌丛、草原或荒漠植被，并将其建设为森林植被，生成灌溉水可承载植被空间分布格局。

4）结合降水可承载植被空间分布格局和灌溉水可承载植被分布格局，生成水资源可承载植被空间分布格局。

5）按照不同区域统计水资源可承载植被面积，获得不同区域水资源植被承载力。

基于植被可利用最小有效降水量与植被生态需水量阈值确定降水理论可承载植被的流程如下（图4-7）：首先，根据栅格尺度以降水为来源的植被可利用最小有效降水量以及各类植被生态需水量阈值参数，分别判断该栅格是否适合种植森林、灌丛、草原和荒漠植被。判断规则为栅格水资源量≥森林植被生态需水量阈值，则可承载森林植被；灌丛植被生态需水量阈值≤栅格水资源量<森林植被生态需水量阈值，则可承载灌丛植被；草原植被生态需水量阈值≤栅格水资源量<灌丛植被生态需水量阈值，则可承载草原植被；荒漠植被生态需水量阈值≤栅格水资源量<草原植被生态需水量阈值，则可承载荒漠植被；栅格水资源量<荒漠植被生态需水量阈值，则不布局任何植被。在此基础上确定降水理论可承载植被空间分布格局。

4.3.2 降水可承载植被

4.3.2.1 降水理论可承载植被

根据有效降水与植被生态需水量阈值，得到三北工程区降水理论可承载植被布局。

（1）三北工程区降水理论可承载植被

经统计，三北工程区降水理论可承载乔灌草植被总面积为268.59万 km^2，区域乔灌草植被覆盖率为59.82%，其他为荒漠与裸地。其中，降水理论可承载森林植被面积为88.21万 km^2，森林覆盖率为19.65%；降水理论可承载灌丛植被面积为30.04万 km^2，灌丛覆盖率为6.69%；降水理论可承载草原植被面积为150.34万 km^2，草原覆盖率为33.48%（表4-7）。森林植被主要分布在三北工程区东部和东南部区域，往西北方向依次为灌丛植被、草原植被，新疆北部区域还布局了部分草原植被和森林植被（图4-8）。此外，三北工程区降水理论可承载荒漠植被面积为 $1.32×10^6 km^2$，荒漠覆盖率为29.30%。

表 4-7　三北工程区降水理论可承载植被面积及覆盖率

植被类型	可承载植被面积/万 km^2	植被覆盖率/%
草原植被	150.34	33.48
灌丛植被	30.04	6.69
森林植被	88.21	19.65
合计	268.59	59.82

（2）不同气候带降水理论可承载植被

从不同气候带来看，湿润中温带、半干旱中温带和干旱中温带降水理论可承载乔灌草植被面积较多，分别占三北工程区降水理论可承载乔灌草植被总面积的24.09%、19.32%

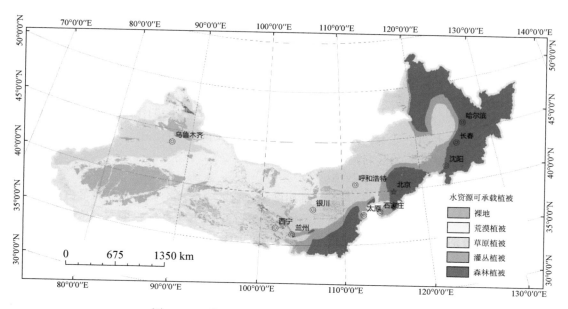

图 4-8 三北工程区降水理论可承载植被空间分布

和 17.84%，而寒温带最少，仅占三北工程区降水理论可承载乔灌草植被总面积的 2.32%（表 4-8）。

表 4-8 三北工程区不同气候带降水理论可承载植被面积及覆盖率

气候带	可承载植被面积/万 km²				植被覆盖率/%			
	草原植被	灌丛植被	森林植被	总量	草原植被	灌丛植被	森林植被	总量
干旱暖温带	28.57	1.63	0.09	30.29	23.46	1.34	0.08	24.88
寒温带	—	—	6.23	6.23	—	—	100.00	100.00
湿润中温带	8.67	8.57	47.45	64.69	13.38	13.23	73.22	99.83
半湿润暖温带	5.24	11.27	22.24	38.75	13.47	29.00	57.21	99.68
干旱中温带	47.66	0.15	0.09	47.90	54.29	0.17	0.10	54.56
青藏高寒带	25.99	1.95	0.88	28.82	38.14	2.86	1.26	42.26
半干旱中温带	34.21	6.47	11.23	51.91	55.76	10.51	18.30	84.57
合计	150.34	30.04	88.21	268.59	33.49	6.69	19.64	59.82

干旱暖温带降水理论可承载植被以草原植被为主，另有少量的灌丛植被和森林植被，乔灌草植被覆盖率为 24.88%；干旱中温带降水理论可承载植被以草原植被为主，另有少量灌丛植被和森林植被，乔灌草植被覆盖率为 54.56%；湿润中温带降水理论可承载植被绝大部分为森林植被，有极少量的灌丛植被和草原植被，乔灌草植被覆盖率为 99.83%；青藏高寒带降水理论可承载植被以草原植被为主，另有部分森林植被和少量灌丛植被，乔灌草植被覆盖率为 42.26%；半干旱中温带降水理论可承载植被以草原植被为主，另有灌

丛植被和森林植被，乔灌草植被覆盖率为84.57%；半湿润暖温带降水理论可承载植被绝大部分为森林植被，另有草原植被和灌丛植被，植被覆盖率为99.68%；寒温带降水理论可承载植被全部为森林植被，植被覆盖率为100.00%（表4-8）。此外，三北工程区可承载荒漠植被分布在干旱暖温带、青藏高寒带、干旱中温带和半干旱中温带，面积分别为58.69万km²、35.37万km²、29.66万km²和7.83万km²。

对不同植被类型而言，降水理论可承载草原植被主要位于干旱中温带、干旱暖温带和半干旱中温带；降水理论可承载灌丛植被主要位于半湿润暖温带；降水理论可承载森林植被主要位于湿润中温带和半湿润暖温带。

（3）植被分区降水理论可承载植被

从不同植被分区来看，森林植被区和稀树灌草植被区降水理论可承载乔灌草植被面积较多，分别占三北工程区降水理论可承载植被面积的44.26%和20.79%，而荒漠植被区和高原植被区较少，分别占三北工程区降水理论可承载植被面积的6.19%和10.05%（表4-9）。

表4-9 植被分区降水理论可承载植被面积及覆盖率

植被分区	可承载植被面积/万 km²				植被覆盖率/%			
	草原植被	灌丛植被	森林植被	总量	草原植被	灌丛植被	森林植被	总量
草原植被区	49.47	0.48	0.29	50.24	76.06	0.73	0.44	77.23
稀树灌草植被区	48.60	5.40	1.85	55.85	81.96	9.11	3.09	94.16
荒漠植被区	16.56	0.05	0.03	16.64	12.55	0.03	0.02	12.60
森林植被区	11.02	22.54	85.31	118.87	9.13	18.67	70.66	98.46
高原植被区	24.69	1.57	0.73	26.99	34.27	2.18	1.01	37.46
合计	150.34	30.04	88.21	268.59	33.49	6.69	19.64	59.82

森林植被区降水理论可承载植被绝大部分为森林植被，另有极少量的草原植被和灌丛植被，乔灌草植被覆盖率为98.46%；稀树灌草植被区降水理论可承载植被以草原植被为主，还有部分灌丛植被和森林植被，乔灌草植被覆盖率为94.16%；草原植被区降水理论可承载植被绝大部分为草原植被，另有极少量的灌丛植被和森林植被，乔灌草植被覆盖率为77.23%；荒漠植被区降水理论可承载植被以草原植被为主，另有极少量森林植被和灌丛植被，乔灌草植被覆盖率为12.60%；高原植被区降水理论可承载植被以草原植被为主，另有少量灌丛植被和森林植被，乔灌草植被覆盖率为37.46%（表4-9）。此外，三北工程区可承载荒漠植被主要分布在荒漠植被区、高原植被区和草原植被区，面积分别为78.88万km²、41.16万km²和9.20万km²。

对不同植被类型而言，荒漠植被区、草原植被区和稀树灌草植被区降水理论可承载植被主要为草原植被，高原植被区降水理论可承载植被主要为荒漠植被和草原植被，森林植被区降水理论可承载植被主要为森林植被。

（4）三北工程分区植被降水理论可承载植被

从三北工程分区来看，西北荒漠和风沙区降水理论可承载植被面积较多，占三北工程区降水理论可承载乔灌草植被总面积的28.26%和36.50%，黄土高原丘陵沟壑和东北华北平原农区较少，占三北工程区降水理论可承载乔灌草植被总面积的11.30%和

23.94%（表4-10）。

表4-10 三北工程分区降水理论可承载植被面积及覆盖率

分区	可承载植被面积/万 km²				植被覆盖率/%			
	草原植被	灌丛植被	森林植被	总量	草原植被	灌丛植被	森林植被	总量
东北华北平原农区	1.32	4.28	58.68	64.28	2.05	6.66	91.26	99.97
风沙区	68.41	14.63	14.99	98.03	65.71	14.04	14.40	94.15
黄土高原丘陵沟壑区	8.03	8.79	13.55	30.37	26.23	28.69	44.16	99.08
西北荒漠区	72.58	2.34	0.99	75.91	29.04	0.94	0.39	30.37
合计	150.34	30.04	88.21	268.59	33.49	6.69	19.64	59.82

东北华北平原农区降水理论可承载植被绝大部分为森林植被，有极少量的灌丛植被，乔灌草植被覆盖率为99.97%；风沙区降水理论可承载植被中森林植被、草原植被和灌丛植被均有分布，乔灌草植被覆盖率为94.15%；黄土高原丘陵沟壑区降水理论可承载植被绝大部分为森林植被，另有部分灌丛植被和草原植被，乔灌草植被覆盖率为99.08%；西北荒漠区降水理论可承载植被以草原植被为主，另有少量灌丛植被和森林植被，乔灌草植被覆盖率为30.37%（表4-10）。此外，三北工程区可承载荒漠植被几乎全部分布在西北荒漠区，面积为 1.30×10^6 km²。

对不同植被类型而言，降水理论可承载草原植被主要分布在西北荒漠区和风沙区；降水理论可承载灌丛植被主要分布在风沙区和黄土高原丘陵沟壑区；降水理论可承载森林植被在各个分区均有分布，以东北华北平原农区、风沙区和黄土高原丘陵沟壑区为主。

（5）三北工程生态防护体系建设地区降水理论可承载植被

从三北工程生态防护体系建设地区来看，降水理论可承载乔灌草植被主要位于内蒙古高原区，占三北工程区降水理论可承载乔灌草植被总面积的31.06%，东部丘陵平原区、西北高山盆地区和黄土高原区相对较少，分别占三北工程区降水理论可承载乔灌草植被总面积的28.00%、26.73%和14.21%（表4-11）。

表4-11 三北工程生态防护体系建设地区降水理论可承载植被面积及覆盖率

分区	可承载植被面积/万 km²				植被覆盖率/%			
	草原植被	灌丛植被	森林植被	总量	草原植被	灌丛植被	森林植被	总量
东部丘陵平原区	10.98	12.24	51.77	74.99	14.54	16.20	68.55	99.29
内蒙古高原区	56.16	5.72	21.30	83.18	61.99	6.31	23.51	91.81
黄土高原区	14.23	9.76	14.08	38.07	36.79	25.24	36.40	98.43
西北高山盆地区	68.47	2.23	0.90	71.60	28.18	0.92	0.37	29.47
合计	149.84	29.95	88.05	267.84	33.47	6.69	19.66	59.82

东部丘陵平原区降水理论可承载植被绝大部分为森林植被，有极少量的灌丛植被和草原植被，乔灌草植被覆盖率为99.29%；内蒙古高原区降水理论可承载植被中草原植被、森林植被和灌丛植被均有分布，乔灌草植被覆盖率为91.81%；黄土高原区降水理论可承载植被绝大部分为森林植被和草原植被，另有少部分灌丛植被，植被覆盖率为98.43%；

西北高山盆地区降水理论可承载植被以草原植被为主，另有少量的灌丛植被和森林植被，乔灌草植被覆盖率为29.47%（表4-11）。此外，三北工程区可承载荒漠植被几乎全部分布在西北高山盆地区，面积为 $1.28×10^6$ km^2。

对不同植被类型而言，降水理论可承载草原植被主要分布在西北高山盆地区和内蒙古高原区；降水理论可承载灌丛植被主要分布在内蒙古高原区和黄土高原区；降水理论可承载森林植被在各个分区都有分布，以东部丘陵平原区为主。

（6）不同省份降水理论可承载植被

从不同省份来看，内蒙古和新疆降水理论可承载乔灌草植被面积显著高于其他省份，分别占三北工程区降水理论可承载植被面积的32.29%和17.64%；天津、北京、宁夏和山西相对较少（表4-12）。

表4-12　不同省份降水理论可承载植被面积及覆盖率

省份	可承载植被面积/万 km^2				植被覆盖率/%			
	草原植被	灌丛植被	森林植被	总量	草原植被	灌丛植被	森林植被	总量
北京	—	0.13	1.51	1.64	—	8.02	91.98	100.00
甘肃	9.89	5.25	2.84	17.98	29.99	15.91	8.60	54.50
河北	1.53	3.82	6.88	12.24	12.48	31.10	56.01	99.59
黑龙江	3.99	2.37	26.15	32.51	12.28	7.28	80.44	100.00
吉林	4.01	1.15	11.48	16.64	24.08	6.90	68.87	99.85
辽宁	0.00	3.42	6.20	9.62	0.01	35.55	64.38	99.94
内蒙古	59.23	7.09	20.40	86.71	51.74	6.19	17.82	75.75
宁夏	3.62	0.94	0.24	4.79	69.72	18.18	4.54	92.44
青海	16.65	1.16	0.51	18.31	43.57	2.99	1.35	47.91
山西	2.34	1.94	3.98	8.26	28.29	23.50	48.21	100.00
陕西	2.87	1.92	7.12	11.90	23.28	15.63	57.74	96.65
天津	—	—	0.57	0.57	—	—	100.00	100.00
新疆	46.21	0.85	0.33	47.38	28.13	0.52	0.20	28.85
合计	150.34	30.04	88.21	268.55	33.49	6.69	19.64	59.82

新疆降水理论可承载植被以草原植被为主，另有部分极少量灌丛植被和森林植被，乔灌草植被覆盖率为28.85%；内蒙古降水理论可承载植被以草原植被为主，另有部分森林植被和少量灌丛植被，乔灌草植被覆盖率为75.75%；北京、河北、黑龙江、吉林、辽宁、山西、陕西和天津等省份降水理论可承载植被以森林植被为主；甘肃、青海、宁夏降水理论可承载植被以草原植被为主，有少量森林和灌丛植被（表4-12）。此外，三北工程区可承载荒漠植被主要分布在新疆、内蒙古、青海和甘肃，面积分别为81.63 万 km^2、20.91 万 km^2、16.28 万 km^2 和12.60 万 km^2。

对不同植被类型而言，降水理论可承载草原植被主要分布在新疆和内蒙古；降水理论可承载灌丛植被主要分布在内蒙古；降水理论可承载森林植被主要分布在黑龙江、内蒙古、吉林、陕西和河北；降水理论可承载荒漠植被主要分布在新疆、内蒙古、甘肃和青海。

（7）三北工程重点建设区降水理论可承载植被

三北工程区范围内涉及 18 个重点建设区，总面积为 2.78×10^6 km²，约占三北工程区总面积的 61.92%，塔里木盆地周边重点建设区面积占比最高。18 个重点建设区降水理论可承载乔灌草植被面积为 2.34×10^6 km²，乔灌草植被覆盖率为 52.27%。18 个重点建设区降水理论可承载乔灌草植被以草原植被为主，占降水理论可承载乔灌草植被总面积的 74.84%，其次为森林植被和灌丛植被，分别占降水理论可承载植被总面积的 12.96% 和 12.21%（表 4-13）。此外，降水理论可承载荒漠植被面积为 90.47 万 km²，覆盖率为 32.56%，主要分布在塔里木盆地周边重点建设区、阿拉善地区重点建设区和柴达木盆地重点建设区。

表 4-13　三北工程重点建设区降水理论可承载植被面积及覆盖率

重点建设区	可承载植被面积/万 km²				植被覆盖率/%			
	草原植被	灌丛植被	森林植被	总量	草原植被	灌丛植被	森林植被	总量
河套平原重点建设区	7.35	0.17	0.12	7.64	71.21	1.69	1.14	74.04
松嫩平原重点建设区	0.80	1.31	2.95	5.06	15.78	25.97	58.25	100.00
晋西北重点建设区	0.80	0.73	0.18	1.71	46.59	42.62	10.79	100.00
呼伦贝尔沙地重点建设区	5.97	0.56	1.59	8.12	71.63	6.69	19.13	97.45
浑善达克沙地重点建设区	18.44	0.53	0.13	19.10	91.72	2.64	0.66	95.02
海河流域重点建设区	—	0.67	1.43	2.10	—	31.49	67.63	99.12
晋陕峡谷重点建设区	0.23	0.90	3.18	4.31	5.24	20.99	73.77	100.00
阿拉善地区重点建设区	3.48	—	—	3.48	14.47	—	—	14.47
湟水河流域重点建设区	1.23	0.19	0.11	1.53	78.15	12.02	7.23	97.40
准噶尔盆地南缘重点建设区	9.51	0.04		9.55	73.05	0.28		73.33
塔里木盆地周边重点建设区	21.48	0.01	0.00	21.49	20.66	0.01	0.00	20.66
河西走廊重点建设区	4.33	0.21	0.01	4.55	36.55	1.80	0.11	38.46
柴达木盆地重点建设区	7.45	0.17	0.12	7.74	39.26	0.90	0.64	40.80
天山北坡谷地重点建设区	5.22	0.34	—	5.56	92.46	6.00	—	98.46
泾河渭河流域重点建设区	0.72	2.60	3.10	6.42	11.28	40.43	48.27	99.98
科尔沁沙地重点建设区	11.12	8.01	4.02	23.16	46.83	33.73	16.92	97.48
毛乌素沙地重点建设区	10.54	1.01	0.50	12.05	70.68	6.79	3.35	80.82
松辽平原重点建设区	—	0.29	1.36	1.65	—	17.36	82.64	100.00
合计	108.67	17.74	18.80	145.21	39.11	6.38	6.77	52.27

从重点建设区来看，科尔沁沙地重点建设区降水理论可承载乔灌草植被面积最高，占重点建设区降水理论可承载乔灌草植被总面积的15.94%；其次为塔里木盆地周边重点建设区、浑善达克沙地重点建设区以及毛乌素沙地重点建设区，分别占重点建设区降水理论可承载乔灌草植被总面积的14.80%、13.15%、8.30%；海河流域重点建设区、晋西北重点建设区、松辽平原重点建设区和湟水河流域重点建设区较少，占重点建设区降水理论可承载乔灌草植被总面积的比例均低于2%（表4-13）。

塔里木盆地周边重点建设区降水理论可承载植被以草原植被为主，乔灌草植被覆盖率为20.66%；科尔沁沙地重点建设区降水理论可承载植被中草原植被、灌丛植被和森林植被都有分布，乔灌草植被覆盖率为97.48%；阿拉善地区重点建设区降水理论可承载植被仅有草原植被，乔灌草植被覆盖率为14.47%；浑善达克沙地重点建设区降水理论可承载植被以草原植被为主，另极少量森林植被和灌丛植被，乔灌草植被覆盖率为95.02%；柴达木盆地重点建设区降水理论可承载植被以草原植被为主，另有少量灌丛和森林植被，乔灌草植被覆盖率为40.80%（表4-13）。

对不同植被类型而言，降水理论可承载草原植被主要分布在塔里木盆地周边重点建设区；降水理论可承载灌丛植被主要分布在科尔沁沙地重点建设区；降水理论可承载森林植被主要分布在科尔沁沙地重点建设区。此外，降水理论可承载荒漠植被主要分布在塔里木盆地周边重点建设区和阿拉善地区重点建设区。

4.3.2.2 基于土地利用现状基础的降水可承载植被

根据有效降水与植被生态需水量阈值，去除已经成为聚落、湿地、农田等的非植被建设区，得到三北工程区降水可承载植被布局。

（1）三北工程区降水可承载植被总体结果

经统计，三北工程区降水可承载乔灌草植被总面积为183.74万 km^2，区域乔灌草植被覆盖率为40.92%，其他为荒漠、裸地和非植被建设区。其中，降水可承载森林植被面积为50.41万 km^2，覆盖率为11.23%；降水可承载灌丛植被面积14.78万 km^2，覆盖率为3.29%；降水可承载草原植被面积为118.55万 km^2，覆盖率为26.40%（表4-14）。森林植被主要分布在三北工程区东部和东南部区域，往西北方向依次为灌丛植被、草原植被，新疆北部区域还布局了部分草原植被和森林植被（图4-9）。此外，三北工程区降水可承载荒漠植被面积为 $1.21×10^6$ km^2，覆盖率为26.85%。

表4-14 三北工程区降水可承载植被面积及覆盖率

植被类型	可承载植被面积/万 km^2	植被覆盖率/%
草原植被	118.55	26.40
灌丛植被	14.78	3.29
森林植被	50.41	11.23
合计	183.74	40.92

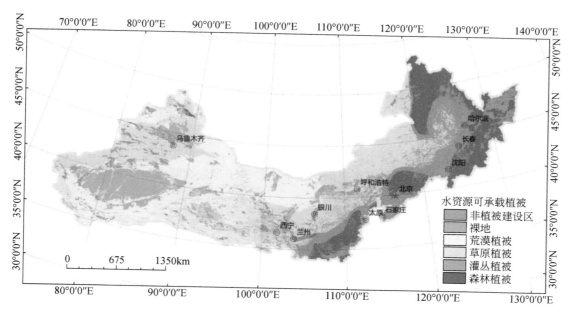

图 4-9 三北工程区降水可承载植被空间分布

（2）不同气候带降水可承载植被

从不同气候带来看，干旱中温带、半干旱中温带、湿润中温带和青藏高寒带降水可承载植被面积较多，分别占三北工程区降水可承载乔灌草植被总面积的 21.73%、20.78%、15.44% 和 14.28%，而寒温带最少，仅占三北工程区降水可承载乔灌草植被总面积的 2.92%（表 4-15）。

表 4-15 三北工程区不同气候带降水可承载植被面积及覆盖率

气候带	可承载植被面积/万 km²				植被覆盖率/%			
	草原植被	灌丛植被	森林植被	总量	草原植被	灌丛植被	森林植被	总量
干旱暖温带	24.01	1.09	0.05	25.15	19.72	0.90	0.04	20.66
寒温带	—	—	5.37	5.37	—	—	86.08	86.08
湿润中温带	2.67	2.20	23.50	28.37	4.11	3.40	36.26	43.77
半湿润暖温带	2.69	5.80	11.99	20.48	6.92	14.93	30.86	52.71
干旱中温带	39.77	0.10	0.05	39.92	45.30	0.12	0.06	45.48
青藏高寒带	23.78	1.61	0.86	26.25	34.90	2.35	1.26	38.51
半干旱中温带	25.63	3.98	8.59	38.20	41.76	6.48	13.99	62.23
合计	118.55	14.78	50.40	183.74	26.40	3.29	11.23	40.92

干旱暖温带降水可承载植被以草原植被为主，另有部分极少量的灌丛植被和森林植被，乔灌草植被覆盖率为 20.66%；干旱中温带降水可承载植被以草原植被为主，另有少量灌丛植被和森林植被，乔灌草植被覆盖率为 45.48%；湿润中温带降水可承载植被绝大部分为森林植被，有极少量的灌丛植被和草原植被，乔灌草植被覆盖率为 43.77%；青藏高寒带降水

可承载植被以草原植被为主，另有少量森林植被和灌丛植被，乔灌草植被覆盖率为38.51%；半干旱中温带降水可承载植被以草原植被为主，另有部分森林植被和灌丛植被，乔灌草植被覆盖率为62.23%；半湿润暖温带降水可承载植被绝大部分为森林植被，另有极少量灌丛植被和草原植被，乔灌草植被覆盖率为52.71%；寒温带降水可承载植被全部为森林植被，植被覆盖率为86.08%（表4-15）。此外，三北工程区可承载荒漠植被分布在干旱暖温带、青藏高寒带、干旱中温带和半干旱中温带，面积分别为53.74万km²、31.60万km²、28.50万km²和6.71万km²。

对不同植被类型而言，降水可承载草原植被主要位于干旱中温带、半干旱中温带、干旱暖温带和青藏高寒带；降水可承载灌丛植被主要位于半湿润暖温带和半干旱中温带；降水可承载森林植被主要位于湿润中温带。

（3）植被分区降水可承载植被

从不同植被分区来看，森林植被区和草原植被区降水可承载乔灌草植被面积较多，分别占三北工程区降水可承载植被总面积的33.92%和23.20%，而荒漠植被区和高原植被区较少，分别占三北工程区降水可承载植被总面积的8.21%和13.54%（表4-16）。

表4-16　植被分区降水可承载植被面积及覆盖率

植被分区	可承载植被面积/万 km²				植被覆盖率/%			
	草原植被	灌丛植被	森林植被	总量	草原植被	灌丛植被	森林植被	总量
草原植被区	41.91	0.42	0.29	42.62	64.44	0.65	0.44	65.53
稀树灌草植被区	34.28	3.33	1.22	38.83	57.81	5.61	2.05	65.47
荒漠植被区	15.02	0.05	0.03	15.10	11.39	0.03	0.02	11.44
森林植被区	4.72	9.46	48.14	62.32	3.91	7.83	39.88	51.62
高原植被区	22.62	1.52	0.73	24.87	31.39	2.11	1.01	34.51
合计	118.55	14.78	50.41	183.74	26.40	3.29	11.23	40.92

森林植被区降水可承载植被绝大部分为森林植被，另有极少量的草原植被和灌丛植被，乔灌草植被覆盖率为51.62%；稀树灌草植被区降水可承载植被以草原植被为主，还有部分灌丛植被和森林植被，乔灌草植被覆盖率为65.47%；草原植被区降水可承载植被绝大部分为草原植被，另有极少量的灌丛植被和森林植被，乔灌草植被覆盖率为65.53%；荒漠植被区降水可承载植被以草原植被为主，另有极少量森林植被和灌丛植被，乔灌草植被覆盖率为11.44%；高原植被区降水可承载植被以草原植被为主，另有极少部分森林植被和灌丛植被，乔灌草植被覆盖率为34.51%（表4-16）。此外，三北工程区可承载荒漠植被主要分布在荒漠植被区和高原植被区，面积分别为73.75万km²和36.99万km²。

对不同植被类型而言，降水可承载草原植被主要分布在草原植被区和稀树灌草植被区，降水可承载灌丛植被主要分布在稀树灌草植被区和森林植被区，降水可承载森林植被分布在森林植被区。

（4）三北工程分区降水可承载植被

从不同三北分区来看，西北荒漠区和风沙区降水可承载植被面积较多，占三北工程区降水可承载乔灌草植被总面积的 35.94% 和 35.68%，黄土高原丘陵沟壑和东北华北平原农区较少，占三北工程区降水可承载乔灌草植被总面积的 10.13% 和 18.25%（表 4-17）。

表 4-17　三北工程分区降水可承载植被面积及覆盖率

分区	可承载植被面积/万 km²				植被覆盖率/%			
	草原植被	灌丛植被	森林植被	总量	草原植被	灌丛植被	森林植被	总量
东北华北平原农区	0.58	1.14	31.81	33.53	0.90	1.77	49.46	52.13
风沙区	49.42	6.37	9.78	65.57	47.46	6.12	9.38	62.96
黄土高原丘陵沟壑区	5.52	5.21	7.89	18.62	18.03	17.01	25.78	60.82
西北荒漠区	63.03	2.06	0.93	66.02	25.22	0.82	0.37	26.41
合计	118.55	14.78	50.41	183.72	26.40	3.29	11.23	40.92

东北华北平原农区降水可承载植被绝大部分为森林植被，有极少量的灌丛植被，乔灌草植被覆盖率为 52.13%；风沙区降水可承载植被主要为草原植被，另有少量森林植被和灌丛植被，乔灌草植被覆盖率为 62.96%；黄土高原丘陵沟壑区降水可承载植被中森林植被、灌丛植被和草原植被均有分布，乔灌草植被覆盖率为 60.82%；西北荒漠区降水可承载植被以草原植被为主，另有极少量灌丛植被和森林植被，乔灌草植被覆盖率为 26.41%（表 4-17）。

对不同植被类型而言，降水可承载草原植被主要分布在西北荒漠区和风沙区；降水可承载灌丛植被主要分布在风沙区和黄土高原丘陵沟壑区；降水可承载森林植被主要分布在东北华北平原农区；降水可承载荒漠植被主要分布在西北荒漠区。

（5）三北工程生态防护体系建设地区降水可承载植被

从三北工程生态防护体系建设地区来看，降水可承载乔灌草植被主要位于内蒙古高原区，占三北工程区降水可承载乔灌草植被总面积的 35.74%，东部丘陵平原区、西北高山盆地区和黄土高原区相对较少，分别占三北工程区降水可承载乔灌草植被面积的 17.61%、34.23% 和 12.42%（表 4-18）。

表 4-18　三北工程生态防护体系建设地区降水可承载植被面积及覆盖率

分区	可承载植被面积/万 km²				植被覆盖率/%			
	草原植被	灌丛植被	森林植被	总量	草原植被	灌丛植被	森林植被	总量
东部丘陵平原区	3.76	3.70	24.77	32.23	4.99	4.90	32.80	42.69
内蒙古高原区	45.68	3.29	16.48	65.45	50.42	3.63	18.19	72.24
黄土高原区	9.37	5.74	8.26	22.37	22.99	14.69	21.16	58.84
西北高山盆地区	59.74	2.05	0.90	62.69	24.59	0.84	0.37	25.80
合计	118.55	14.78	50.41	183.74	26.40	3.29	11.23	40.92

东部丘陵平原区降水可承载植被绝大部分为森林植被，有极少量的灌丛植被和草原植被，乔灌草植被覆盖率为 42.69%；内蒙古高原区降水可承载植被以草原植被为主，另有部分森林植被和少量灌丛植被分布，乔灌草植被覆盖率为 72.24%；黄土高原区降水可承载植被中森林植被、灌丛植被和草原植被均有分布，乔灌草植被覆盖率为 58.84%；西北

高山盆地区降水可承载植被以草原植被为主，另有少量灌丛植被和森林植被，乔灌草植被覆盖率为 25.80%（表 4-18）。此外，三北工程区可承载荒漠植被几乎全部分布在西北高山盆地区，面积为 $1.18×10^6$ km^2。

对不同植被类型而言，降水可承载草原植被分布在西北高山盆地区和内蒙古高原区；降水可承载灌丛植被在四个分区都有分布；降水可承载森林植被以东部丘陵平原区和内蒙古高原区为主；降水可承载外荒漠植被主要分布在西北高山盆地区。

（6）不同省份降水可承载植被

从不同省份来看，新疆和内蒙古降水可承载乔灌草植被面积显著高于其他省份，分别占三北工程区降水可承载植被总面积的 22.30% 和 37.10%；天津、北京、宁夏相对较少（表 4-19）。

表 4-19　不同省份降水可承载植被面积及覆盖率

省份	可承载植被面积/万 km²				植被覆盖率/%			
	草原植被	灌丛植被	森林植被	总量	草原植被	灌丛植被	森林植被	总量
北京	—	0.12	0.75	0.87	—	7.34	45.62	52.96
甘肃	7.52	3.00	1.87	12.39	22.80	9.10	5.66	37.56
河北	0.46	1.45	3.76	5.67	3.75	11.79	30.64	46.18
黑龙江	1.06	0.41	11.15	12.62	3.27	1.26	34.31	38.84
吉林	1.38	0.20	6.32	7.90	8.30	1.17	37.95	47.42
辽宁	0.00	0.89	3.51	4.40	0.00	9.28	36.42	45.70
内蒙古	48.46	3.93	15.77	68.16	42.34	3.43	13.77	59.54
宁夏	2.13	0.50	0.14	2.77	41.05	9.72	2.74	53.51
青海	14.89	1.14	0.51	16.54	38.97	2.99	1.35	43.31
山西	1.12	1.16	2.42	4.70	13.60	14.02	29.33	56.95
陕西	1.65	1.20	3.82	6.67	13.41	9.76	31.01	54.18
天津	—	—	0.05	0.05	—	—	8.09	8.09
新疆	39.88	0.78	0.34	41.00	24.27	0.47	0.20	24.94
合计	118.55	14.78	50.41	183.74	26.40	3.29	11.23	40.92

新疆降水可承载植被以草原植被为主，另有极少量灌丛植被和森林植被，乔灌草植被覆盖率为 24.94%；内蒙古降水可承载植被以草原植被为主，另有少量森林植被和灌丛植被，乔灌草植被覆盖率为 59.54%；北京、河北、黑龙江、吉林、辽宁、山西、陕西等省份降水可承载植被以森林植被为主；甘肃、青海和宁夏降水可承载植被以草原植被为主，森林与灌丛植被较少（表 4-19）。

对不同植被类型而言，降水可承载草原植被主要分布在新疆和内蒙古；降水可承载灌丛植被主要分布在内蒙古和甘肃；降水可承载森林植被主要分布在黑龙江和内蒙古。此外，降水可承载荒漠植被主要分布在新疆、内蒙古、甘肃和青海。

（7）三北工程重点建设区降水可承载植被

18 个重点建设区考虑土地利用现状的降水可承载乔灌草植被面积为 103.75 万 km^2，

乔灌草植被覆盖率为37.35%。18个重点建设区降水可承载乔灌草植被以草原植被为主，占降水可承载乔灌草植被总面积的83.04%，其次为灌丛植被和森林植被，分别占降水可承载植被总面积的8.05%和8.91%（表4-20）。此外，降水可承载荒漠植被面积为81.64万km²，覆盖率为29.38%。

表4-20 重点建设区降水可承载植被面积及覆盖率

重点建设区	可承载植被面积/万 km²				植被覆盖率/%			
	草原植被	灌丛植被	森林植被	总量	草原植被	灌丛植被	森林植被	总量
河套平原重点建设区	5.00	0.10	0.06	5.16	48.47	0.96	0.61	50.04
松嫩平原重点建设区	0.23	0.29	0.38	0.90	4.51	5.77	7.54	17.81
晋西北重点建设区	0.45	0.47	0.13	1.05	26.19	27.32	7.41	60.92
呼伦贝尔沙地重点建设区	5.16	0.43	1.23	6.82	61.95	5.20	14.81	81.96
浑善达克沙地重点建设区	17.27	0.34	0.11	17.72	85.90	1.71	0.54	88.15
海河流域重点建设区	—	0.47	0.50	0.97	—	22.40	23.54	45.94
晋陕峡谷重点建设区	0.14	0.64	1.89	2.67	3.32	14.78	43.89	61.99
阿拉善地区重点建设区	3.41	—	—	3.41	14.18	—	—	14.18
湟水河流域重点建设区	0.83	0.19	0.11	1.13	52.88	12.00	7.23	72.11
准噶尔盆地南缘重点建设区	7.09	0.03	—	7.12	54.48	0.25	—	54.73
塔里木盆地周边重点建设区	19.25	0.01	0.00	19.26	18.51	0.01	0.00	18.52
河西走廊重点建设区	2.94	0.13	0.01	3.08	24.78	1.10	0.11	25.99
柴达木盆地重点建设区	7.37	0.17	0.12	7.66	38.86	0.90	0.64	40.40
天山北坡谷地重点建设区	4.03	0.27	—	4.30	71.41	4.85	—	76.26
泾河渭河流域重点建设区	0.47	1.39	1.88	3.74	7.40	21.61	29.24	58.25

重点建设区	可承载植被面积/万 km²				植被覆盖率/%			
	草原植被	灌丛植被	森林植被	总量	草原植被	灌丛植被	森林植被	总量
科尔沁沙地重点建设区	4.53	2.82	1.73	9.08	19.09	11.86	7.30	38.25
毛乌素沙地重点建设区	7.99	0.56	0.27	8.82	53.54	3.73	1.83	59.10
松辽平原重点建设区	—	0.04	0.82	0.86	—	2.21	49.92	52.13
合计	86.16	8.35	9.24	103.75	31.02	3.01	3.33	37.35

从不同重点建设区来看，塔里木盆地周边重点建设区降水可承载乔灌草植被面积最高，占重点建设区降水可承载乔灌草植被总面积的18.56%；其次为浑善达克沙地重点建设区，占重点建设区降水可承载乔灌草植被总面积的17.08%；松嫩平原重点建设区、海河流域重点建设区、晋西北重点建设区、松辽平原重点建设区和湟水河流域重点建设区较少，占重点建设区降水可承载乔灌草植被总面积的比例均低于2%。

塔里木盆地周边重点建设区降水可承载植被几乎全部为草原植被，乔灌草植被覆盖率为18.52%；科尔沁沙地重点建设区降水可承载乔灌草植被以草原植被为主，另有少量灌丛植被和森林植被，乔灌草植被覆盖率为38.25%；阿拉善地区重点建设区降水可承载植被全部为草原植被，乔灌草植被覆盖率为14.18%；浑善达克沙地重点建设区降水可承载植被以草原植被为主，另有极少量森林植被和灌丛植被，乔灌草植被覆盖率为88.15%；柴达木盆地重点建设区降水可承载植被以草原植被为主，另有极少量森林和灌丛植被，乔灌草植被覆盖率为40.40%。

对不同植被类型而言，降水可承载草原植被主要分布在塔里木盆地周边重点建设区；降水可承载灌丛植被主要分布在科尔沁沙地重点建设区；降水可承载森林植被主要分布在晋陕峡谷重点建设区和泾河渭河流域重点建设区。此外，荒漠降水可承载植被主要分布在塔里木盆地周边重点建设区和阿拉善地区重点建设区。

4.3.3　灌溉水可承载植被

一个区域水资源总量扣除水域生态用水、生活、工农业生产之后可用于生态建设灌溉的水资源量的植被承载潜力。本节主要基于区域数据来确定，具体步骤包括：

1）区域生态建设灌溉可用水量计算。

生态建设灌溉可用水量＝水资源总量－生产生活用水量－水域生态用水量

2）基于不同植被类型的需水量阈值参数，确定区域尺度灌溉水可承载植被面积与空间分布。

（1）三北工程区灌溉水可承载植被总体结果

根据灌溉水量与不同区域植被生态需水量阈值，得到三北工程区灌溉水可承载植被布局。经统计，三北工程区灌溉水可承载乔灌草植被总面积为 3.64 万 km²，可使三北全区植被覆盖率增加 0.81%，为森林植被和灌丛植被（表4-21）。灌溉水可承载植被主要分布在内蒙古中部和西部、新疆、甘肃西北部、青海西部等依赖自然降水无法布局森林植被的城镇周边、村镇等人类聚集区域（图4-10）。

表4-21 三北工程区灌溉水可承载植被面积及覆盖率

植被类型	可承载植被面积/万 km²	植被覆盖率/%
草原植被	0	0
灌丛植被	0.20	0.04
森林植被	3.44	0.77
合计	3.64	0.81

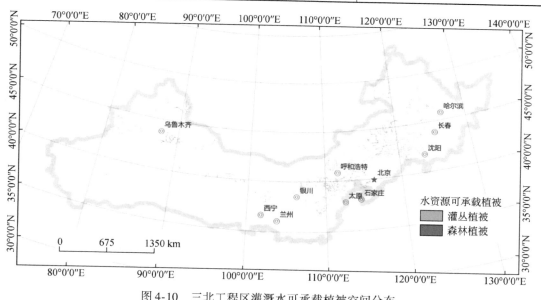

图 4-10 三北工程区灌溉水可承载植被空间分布

（2）不同气候带灌溉水可承载植被

从不同气候带来看，半干旱中温带和干旱中温带灌溉水可承载面积较多，分别占三北工程区灌溉水可承载总面积的 39.56% 和 21.98%；湿润中温带和半湿润暖温带较少，仅占 12% 以下；寒温带和青藏高寒带没有布局，因为该区域来自降水的水资源能满足森林植被生长（表4-22）。干旱中温带、湿润中温带和半湿润暖温带灌溉水可承载植被全部为森林植被（表4-22）。灌溉水可使不同气候带植被覆盖率增加，其中半干旱中温带植被覆盖率增加 2.35%，干旱中温带增加 0.91%，干旱暖温带增加 0.49%，半湿润暖温带增加 1.04%，湿润中温带增加 0.61%。对不同植被类型而言，灌溉水可承载森林植被主要位于半干旱中温带和干旱中温带。

表 4-22　三北工程区不同气候带灌溉水可承载植被面积及覆盖率

气候带	可承载植被面积/万 km²				植被覆盖率/%			
	草原植被	灌丛植被	森林植被	总量	草原植被	灌丛植被	森林植被	总量
干旱暖温带	—	0.07	0.52	0.59	—	0.06	0.43	0.49
寒温带	—	—	—	0	—	—	—	0
湿润中温带	—	—	0.40	0.40	—	—	0.61	0.61
半湿润暖温带	—	—	0.41	0.41	—	—	1.04	1.04
干旱中温带	—	0	0.80	0.80	—	0	0.91	0.91
青藏高寒带	—	—	—	0	—	—	—	0
半干旱中温带	—	0.13	1.31	1.44	—	0.21	2.14	2.35
合计	0	0.20	3.44	3.64	0	0.04	0.77	0.81

（3）植被分区灌溉水可承载植被

从不同植被分区来看，稀树灌草植被区灌溉水可承载植被面积最多，占三北工程区灌溉水可承载植被面积的46.98%，其他植被分区可承载植被面积较少，占三北工程区灌溉水可承载植被面积的比例分别为11.81%（草原植被区）、21.70%（荒漠植被区）和19.51%（森林植被区）（表4-23）。灌溉水可承载植被可使不同植被分区植被覆盖率增加，其中稀树灌草植被区植被覆盖率增加2.89%，草原植被区增加0.32%，荒漠植被区增加0.66%，森林植被区增加1.08%，高原植被区无灌溉水可承载植被。草原植被区、荒漠植被区和森林植被区灌溉水可承载植被均为森林植被。

表 4-23　植被分区灌溉水可承载植被面积及覆盖率

植被分区	可承载植被面积/万 km²				植被覆盖率/%			
	草原植被	灌丛植被	森林植被	总量	草原植被	灌丛植被	森林植被	总量
森林植被区	—	—	0.71	0.71	—	—	1.08	1.08
稀树灌草植被区	—	0.20	1.51	1.71	—	0.34	2.55	2.89
草原植被区	—	—	0.43	0.43	—	—	0.32	0.32
荒漠植被区	—	—	0.79	0.79	—	—	0.66	0.66
高原植被区	—	—	0	0	—	—	0.01	0.01
合计	0	0.20	3.44	3.64	0	0.04	0.77	0.81

（4）三北工程分区灌溉水可承载植被

从三北工程分区来看，风沙区灌溉水可承载植被面积较多，占三北工程区灌溉水可承载植被总面积的63.46%（表4-24）。其他分区相对较少，占三北工程区灌溉水可承载植被总面积的比例分别为27.20%（西北荒漠区）、3.02%（东北华北平原农区）和6.32%（黄土高原丘陵沟壑区）（表4-24）。灌溉水可承载植被可使不同三北工程分区植被覆盖率增加，其中风沙区植被覆盖率增加2.21%，西北荒漠区增加0.40%，东北华北平原农区增加 0.18%，黄土高原丘陵沟壑区增加 0.76%。风沙区、东北华北平原农区和黄土高原丘陵沟壑区灌溉水可承载植被全部为森林植被。

表 4-24　三北工程分区灌溉水可承载植被面积及覆盖率

分区	可承载植被面积/万 km²				植被覆盖率/%			
	草原植被	灌丛植被	森林植被	总量	草原植被	灌丛植被	森林植被	总量
东北华北平原农区	—	—	0.11	0.11	—	—	0.18	0.18
风沙区	—	—	2.31	2.31	—	—	2.21	2.21
黄土高原丘陵沟壑区	—	—	0.23	0.23	—	—	0.76	0.76
西北荒漠区	—	0.20	0.79	0.99	—	0.08	0.32	0.40
合计	0	0.20	3.44	3.64	0	0.04	0.77	0.81

（5）三北工程生态防护体系建设地区灌溉水可承载植被

从三北生态防护体系建设地区来看，灌溉水可承载植被主要位于内蒙古高原区，占三北工程区灌溉水可承载植被总面积的 41.76%，西北高山盆地区、东部丘陵平原区和黄土高原区相对较少，分别占三北工程区灌溉水可承载植被总面积的 26.92%、17.31% 和 14.01%（表 4-25）。灌溉水可承载植被可使不同三北生态防护体系建设地区植被覆盖率增加，其中内蒙古高原区植被覆盖率增加 1.68%，西北高山盆地区增加 0.40%，东部丘陵平原区增加 0.83%，黄土高原区增加 1.33%。内蒙古高原区、东部丘陵平原区和黄土高原区灌溉水可承载植被全部为森林植被。

表 4-25　不同三北工程生态防护体系建设地区灌溉水可承载植被面积及覆盖率

分区	可承载植被面积/万 km²				植被覆盖率/%			
	草原植被	灌丛植被	森林植被	总量	草原植被	灌丛植被	森林植被	总量
东部丘陵平原区	—	—	0.63	0.63	—	—	0.83	0.83
内蒙古高原区	—	—	1.52	1.52	—	—	1.68	1.68
黄土高原区	—	—	0.51	0.51	—	—	1.33	1.33
西北高山盆地区	—	0.20	0.77	0.98	—	0.08	0.32	0.40
合计	0	0.20	3.44	3.64	0	0.04	0.77	0.81

（6）不同省份灌溉水可承载植被

从不同省份来看，内蒙古灌溉水可承载植被面积显著高于其他省份，占三北工程区灌溉水可承载植被总面积的 50.00%；其次是新疆和甘肃，分别占三北工程区灌溉水可承载植被总面积的 20.33% 和 5.77%。天津和青海没有灌溉水可承载植被（表 4-26）。有灌溉水可承载植被的省份大部分为森林植被。灌溉水可承载植被可使不同省份植被覆盖率增加，其中内蒙古植被覆盖率增加 1.59%，甘肃增加 0.64%，河北增加 1.16%，新疆增加 0.45%，吉林增加 0.69%，宁夏增加 0.12%，陕西增加 1.69%，山西增加 1.81%。

表 4-26 不同省份灌溉水可承载植被面积及覆盖率

省份	可承载植被面积/万 km²				植被覆盖率/%			
	草原植被	灌丛植被	森林植被	总量	草原植被	灌丛植被	森林植被	总量
北京	—	—	0.01	0.01	—	—	0.56	0.56
甘肃	—	—	0.21	0.21	—	—	0.64	0.64
河北	—	—	0.14	0.14	—	—	1.16	1.16
黑龙江	—	—	0.12	0.12	—	—	0.37	0.37
吉林	—	—	0.11	0.11	—	—	0.69	0.69
辽宁	—	—	0.12	0.12	—	—	1.22	1.22
内蒙古	—	—	1.82	1.82	—	—	1.59	1.59
宁夏	—	—	0.01	0.01	—	—	0.12	0.12
青海	—	—	—	0	—	—	—	0
山西	—	—	0.15	0.15	—	—	1.81	1.81
陕西	—	—	0.21	0.21	—	—	1.69	1.69
天津	—	—	—	0	—	—	—	0
新疆	—	0.20	0.54	0.74	—	0.12	0.33	0.45
合计	0	0.20	3.44	3.64	0	0.04	0.77	0.81

(7) 三北工程重点建设区灌溉水可承载植被

18 个重点建设区灌溉水可承载森林植被面积为 2.23 万 km²，可使重点建设区植被覆盖率增加 0.50%。从不同重点建设区来看，科尔沁沙地重点建设区可承载植被面积最高，占 18 个重点建设区灌溉水可承载植被总面积的 25.56%；松嫩平原重点建设区、晋陕峡谷重点建设区、阿拉善地区重点建设区、松辽平原重点建设区略低，均占 18 个重点建设区灌溉水可承载植被总面积的 2% 以下；湟水河流域重点建设区、柴达木盆地重点建设区、泾河渭河流域重点建设区没有植被布局（表 4-27）。

表 4-27 三北工程区重点建设区灌溉水可承载植被面积及覆盖率

重点建设区	可承载植被面积/万 km²				植被覆盖率/%			
	草原植被	灌丛植被	森林植被	总量	草原植被	灌丛植被	森林植被	总量
河套平原重点建设区	—	—	0.08	0.08	—	—	0.80	0.80
松嫩平原重点建设区	—	—	0.03	0.03	—	—	0.50	0.50
晋西北重点建设区	—	—	0.05	0.05	—	—	3.20	3.20
呼伦贝尔沙地重点建设区	—	—	0.11	0.11	—	—	1.27	1.27
浑善达克沙地重点建设区	—	—	0.29	0.29	—	—	1.43	1.43

| 170 |

续表

重点建设区	可承载植被面积/万 km²				植被覆盖率/%			
	草原植被	灌丛植被	森林植被	总量	草原植被	灌丛植被	森林植被	总量
海河流域重点建设区	—	—	0.05	0.05	—	—	2.31	2.31
晋陕峡谷重点建设区	—	—	0.03	0.03	—	—	0.80	0.80
阿拉善地区重点建设区	—	—	0.04	0.04	—	—	0.18	0.18
湟水河流域重点建设区	—	—	—	0	—	—	—	0
准噶尔盆地南缘重点建设区	—	—	0.05	0.05	—	—	0.39	0.39
塔里木盆地周边重点建设区	—	0.02	0.05	0.07	—	0.01	0.05	0.06
河西走廊重点建设区	—	—	0.16	0.16	—	—	1.38	1.38
柴达木盆地重点建设区	—	—	—	0	—	—	—	0
天山北坡谷地重点建设区	—	0.19	0.05	0.24	—	3.33	0.92	4.25
泾河渭河流域重点建设区	—	—	—	0	—	—	—	0
科尔沁沙地重点建设区	—	—	0.57	0.57	—	—	2.42	2.42
毛乌素沙地重点建设区	—	—	0.46	0.46	—	—	3.09	3.09
松辽平原重点建设区	—	—	0	0	—	—	0.18	0.18
合计	0	0.20	2.04	2.23	0	0.04	0.45	0.50

灌溉水可承载植被主要位于浑善达克沙地重点建设区、科尔沁沙地重点建设区、呼伦贝尔沙地重点建设区、毛乌素沙地重点建设区、河西走廊重点建设区、河套平原重点建设区、天山北坡谷地重点建设区和塔里木盆地周边重点建设区。

灌溉水可承载植被可使不同三北工程重点建设区植被覆盖率增加，其中晋西北重点建设区、海河流域重点建设区、科尔沁沙地重点建设区、毛乌素沙地重点建设区、天山北坡谷地重点建设区植被覆盖率增加较多，超过 2%；河套平原重点建设区、阿拉善地区重点建设区、准噶尔盆地南缘重点建设区、松辽平原重点建设区和塔里木盆地周边重点建设区植被覆盖率增加相对较少。

4.3.4　水资源可承载植被

综合栅格尺度三北工程区降水可承载植被和灌溉水可承载植被获得三北工程区水资源可承载植被。

（1）三北工程区水资源可承载植被总体结果

经统计，三北工程区水资源可承载乔灌草植被总面积为 184.14 万 km²，区域乔灌草植被覆盖率为 41.00%，其他为荒漠、裸地和非植被建设区。其中，水资源可承载森林植被面积为 53.85 万 km²，森林覆盖率为 11.99%；水资源可承载灌丛植被面积 14.25 万 km²，植被覆盖率为 3.17%；水资源可承载草原植被面积为 116.04 万 km²，植被覆盖率为 25.84%（表 4-28）。森林植被主要分布在三北工程区东部和东南部区域，往西北方向依次为灌丛植被、草原植被，新疆北部区域还布局了部分草原植被和森林植被（图 4-11）。此外，三北工程区水资源可承载荒漠植被面积为 1.20×10^6 km²，覆盖率为 26.76%。

表 4-28　三北工程区水资源可承载植被面积及覆盖率

植被类型	可承载植被面积/万 km²	植被覆盖率/%
草原植被	116.04	25.84
灌丛植被	14.25	3.17
森林植被	53.85	11.99
合计	184.14	41.00

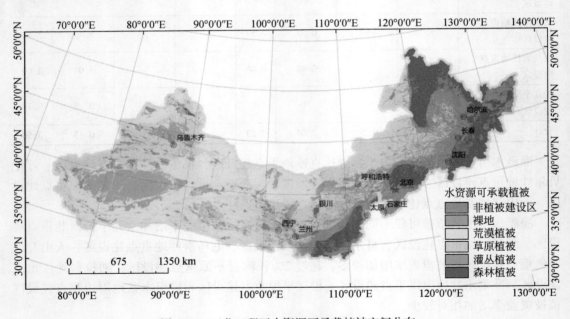

图 4-11　三北工程区水资源可承载植被空间分布

（2）不同气候带水资源可承载植被空间格局

从不同气候带来看，干旱中温带、半干旱中温带、湿润中温带和青藏高寒带降水可承载植被面积较多，分别占三北工程区降水可承载乔灌草植被面积的21.75%、20.76%、15.40%和14.26%，而寒温带最少，仅占三北工程区降水可承载乔灌草植被总面积的2.92%（表4-29）。

表4-29　不同气候带水资源可承载植被面积及覆盖率

气候带	可承载植被面积/万 km²				植被覆盖率/%			
	草原植被	灌丛植被	森林植被	总量	草原植被	灌丛植被	森林植被	总量
干旱暖温带	23.68	1.13	0.58	25.39	19.45	0.93	0.47	20.85
寒温带	—	—	5.37	5.37	—	—	86.08	86.08
湿润中温带	2.46	2.01	23.89	28.36	3.80	3.10	36.87	43.77
半湿润暖温带	2.51	5.58	12.40	20.49	6.45	14.36	31.90	52.71
干旱中温带	39.10	0.10	0.85	40.05	44.53	0.12	0.97	45.62
青藏高寒带	23.80	1.60	0.86	26.26	34.90	2.35	1.26	38.51
半干旱中温带	24.50	3.83	9.89	38.22	39.93	6.23	1.26	62.29
合计	116.04	14.25	53.85	184.14	32.86	4.04	15.25	52.14

干旱暖温带水资源可承载植被以草原植被为主，另有少量的灌丛植被和森林植被，乔灌草植被覆盖率为20.85%；干旱中温带水资源可承载植被以草原植被和荒漠植被为主，另有少量灌丛植被和森林植被，乔灌草植被覆盖率为45.62%；湿润中温带水资源可承载植被绝大部分为森林植被，有极少量的灌丛植被和草原植被，乔灌草植被覆盖率为43.77%；青藏高寒带水资源可承载植被以草原植被为主，另有少量森林植被和灌丛植被，乔灌草植被覆盖率为38.51%；半干旱中温带水资源可承载植被以草原植被为主，另有少量森林植被和灌丛植被，乔灌草植被覆盖率为62.29%；半湿润暖温带水资源可承载植被以森林植被为主，另有少量灌丛植被和草原植被，乔灌草植被覆盖率为52.71%；寒温带水资源可承载植被全部为森林植被，植被覆盖率为86.08%。

对不同植被类型而言，水资源可承载草原植被主要位于干旱中温带、半干旱中温带、青藏高寒带、干旱暖温带；水资源可承载灌丛植被主要位于半湿润暖温带；理论可承载森林植被主要位于湿润中温带。

（3）植被分区水资源可承载植被空间格局

从不同植被分区来看，森林植被区和草原植被区水资源可承载乔灌草植被面积较多，分别占三北工程区水资源可承载植被总面积的33.85%和23.19%，而荒漠植被区和高原植被区较少，分别占三北工程区水资源可承载植被总面积的8.36%和13.51%（表4-30）。

表4-30　植被分区水资源可承载植被面积及覆盖率

植被分区	可承载植被面积/万 km²				植被覆盖率/%			
	草原植被	灌丛植被	森林植被	总量	草原植被	灌丛植被	森林植被	总量
草原植被区	41.30	0.41	0.99	42.70	63.50	0.63	1.52	65.65
稀树灌草植被区	32.74	3.39	2.74	38.85	55.17	5.70	4.60	65.47

植被分区	可承载植被面积/万 km²				植被覆盖率/%			
	草原植被	灌丛植被	森林植被	总量	草原植被	灌丛植被	森林植被	总量
荒漠植被区	14.89	0.05	0.45	15.39	11.30	0.03	0.34	11.67
森林植被区	4.49	8.90	48.94	62.33	3.72	7.37	40.53	51.62
高原植被区	22.62	1.52	0.73	24.87	31.39	2.11	1.02	34.52
合计	116.04	14.25	53.85	184.14	25.84	3.17	11.99	41.00

森林植被区水资源可承载植被绝大部分为森林植被，另有极少量的草原植被和灌丛植被，乔灌草植被覆盖率为51.62%；稀树灌草植被区水资源可承载植被以草原植被为主，还有部分灌丛植被和森林植被，乔灌草植被覆盖率为65.47%；草原植被区水资源可承载植被绝大部分为草原植被，另有极少量的灌丛植被和森林植被，乔灌草植被覆盖率为65.65%；荒漠植被区水资源可承载植被以草原植被为主，另有少量森林植被和灌丛植被，乔灌草植被覆盖率为11.67%；高原植被区水资源可承载植被以草原植被为主，另有极少部分森林植被和灌丛植被，乔灌草植被覆盖率为34.52%。

对不同植被类型而言，水资源可承载草原植被主要分布在草原植被区和稀树灌草植被区，水资源可承载灌丛植被主要分布在稀树灌草植被区和森林植被区，水资源可承载森林植被分布在森林植被区。

（4）三北工程分区水资源可承载植被空间格局

从三北分区来看，西北荒漠区和风沙区水资源可承载植被面积较多，占三北工程区水资源可承载乔灌草植被总面积的36.06%和35.62%，黄土高原丘陵沟壑和东北华北平原农区较少，占三北工程区水资源可承载乔灌草植被总面积的10.11%和18.21%（表4-31）。

表4-31　三北工程分区水资源可承载植被面积及覆盖率

分区	可承载植被面积/万 km²				植被覆盖率/%			
	草原植被	灌丛植被	森林植被	总量	草原植被	灌丛植被	森林植被	总量
东北华北平原农区	0.55	1.05	31.92	33.52	0.85	1.64	49.63	52.12
风沙区	47.69	5.84	12.08	65.61	45.79	5.61	11.60	63.00
黄土高原丘陵沟壑区	5.36	5.13	8.13	18.62	17.51	16.77	26.54	60.82
西北荒漠区	62.44	2.23	1.72	66.39	24.98	0.89	0.69	26.56
合计	116.04	14.25	53.85	184.14	25.84	3.17	11.99	41.00

东北华北平原农区水资源可承载植被绝大部分为森林植被，有极少量的灌丛植被和草原植被，植被覆盖率为52.12%；风沙区水资源可承载植被以草原植被为主，另有部分森林植被和灌丛植被，乔灌草植被覆盖率为63.00%；黄土高原丘陵沟壑区水资源可承载植被中森林植被、灌丛植被和草原植被均有分布，乔灌草植被覆盖率为60.82%；西北荒漠区水资源可承载植被以草原植被为主，另有少量灌丛植被和森林植被，乔灌草植被覆盖率为26.56%（表4-33）。

（5）三北工程生态防护体系建设地区水资源可承载植被

从三北工程生态防护体系建设地区来看，水资源可承载乔灌草植被主要位于内蒙古高原区，占三北工程区水资源可承载乔灌草植被总面积的35.68%，东部丘陵平原区、西北高山盆地区和黄土高原区相对较少，分别占三北工程区水资源可承载乔灌草植被面积的17.57%、35.68%和12.40%（表4-32）。

表4-32　三北工程生态防护体系建设地区水资源可承载植被面积及覆盖率

分区	可承载植被面积/万 km²				植被覆盖率/%			
	草原植被	灌丛植被	森林植被	总量	草原植被	灌丛植被	森林植被	总量
东部丘陵平原区	3.47	3.37	25.40	32.24	4.59	4.46	33.64	42.69
内蒙古高原区	44.43	3.05	18.01	65.49	49.03	3.36	19.88	72.27
黄土高原区	8.50	5.56	8.69	22.75	21.98	14.38	22.48	58.84
西北高山盆地区	59.16	2.22	1.67	63.05	24.35	0.92	0.69	25.96
合计	115.56	14.20	53.77	183.53	25.84	3.17	11.99	41.00

东部丘陵平原区水资源可承载植被绝大部分为森林植被，有极少量的灌丛植被和草原植被，乔灌草植被覆盖率为42.69%；内蒙古高原区水资源可承载植被中以草原植被为主，另有部分森林植被和灌丛植被，乔灌草植被覆盖率为72.27%；黄土高原区水资源可承载植被中森林植被、灌丛植被和草原植被均有分布，乔灌草植被覆盖率为58.84%；西北高山盆地区水资源可承载植被以草原植被为主，另有少量的灌丛植被和森林植被，乔灌草植被覆盖率为25.96%。

对不同植被类型而言，水资源可承载草原植被分布在西北高山盆地区和内蒙古高原区；水资源可承载灌丛植被主要分布在黄土高原区；水资源可承载森林植被以东部丘陵平原区为主；荒漠植被主要分布在西北高山盆地区。

（6）不同省份水资源可承载植被空间格局

从不同省份来看，新疆和内蒙古水资源可承载乔灌草植被面积显著高于其他省份，分别占三北工程区水资源可承载植被总面积的22.39%和37.04%；天津、北京、宁夏相对较少（表4-33）。

表4-33　不同省份水资源可承载植被面积及覆盖率

省份	可承载植被面积/万 km²				植被覆盖率/%			
	草原植被	灌丛植被	森林植被	总量	草原植被	灌丛植被	森林植被	总量
北京	—	0.11	0.76	0.87	—	6.78	46.18	52.96
甘肃	7.42	2.99	2.08	12.49	22.49	9.06	6.31	37.86
河北	0.43	1.34	3.91	5.68	3.48	10.90	31.80	46.18
黑龙江	0.97	0.38	11.28	12.63	2.99	1.15	34.68	38.82
吉林	1.28	0.18	6.44	7.90	7.68	1.10	38.64	47.42
辽宁	0	0.78	3.62	4.40	0	8.05	37.65	45.70

省份	可承载植被面积/万 km²				植被覆盖率/%			
	草原植被	灌丛植被	森林植被	总量	草原植被	灌丛植被	森林植被	总量
内蒙古	46.98	3.64	17.59	68.21	41.05	3.18	15.36	59.59
宁夏	2.12	0.50	0.15	2.77	40.96	9.72	2.86	53.54
青海	14.91	1.14	0.51	16.56	38.97	2.99	1.35	43.31
山西	1.00	1.12	2.57	4.69	12.18	13.63	31.14	56.95
陕西	1.53	1.11	4.02	6.66	12.44	9.04	32.70	54.18
天津	—	—	0.05	0.05	—	—	8.09	8.09
新疆	39.40	0.96	0.87	41.23	23.98	0.59	0.53	25.10
合计	116.04	14.25	53.85	184.14	25.84	3.17	11.99	41.00

新疆水资源可承载植被以草原植被为主,另有极少量灌丛植被和森林植被,乔灌草植被覆盖率为 25.10%;内蒙古水资源可承载植被以草原植被为主,另有部分森林植被和少量灌丛植被,乔灌草植被覆盖率为 59.59%;北京、河北、黑龙江、吉林、辽宁、山西、陕西等省份水资源可承载植被以森林植被为主;甘肃、青海和宁夏水资源可承载植被以草原植被为主,另有部分森林植被和灌溉植被(表 4-37)。

对不同植被类型而言,水资源可承载草原植被主要分布在新疆和内蒙古;水资源可承载灌丛植被主要分布在内蒙古;水资源可承载森林植被主要分布在黑龙江、内蒙古。此外,水资源可承载荒漠植被主要分布在新疆、内蒙古、甘肃和青海。

(7) 三北工程重点建设区水资源可承载植被空间格局

18 个重点建设区水资源可承载乔灌草植被面积为 103.93 万 km²,乔灌草植被覆盖率为 37.41%。18 个重点建设区水资源可承载乔灌草植被以草原植被为主,占水资源可承载乔灌草植被总面积的 81.36%,其次为灌丛植被和森林植被,分别占水资源可承载植被总面积的 7.76% 和 10.88%(表 4-34)。此外,水资源可承载荒漠植被面积为 81.49×10⁴ km²,覆盖率为 29.33%。

表 4-34 重点建设区水资源可承载植被面积及覆盖率

重点建设区	可承载植被面积/万 km²				植被覆盖率/%			
	草原植被	灌丛植被	森林植被	总量	草原植被	灌丛植被	森林植被	总量
河套平原重点建设区	4.92	0.10	0.15	5.17	47.69	0.95	1.41	50.05
松嫩平原重点建设区	0.22	0.28	0.41	0.91	4.31	5.46	8.04	17.81
晋西北重点建设区	0.41	0.45	0.18	1.04	24.15	26.16	10.61	60.92
呼伦贝尔沙地重点建设区	5.08	0.41	1.34	6.83	60.91	4.97	16.09	81.97

续表

重点建设区	可承载植被面积/万 km²				植被覆盖率/%			
	草原植被	灌丛植被	森林植被	总量	草原植被	灌丛植被	森林植被	总量
浑善达克沙地重点建设区	17.00	0.32	0.40	17.72	84.57	1.61	1.97	88.16
海河流域重点建设区	—	0.43	0.55	0.98	—	20.09	25.85	45.94
晋陕峡谷重点建设区	0.14	0.60	1.93	2.67	3.30	14.00	44.68	61.98
阿拉善地区重点建设区	3.40	—	0.04	3.44	14.13	—	0.18	14.31
湟水河流域重点建设区	0.83	0.19	0.11	1.13	52.88	12.00	7.23	72.11
准噶尔盆地南缘重点建设区	7.04	0.03	0.05	7.12	54.10	0.25	0.39	54.74
塔里木盆地周边重点建设区	19.22	0.02	0.05	19.29	18.47	0.02	0.05	18.56
河西走廊重点建设区	2.85	0.13	0.18	3.16	24.04	1.06	1.49	26.59
柴达木盆地重点建设区	7.37	0.17	0.12	7.66	38.86	0.90	0.64	40.40
天山北坡谷地重点建设区	3.81	0.45	0.05	4.31	67.45	7.90	0.92	76.27
泾河渭河流域重点建设区	0.47	1.39	1.88	3.74	7.40	21.61	29.24	58.25
科尔沁沙地重点建设区	4.21	2.56	2.31	9.08	17.74	10.80	9.72	38.26
毛乌素沙地重点建设区	7.59	0.50	0.73	8.82	50.88	3.35	4.92	59.15
松辽平原重点建设区	—	0.03	0.83	0.86	—	2.03	50.10	52.13
合计	84.56	8.06	11.31	103.93	30.44	2.90	4.07	37.41

从不同重点建设区来看，塔里木盆地周边重点建设区水资源可承载乔灌草植被面积最高，占重点建设区水资源可承载乔灌草植被总面积的 18.56%；其次为浑善达克沙地重点建设区，占重点建设区水资源可承载乔灌草植被总面积的 17.05%；松嫩平原重点建设区、海河流域重点建设区、晋西北重点建设区、松辽平原重点建设区和湟水河流域重点建设区较少，占重点建设区水资源可承载乔灌草植被总面积的比例均低于 2%。

塔里木盆地周边重点建设区水资源可承载植被以草原植被为主，另有少量森林和灌丛植被，乔灌草植被覆盖率为 18.54%；科尔沁沙地重点建设区水资源可承载乔灌草植被中森林植被、灌丛植被和草原植被均有分布，乔灌草植被覆盖率为38.26%；阿拉善地区重点建设区水资源可承载植被以草原植被为主，另有少量森林植被，乔灌草植被覆盖率为14.31%；浑善达克沙地重点建设区水资源可承载植被以草原植被为主，另有极少量森林植被和荒漠植被，乔灌草植被覆盖率为88.16%；柴达木盆地重点建设区水资源可承载植被以草原植被为主，另有少量森林植被和灌丛植被，乔灌草植被覆盖率为40.40%。

对不同植被类型而言，水资源可承载草原植被主要分布在塔里木盆地周边重点建设区；水资源可承载灌丛植被主要分布在科尔沁沙地重点建设区；水资源可承载森林植被主要分布在科尔沁沙地重点建设区。此外，水资源可承载荒漠植被主要分布在塔里木盆地周边重点建设区和阿拉善地区重点建设区。

4.4　小结：降水和灌溉水组合形成的水资源可承载林草植被

本章从两个层次确定区域植被理论承载潜力：①基于降水的植被承载潜力；②基于植被建设灌溉可用水量的植被承载潜力。然后综合两个层次的植被理论承载潜力，确定基于水资源约束的三北工程区植被理论承载潜力。

降水理论可承载植被：根据植被可利用有效降水及不同气候带植被生态需水量阈值，得到三北工程区降水可承载植被。三北工程区降水理论可承载乔灌草植被总面积为268.59万 km^2，区域乔灌草植被覆盖率为59.82%，其他为荒漠与裸地。其中，森林覆盖率为19.65%，灌丛覆盖率为6.69%，草原覆盖率为33.48%。此外，三北工程区降水理论可承载荒漠植被面积为 $1.32×10^6 km^2$，覆盖率为29.30%。

降水可承载植被：考虑土地利用现状，去除已经成为聚落、湿地、农田等的非植被建设区，得到三北工程区降水可承载乔灌草植被总面积为183.74万 km^2，乔灌草植被覆盖率为40.92%，森林覆盖率为11.23%，灌丛覆盖率3.29%，草原覆盖率为26.40%。此外，三北工程区降水可承载荒漠植被覆盖率为26.85%。不同气候带中干旱中温带、半干旱中温带、湿润中温带和青藏高寒带降水可承载植被面积较多；不同植被分区中森林植被区和草原植被区降水可承载乔灌草植被面积较多；不同三北生态防护体系建设地区中内蒙古高原区降水可承载植被面积占比较大；不同省份中新疆和内蒙古降水可承载植被面积占比较大；18个重点建设区中塔里木盆地周边重点建设区降水可承载植被面积占比较大。

灌溉水可承载植被：根据灌溉可用水量与不同气候带植被生态需水量阈值，三北工程区灌溉水可承载乔灌草植被总面积为3.64万 km^2，可使三北全区植被覆盖率增加0.81%，为森林植被和灌丛植被。不同气候带中半干旱中温带和干旱中温带灌溉水可承载植被占比较大；不同植被分区中稀树灌草植被区灌溉水可承载植被占比较大；不同三北分区中风沙区灌溉水可承载植被占比较大；不同三北生态防护体系建设地区中内蒙古高原区灌溉水可承载植被占比较大；不同省份中内蒙古灌溉水可承载植被占比较大；18个重点建设区中科尔沁沙地重点建设区灌溉水可承载植被占比较大。

水资源可承载植被：结合三北工程区降水可承载植被和灌溉水可承载植被及部分区域地下水分布，得到三北工程区水资源可承载乔灌草植被总面积为184.14万 km^2，区域乔灌草植被覆盖率为 41.00%，其他为荒漠、裸地和非植被建设区。其中，森林覆盖率为 11.99%，灌丛覆盖率为 3.17%，草原覆盖率为 25.84%。此外，三北工程区水资源可承载荒漠植被覆盖率为 26.76%。不同气候带中干旱中温带、半干旱中温带、湿润中温带和青藏高寒带水资源可承载植被面积较多；不同植被分区中森林植被区和草原植被区水资源可承载乔灌草植被面积较多；不同三北生态防护体系建设地区中内蒙古高原区水资源可承载植被面积占比较大；不同省份中新疆和内蒙古水资源可承载植被面积占比较大；18 个重点建设区中塔里木盆地周边重点建设区水资源可承载植被面积占比较大。

第5章 | 适水性林草植被优化配置

根据三北工程区现状植被与水资源可承载植被空间分布格局，对比分析不同类型植被分布差异，确定三北工程区植被优化配置类型，提出基于三北工程区适水性植被优化配置方案。

5.1 现状植被与水资源可承载植被对比

5.1.1 水资源植被承载力盈余比

对比三北工程区现状植被与水资源可承载植被分布格局，确定现状植被与水资源可承载植被分布的差异，分析不同气候带、植被分区、三北工程分区、三北工程区生态防护体系建设地区、省份和重点建设区现状植被与水资源可承载植被分布差异。

本研究在三北工程区降水空间格局基础上，根据不同气候带与植被类型的植被生态需水量阈值，生成了基于水资源约束的植被空间分布格局，即水资源可承载植被空间分布格局。水资源可承载植被分为森林植被、灌丛植被、草原植被、荒漠植被、非乔灌草植被5种类型。与此同时，在人类生产活动和自然作用下，形成现有实际植被覆被，也包括森林植被、灌丛植被、草原植被、荒漠植被、非乔灌草植被5种类型。

采用水资源植被承载力盈余比（rwv）将实际植被覆被和水资源可承载植被覆被进行对比，水资源植被承载力盈余比是指某一个区域某类水资源可承载植被覆被面积与实际植被覆被面积之比，反映该区域实际植被是否在水资源承载力范围内。计算公式如下：

$$rwv = A_{wv}/A_{av} \tag{5-1}$$

式中，rwv 为水资源植被承载力盈余比；A_{wv} 为水资源可承载植被覆被面积（hm^2）；A_{av} 为实际植被覆被面积（hm^2）。

rwv 有三种情况：①当 rwv>1 时，该区域水资源可承载植被覆被面积大于实际植被覆被面积，属于水资源植被承载力盈余状态；②当 rwv=1 时，该区域水资源可承载植被覆被面积等于实际植被覆被面积，属于水资源植被承载力平衡状态；③当 rwv<1 时，该区域水资源可承载植被覆被面积小于实际植被覆被面积，属于水资源植被承载力超载状态。

5.1.2 三北工程区现状植被与水资源可承载植被对比

对比现状植被与水资源可承载植被发现，三北工程区现状植被与水资源可承载乔灌草植被总面积分别为 $1.89×10^6$ km^2 和 $1.84×10^6$ km^2。水资源植被承载力盈余比（rwv）

为 0.98，总体上属于水资源植被承载力略微超载状态，超载面积 4.44 万 km² （全部是草原植被）。

森林植被：水资源可承载森林植被面积大于现状森林植被面积，水资源植被承载力盈余比（rwv）为 1.22，属于水资源承载力盈余状态，盈余面积为 9.79 万 km²，水资源可承载森林植被覆盖率比现状植被覆盖率多出 2.18 个百分点。总体上来讲，森林植被面积还有较大的增加余地。

灌丛植被：水资源可承载灌丛植被面积也大于现状灌丛植被面积，水资源植被承载力盈余比（rwv）为 1.11，属于水资源承载力盈余状态，盈余面积为 1.44 万 km²，水资源可承载灌丛植被覆盖率比现状植被覆盖率多出 0.32 个百分点。

草原植被：水资源植被承载力盈余比（rwv）为 0.88，属于水资源承载力超载状态，超载面积为 15.67 万 km²，水资源可承载草原植被覆盖率比现状植被覆盖率少 3.49 个百分点（表 5-1）。

表 5-1 三北工程区水资源可承载植被与现状植被对比

植被类型	面积/万 km²			覆盖率/%		
	现状植被	水资源可承载植被	水资源可承载盈余	现状植被	水资源可承载植被	水资源可承载盈余
草原植被	131.69	116.03	−15.67	29.33	25.84	−3.49
灌丛植被	12.81	14.25	1.44	2.85	3.17	0.32
森林植被	44.06	53.85	9.79	9.81	11.99	2.18
合计	188.57	184.13	−4.44	42.00	41.01	−0.99

水资源可承载植被与现状植被相比有较大差异，主要是森林植被、灌丛植被需要增加，而草原植被需要减少。减少的草原植被主要是位于半干旱中温带、半湿润暖温带的灌丛植被草原，该区域位于降水等值线 400 mm 附近，草原是人为破坏后产生的隐域性植被，其地带性植被为灌丛森林，该区域草原经过长期演替后可形成稳定的灌丛植被群落。

从不同植被类型来看，现状森林植被主要分布在东北的长白山和大小兴安岭、华北的燕山和太行山西麓、黄土高原南部、祁连山东部以及新疆北部的阿尔泰山东部；水资源可承载森林植被主要分布在东北地区、燕山山脉、华北平原、黄土高原南部、祁连山东部。水资源可承载森林植被与现状森林植被的差异主要是新疆北部阿尔泰山森林分布。该区域由于山脉海拔升高，水分随海拔升高而增加，在中高山面向湿润水汽的谷坡，出现成片的西伯利亚落叶松林。由于水资源可承载植被布局主要基于有效降水空间格局，局地区域内降水随海拔变化没能体现出来。

现状灌丛植被主要分布在大兴安岭西坡与南坡、燕山山脉、太行山山脉、黄土高原中部、祁连山南坡；水资源可承载灌丛植被主要分布在蒙古高原东南缘、太行山脉、黄土高原中部、青藏高原东北部。灌丛植被水资源可承载与现状植被差异较大，包括科尔沁沙地，从有效降水量来看，该区域可以以灌丛植被为主，但该区域现状土地覆被包括草原、沙地、森林、灌丛植被等。

现状草原植被主要分布在内蒙古东部和中部、黄土高原北部、青藏高原东北部、天山山脉及塔里木盆地盆缘、准噶尔盆地南缘以及阿尔泰山；水资源可承载草原植被主要分布在内蒙古东部和中部、黄土高原北部、青藏高原东北部、天山山脉、准噶尔盆地周边。现状荒漠中的植被覆盖率较低的裸岩裸地主要分布在内蒙古西部的阿拉善高原、青海西部、新疆南部、东部和北部；水资源可承载荒漠植被分布在内蒙古中部与西部、青海西部以及新疆东部、北部、西南部等地（图 5-1）。

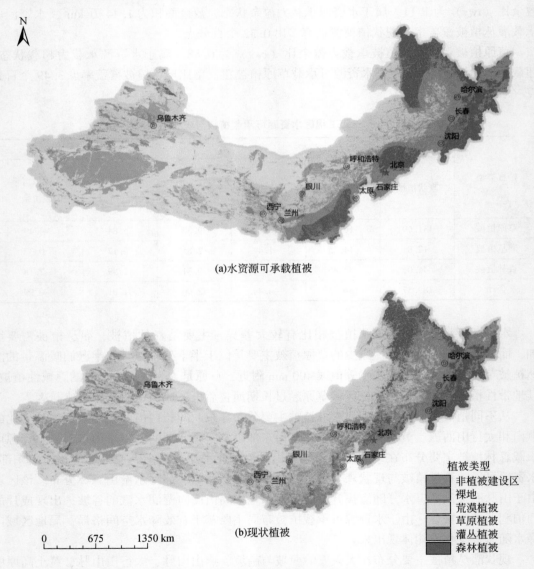

(a)水资源可承载植被

(b)现状植被

0   675   1350 km

植被类型
- 非植被建设区
- 裸地
- 荒漠植被
- 草原植被
- 灌丛植被
- 森林植被

图 5-1　三北工程区水资源可承载植被类型与现状植被类型空间分布格局

5.1.3 三北工程区不同气候带现状植被与水资源可承载植被对比

水资源可承载植被面积与现状植被面积相比,干旱暖温带水资源植被承载力盈余比为0.78,小于1.00,表明该区域植被处于超载状态,乔灌草植被面积需要减少。其中,森林植被、草原植被的水资源植被承载力盈余比(rwv)均小于1.00,灌丛植被为1.62。这表明干旱暖温带森林植被、草原植被面积需要减少,而灌丛植被可增加,灌丛植被可增加0.36个百分点(表5-2)。

表 5-2 三北工程区不同气候带水资源可承载植被与现状植被对比

气候带	植被	面积/万 km²			覆盖率/%		
		现状植被	水资源可承载植被	水资源可承载盈余	现状植被	水资源可承载植被	水资源可承载盈余
干旱暖温带	草原植被	30.30	23.68	-6.62	24.88	19.45	-5.44
	灌丛植被	0.70	1.13	0.43	0.57	0.93	0.36
	森林植被	1.66	0.58	-1.08	1.36	0.47	-0.89
	合计	32.66	25.39	-7.27	26.82	20.85	-5.97
寒温带	草原植被	0.40	—	-0.40	6.43	—	-6.43
	灌丛植被	0.17	—	-0.17	2.66	—	-2.66
	森林植被	4.80	5.37	0.57	76.98	86.08	9.09
	合计	5.37	5.37	0	86.08	86.08	0.00
湿润中温带	草原植被	4.04	2.46	-1.58	6.24	3.80	-2.44
	灌丛植被	0.97	2.01	1.03	1.50	3.10	1.59
	森林植被	22.06	23.89	1.83	34.04	36.87	2.83
	合计	27.08	28.36	1.29	41.78	43.77	1.99
半湿润暖温带	草原植被	9.43	2.51	-6.92	24.26	6.45	-17.81
	灌丛植被	6.23	5.58	-0.65	16.03	14.36	-1.66
	森林植被	4.79	12.40	7.61	12.33	31.90	19.57
	合计	20.45	20.48	0.04	52.62	52.71	0.09
干旱中温带	草原植被	33.78	39.10	5.32	38.47	44.53	6.06
	灌丛植被	0.58	0.10	-0.47	0.66	0.12	-0.54
	森林植被	0.73	0.85	0.13	0.83	0.97	0.14
	合计	35.08	40.05	4.97	39.96	45.62	5.66
青藏高寒带	草原植被	23.80	23.80	0	34.93	34.93	0.00
	灌丛植被	1.60	1.60	0	2.35	2.35	0.00
	森林植被	0.86	0.86	0	1.26	1.26	0.00
	合计	26.26	26.26	0	38.54	38.54	0.00

续表

气候带	植被	面积/万 km²			覆盖率/%		
		现状植被	水资源可承载植被	水资源可承载盈余	现状植被	水资源可承载植被	水资源可承载盈余
半干旱中温带	草原植被	29.94	24.50	-5.44	48.80	39.93	-8.87
	灌丛植被	2.56	3.83	1.26	4.18	6.23	2.06
	森林植被	9.16	9.89	0.74	14.93	16.13	1.20
	合计	41.66	38.22	-3.44	67.90	62.29	-5.61

寒温带水资源植被承载力盈余比为1.00，表明该区域植被处于平衡状态，乔灌草植被面积保持不变。其中，森林植被的水资源植被承载力盈余比（rwv）为1.12，灌丛植被、草原植被均为0。这说明寒温带森林植被属于水资源承载力盈余状态，盈余面积为0.57万km²，植被覆盖率可增加9.09个百分点；灌丛植被和草原植被需要全部转变为森林植被（表5-2）。

湿润中温带水资源植被承载力盈余比为1.05，略高于1.00，表明该区域植被处于盈余状态，乔灌草植被面积可增加。其中，森林植被和灌丛植被的水资源植被承载力盈余比（rwv）分别为1.08、2.06，草原植被小于1.00。这说明湿润中温带森林植被和灌丛植被属于水资源承载力盈余状态，盈余面积分别为1.83万km²、1.03万km²，植被覆盖率分别增加2.83个百分点、1.59个百分点；草原植被需要减少（表5-2）。

半湿润暖温带水资源植被承载力盈余比为1.00，表明该区域植被处于平衡状态，乔灌草植被面积保持不变。其中，森林植被的水资源植被承载力盈余比（rwv）为2.59，灌丛植被、草原植被均小于1.00。这说明半湿润暖温带森林植被属于水资源承载力盈余状态，盈余面积为7.61万km²，植被覆盖率增加19.57个百分点；灌丛植被和草原植被需要减少（表5-2）。

干旱中温带水资源植被承载力盈余比为1.14，大于1.00，表明该区域植被处于盈余状态，乔灌草植被面积可增加。其中，森林植被和草原植被的水资源植被承载力盈余比（rwv）分别为1.17和1.16，灌丛植被小于1.00。这说明干旱中温带森林植被和草原植被属于水资源承载力盈余状态，盈余面积分别为0.13万km²和5.32万km²，植被覆盖率分别增加0.14个百分点和6.06个百分点；灌丛植被需要减少（表5-2）。

青藏高寒带水资源植被承载力盈余比为1.00，表明该区域植被处于平衡状态，乔灌草植被面积保持不变。各类植被水资源植被承载力盈余比（rwv）为1.00，各类型植被面积均无需改变（表5-2）。

半干旱中温带水资源植被承载力盈余比为0.92，小于1.00，表明该区域植被处于超载状态，乔灌草植被面积需要减少。森林植被、灌丛植被的水资源植被承载力盈余比（rwv）分别为1.08和1.49，草原植被小于1.00。这说明半干旱中温带森林植被、灌丛植被属于水资源承载力盈余状态，盈余面积分别为0.74万km²和1.26万km²，植被覆盖率分别增加1.20个百分点和2.06个百分点；草原植被需要减少（表5-2）。

从不同植被类型来看，现状森林植被和水资源可承载森林植被均主要分布在湿润中温带，该区有效降水量丰富，适宜森林的布局。现状灌丛植被和水资源可承载灌丛植被主要分布在半湿润暖温带。干旱中温带和干旱暖温带现状植被和水资源可承载植被以草原植被为主，该区有效降水量较少，气候干旱，除城镇和河流周边有较少的森林和灌丛外，其他地区森林和灌丛较少。

5.1.4 植被分区现状植被与水资源可承载植被对比

森林植被区水资源植被承载力盈余比为 0.99，小于 1.00，表明该区域植被基本处于平衡状态，乔灌草植被面积基本保持不变。其中，森林植被的和灌丛植被的水资源植被承载力盈余比（rwv）分别为 1.31 和 1.07，草原植被小于 1.00。这说明森林植被区森林和灌丛植被属于水资源承载力盈余状态，盈余面积分别为 11.45 万 km² 和 0.56 万 km²，植被覆盖率分别增加 9.48 个百分点和 0.46 个百分点；草原植被需要减少（表 5-3）。

表 5-3 植被分区水资源可承载植被与现状植被对比

气候带	植被	面积/万 km²			覆盖率/%		
		现状植被	水资源可承载植被	水资源可承载盈余	现状植被	水资源可承载植被	水资源可承载盈余
草原植被区	草原植被	35.90	41.30	5.40	55.20	63.50	8.30
	灌丛植被	0.52	0.41	−0.11	0.80	0.63	−0.17
	森林植被	0.97	0.99	0.02	1.49	1.52	0.03
	合计	37.40	42.70	5.31	57.49	65.65	8.16
稀树灌草植被区	草原植被	30.39	32.72	2.33	51.25	55.17	3.92
	灌丛植被	1.78	3.38	1.60	3.01	5.70	2.69
	森林植被	3.95	2.73	−1.22	6.66	4.60	−2.06
	合计	36.12	38.82	2.70	60.92	65.47	4.55
荒漠植被区	草原植被	22.15	14.89	−7.26	16.80	11.30	−5.50
	灌丛植被	0.69	0.05	−0.64	0.52	0.03	−0.49
	森林植被	0.89	0.45	−0.44	0.67	0.34	−0.33
	合计	23.73	15.39	−8.34	18.00	11.67	−6.33
森林植被区	草原植被	16.86	4.49	−12.37	13.97	3.72	−10.24
	灌丛植被	8.34	8.90	0.56	6.91	7.37	0.46
	森林植被	37.49	48.94	11.45	31.05	40.53	9.48
	合计	62.69	62.33	−0.36	51.93	51.63	−0.30

续表

气候带	植被	面积/万 km²			覆盖率/%		
		现状植被	水资源可承载植被	水资源可承载盈余	现状植被	水资源可承载植被	水资源可承载盈余
高原植被区	草原植被	26.38	22.62	-3.76	36.61	31.39	-5.22
	灌丛植被	1.47	1.52	0.05	2.05	2.11	0.06
	森林植被	0.76	0.73	-0.03	1.05	1.02	-0.03
	合计	28.61	24.87	-3.74	39.71	34.52	-5.19

稀树灌草植被区水资源植被承载力盈余比为 1.07，大于 1.00，表明该区域植被处于盈余状态，乔灌草植被面积可增加。其中，草原植被和灌丛植被的水资源植被承载力盈余比（rwv）分别为 1.08 和 1.90，森林植被小于 1.00。这说明稀树灌草植被区草原和灌丛植被属于水资源承载力盈余状态，盈余面积分别为 2.33 万 km² 和 1.60 万 km²，植被覆盖率分别增加 3.92 个百分点和 2.69 个百分点；森林植被需要减少（表5-3）。

草原植被区水资源植被承载力盈余比为 1.14，大于 1.00，表明该区域植被处于盈余状态，乔灌草植被面积可增加。其中，森林植被和草原植被的水资源植被承载力盈余比（rwv）分别为 1.02 和 1.15，灌丛植被小于 1.00。这说明草原植被区森林植被和草原植被属于水资源承载力盈余状态，盈余面积分别为 0.02 万 km² 和 5.40 万 km²，植被覆盖率分别增加 0.03 个百分点和 8.30 个百分点；灌丛植被需要减少（表5-3）。

荒漠植被区水资源植被承载力盈余比为 0.65，小于 1.00，表明该区域植被处于超载状态，乔灌草植被面积需要减少。其中森林植被、灌丛植被和草原植被的水资源植被承载力盈余比（rwv）均小于 1.00。这说明该区域森林植被、灌丛植被和草原植被均需要减少（表5-3）。

高原植被区水资源植被承载力盈余比为 0.87，小于 1.00，表明该区域植被处于超载状态，乔灌草植被面积需要减少。其中，灌丛植被的水资源植被承载力盈余比（rwv）为 1.03，草原植被和森林植被都小于 1.00。这说明高原植被区灌丛植被属于水资源承载力盈余状态，盈余面积为 0.05 万 km²，植被覆盖率增加 0.06 个百分点；草原植被和森林植被需要减少（表5-3）。

从不同植被类型来看，现状森林植被和水资源可承载森林植被主要分布在森林植被区，该区有效降水量丰富，适宜森林的布局。现状灌丛植被和水资源可承载灌丛植被主要分布在森林植被区。现状草原植被和水资源可承载草原植被主要分布在草原植被区。

5.1.5 三北工程分区现状植被与水资源可承载植被对比

东北华北平原农区水资源植被承载力盈余比为 1.01，接近 1.00，表明该区域植被基本处于平衡状态，乔灌草植被面积基本保持不变。其中，森林植被的水资源植被承载力盈余比（rwv）为 1.12，灌丛植被和草原植被均小于 1.00。这说明东北华北平原农区森林植被属于水资源承载力盈余状态，盈余面积为 3.54 万 km²，植被覆盖率增加 5.51 个百分点；灌丛植被和草原植被均需要减少（表 5-4）。

表 5-4 三北工程分区水资源可承载植被类型与现状植被类型对比

气候带	植被	面积/万 km²			覆盖率/%		
		现状植被	水资源可承载植被	水资源可承载盈余	现状植被	水资源可承载植被	水资源可承载盈余
东北华北平原农区	草原植被	2.80	0.55	-2.25	4.35	0.85	-3.50
	灌丛植被	2.16	1.05	-1.10	3.35	1.64	-1.71
	森林植被	28.38	31.92	3.54	44.13	49.63	5.51
	合计	33.33	33.52	0.19	51.84	52.13	0.29
风沙区	草原植被	48.87	47.68	-1.19	46.94	45.79	-1.14
	灌丛植被	4.26	5.84	1.57	4.09	5.61	1.51
	森林植被	9.40	12.08	2.67	9.03	11.60	2.57
	合计	62.53	65.59	3.06	60.06	63.00	2.94
黄土高原丘陵沟壑区	草原植被	11.71	5.36	-6.35	38.25	17.51	-20.74
	灌丛植被	4.26	5.13	0.87	13.93	16.76	2.84
	森林植被	2.61	8.12	5.51	8.53	26.54	18.01
	合计	18.58	18.62	0.03	60.70	60.81	0.11
西北荒漠区	草原植被	68.31	62.44	-5.87	27.33	24.98	-2.35
	灌丛植被	2.13	2.23	0.10	0.85	0.89	0.04
	森林植被	3.66	1.72	-1.94	1.47	0.69	-0.78
	合计	74.10	66.39	-7.71	29.65	26.56	-3.09

风沙区水资源植被承载力盈余比为 1.05，大于 1.00，表明该区域植被处于盈余状态，乔灌草植被面积可增加。其中，森林植被和灌丛的植被水资源植被承载力盈余比（rwv）分别为 1.28 和 1.37，草原植被小于 1.00。这说明风沙区森林植被和灌丛植被属于水资源承载力盈余状态，盈余面积分别为 2.67 万 km² 和 1.57 万 km²，植被覆盖率分别增加 2.57 个百分点和 1.51 个百分点；草原植被需要减少（表 5-4）。

黄土高原丘陵沟壑区水资源植被承载力盈余比为 1.00，表明该区域植被处于平衡状态，乔灌草植被面积保持不变。其中，森林植被和灌丛植被的水资源植被承载力盈余比（rwv）分别为 3.11 和 1.20，草原植被为 0.46。这说明黄土高原丘陵沟壑区森林植被和灌丛植被属于水资源承载力盈余状态，盈余面积分别为 5.51 万 km² 和 0.87 万 km²，植被覆盖率分别增加 18.01 个百分点和 2.84 个百分点；草原植被需要减少（表 5-4）。

西北荒漠区水资源植被承载力盈余比为 0.90，小于 1.00，表明该区域植被处于超载状态，乔灌草植被面积需要减少。其中，灌丛植被的水资源植被承载力盈余比（rwv）为

1.05，森林植被和草原植被均小于1.00。这说明西北荒漠区灌丛植被属于水资源承载力盈余状态，盈余面积为0.10万km²，植被覆盖率增加0.04个百分点；森林植被、草原植被需要减少（表5-4）。

从不同植被类型来看，现状森林植被和水资源可承载森林植被均主要分布在东北华北平原农区，该区有效降水量丰富，适宜森林的布局。现状灌丛植被和水资源可承载灌丛植被主要分布在风沙区。现状草原植被和水资源可承载草原植被主要分布在西北荒漠区，该区有效降水量较少，植被空间布局以草原为主，只有较少的森林和灌丛分布。现状荒漠和水资源可承载荒漠主要分布在西北荒漠区，该区有效降水量少，气候干旱，适宜耗水量较少的荒漠植被生长，除城镇和河流周边有较少的森林和灌丛外，其他地区森林和灌丛较少。

5.1.6 三北工程生态防护体系建设地区现状植被与水资源可承载植被对比

东部丘陵平原区水资源植被承载力盈余比为1.05，大于1.00，表明该区域植被处于盈余状态，乔灌草植被面积可增加。其中，森林植被和灌丛植被的水资源植被承载力盈余比（rwv）分别为1.16和1.00，草原植被小于1.00。这说明东部丘陵平原区森林植被属于水资源承载力盈余状态，盈余面积为3.46万km²，植被覆盖率增加4.59个百分点；东部丘陵平原区灌丛植被属于水资源承载力平衡状态；草原植被需要减少（表5-5）。

表5-5 三北工程生态防护体系建设地区水资源可承载植被类型与现状植被类型对比

气候带	植被	面积/万 km²			覆盖率/%		
		现状植被	水资源可承载植被	水资源可承载盈余	现状植被	水资源可承载植被	水资源可承载盈余
东部丘陵平原区	草原植被	5.49	3.47	-2.02	7.27	4.59	-2.67
	灌丛植被	3.36	3.37	0.01	4.45	4.46	0.01
	森林植被	21.94	25.40	3.46	29.05	33.64	4.59
	合计	30.79	32.24	1.45	40.77	42.69	1.92
内蒙古高原区	草原植被	45.00	44.43	-0.57	49.67	49.03	-0.63
	灌丛植被	2.81	3.05	0.24	3.10	3.36	0.27
	森林植被	15.40	18.01	2.61	17.00	19.88	2.88
	合计	63.21	65.48	2.27	69.76	72.27	2.51
黄土高原区	草原植被	15.21	8.50	-6.71	39.34	21.98	-17.36
	灌丛植被	4.39	5.56	1.17	11.35	14.38	3.03
	森林植被	3.03	8.69	5.67	7.83	22.48	14.66
	合计	22.62	22.75	0.13	58.51	58.84	0.33

续表

气候带	植被	面积/万 km²			覆盖率/%		
		现状植被	水资源可承载植被	水资源可承载盈余	现状植被	水资源可承载植被	水资源可承载盈余
西北高山盆地区	草原植被	65.49	59.16	−6.33	26.95	24.35	−2.60
	灌丛植被	2.20	2.22	0.02	0.91	0.92	0.01
	森林植被	3.63	1.67	−1.96	1.49	0.69	−0.80
	合计	71.32	63.05	−8.27	29.35	25.96	−3.39

内蒙古高原区水资源植被承载力盈余比为 1.04，大于 1.00，表明该区域植被处于盈余状态，乔灌草植被面积可增加。其中，森林植被和灌丛植被的水资源植被承载力盈余比（rwv）分别为 1.17 和 1.09，草原植被小于 1.00。这说明内蒙古高原区森林植被和灌丛植被属于水资源承载力盈余状态，盈余面积分别为 2.61 万 km² 和 0.24 万 km²，植被覆盖率分别增加 2.88 个百分点和 0.27 个百分点；草原植被需要减少（表 5-5）。

黄土高原区水资源植被承载力盈余比为 1.01，接近 1.00，表明该区域植被基本处于平衡状态，乔灌草植被面积基本保持不变。其中，森林植被和灌丛植被的水资源植被承载力盈余比（rwv）分别为 2.87 和 1.27，草原植被小于 1.00。这说明黄土高原区森林植被和灌丛植被属于水资源承载力盈余状态，盈余面积分别为 5.67 万 km²、1.17 万 km²，植被覆盖率分别增加 14.66 个百分点和 3.03 个百分点；草原植被需要减少（表 5-5）。

西北高山盆地区水资源植被承载力盈余比为 0.88，小于 1.00，表明该区域植被处于超载状态，乔灌草植被面积需要减少。其中，灌丛植被水资源植被承载力盈余比（rwv）为 1.01，森林植被和草原植被均小于 1.00。这说明西北高山盆地区灌丛植被属于水资源承载力盈余状态，盈余面积为 0.02 万 km²，植被覆盖率增加 0.01 个百分点；森林植被和草原植被需要减少（表 5-5）。

从不同植被类型来看，现状森林植被和水资源可承载森林植被均主要分布在东部丘陵平原区和黄土高原区，该区有效降水量丰富，适宜森林的布局。现状灌丛植被和水资源可承载灌丛植被主要分布在黄土古高原区。现状草原植被和水资源可承载草原植被主要分布在西北高山盆地区，该区有效降水量较少，植被空间布局以草原为主，只有较少的森林和灌丛分布。现状荒漠和水资源可承载荒漠主要分布在西北荒漠区，该区有效降水量少，气候干旱，适宜耗水量较少的荒漠生长，除城镇和河流周边有较少的森林和灌丛外，其他地区森林和灌丛较少。

5.1.7 不同省份现状植被与水资源可承载植被对比

对不同省份而言，新疆、内蒙古、青海、甘肃、黑龙江等省份植被面积相对较多，其中青海位于青藏高原气候带，各类植被面积均没有变化。

新疆水资源植被承载力盈余比为 0.82，小于 1.00，表明该区域植被处于超载状态，乔灌草植被面积需要减少。其中，灌丛植被水资源植被承载力盈余比（rwv）为1.03，森林植被和草原植被小于1.00。这说明新疆灌丛植被属于水资源承载力盈余状态，盈余面积为0.02万km²，植被覆盖率增加0.02个百分点；森林植被、草原植被需要减少（表5-6）。

表5-6 不同省份水资源可承载植被与现状植被对比

气候带	植被	面积/万 km²			覆盖率/%		
		现状植被	水资源可承载植被	水资源可承载盈余	现状植被	水资源可承载植被	水资源可承载盈余
北京	草原植被	0.03	—	-0.03	1.95	—	-1.95
	灌丛植被	0.28	0.11	-0.17	17.08	6.78	-10.30
	森林植被	0.56	0.76	0.20	33.92	46.18	12.26
	合计	0.87	0.87	0	52.96	52.96	0.01
甘肃	草原植被	10.53	7.42	-3.11	31.92	22.49	-9.43
	灌丛植被	0.98	2.99	2.01	2.97	9.06	6.09
	森林植被	1.02	2.08	1.06	3.10	6.31	3.21
	合计	12.53	12.49	37.99	37.86	-0.13	
河北	草原植被	1.33	0.43	-0.90	10.81	3.48	-7.33
	灌丛植被	2.50	1.34	-1.16	20.31	10.90	-9.41
	森林植被	1.84	3.91	2.07	14.97	31.80	16.83
	合计	5.66	5.67	0.01	46.08	46.18	0.09
黑龙江	草原植被	2.10	0.97	-1.13	6.45	2.99	-3.46
	灌丛植被	0.51	0.38	-0.14	1.57	1.15	-0.42
	森林植被	9.60	11.28	1.68	29.53	34.68	5.15
	合计	12.21	12.62	0.41	37.56	38.83	1.27
吉林	草原植被	0.63	1.28	0.65	3.79	7.68	3.90
	灌丛植被	0.18	0.18	0.01	1.07	1.10	0.03
	森林植被	6.28	6.44	0.16	37.71	38.64	0.93
	合计	7.09	7.90	0.81	42.57	47.43	4.86
辽宁	草原植被	0.40	0	-0.40	4.12	0	-4.11
	灌丛植被	0.39	0.78	0.39	4.02	8.05	4.03
	森林植被	3.61	3.62	0.02	37.46	37.65	0.19
	合计	4.39	4.40	0.01	45.60	45.71	0.11
内蒙古	草原植被	47.03	46.98	-0.04	41.08	41.05	-0.04
	灌丛植被	2.38	3.63	1.26	2.08	3.18	1.10
	森林植被	15.53	17.58	2.05	13.57	15.36	1.79
	合计	64.94	68.20	3.26	56.73	59.58	2.85

续表

气候带	植被	面积/万 km²			覆盖率/%		
		现状植被	水资源可承载植被	水资源可承载盈余	现状植被	水资源可承载植被	水资源可承载盈余
宁夏	草原植被	2.38	2.12	-0.25	45.82	40.96	-4.85
	灌丛植被	0.13	0.50	0.38	2.46	9.72	7.26
	森林植被	0.15	0.15	-0.01	2.97	2.86	-0.12
	合计	2.66	2.78	0.12	51.25	53.54	2.29
青海	草原植被	14.89	14.89	0	38.96	38.96	0
	灌丛植被	1.14	1.14	0	2.99	2.99	0
	森林植被	0.51	0.51	0	1.35	1.35	0
	合计	16.55	16.55	0	43.30	43.30	0
山西	草原植被	2.20	1.00	-1.19	26.63	12.18	-14.46
	灌丛植被	1.44	1.12	-0.32	17.50	13.63	-3.87
	森林植被	1.05	2.57	1.52	12.71	31.14	18.43
	合计	4.69	4.70	0.01	56.85	56.95	0.10
陕西	草原植被	3.75	1.53	-2.22	30.49	12.44	-18.04
	灌丛植被	1.94	1.11	-0.82	15.73	9.04	-6.69
	森林植被	0.96	4.02	3.07	7.77	32.70	24.93
	合计	6.64	6.67	0.02	53.99	54.18	0.20
天津	草原植被	0	—	0	0.07	—	-0.07
	灌丛植被	0.01	—	-0.01	2.04	—	-2.04
	森林植被	0.03	0.05	0.01	5.98	8.09	2.11
	合计	0.05	0.05	0	8.09	8.09	0
新疆	草原植被	46.43	39.38	-7.04	28.27	23.98	-4.29
	灌丛植被	0.94	0.96	0.02	0.57	0.59	0.02
	森林植被	2.91	0.87	-2.04	1.77	0.53	-1.24
	合计	50.27	41.22	-9.05	30.61	25.10	-5.51

内蒙古水资源植被承载力盈余比为 1.05，大于 1.00，表明该区域植被处于盈余状态，乔灌草植被面积可增加。其中，森林植被、灌丛植被和草原植被的水资源植被承载力盈余比（rwv）分别为 1.13、1.53 和 1.00。这说明内蒙古森林植被和灌丛植被属于水资源承载力盈余状态，盈余面积分别为 2.05 万 km² 和 1.26 万 km²，植被覆盖率分别增加 1.79 个百分点和 1.10 个百分点；草原植被属于水资源承载力平衡状态（表 5-6）。

甘肃水资源植被承载力盈余比为 1.00，表明该区域植被处于平衡状态，乔灌草植被面积保持不变。其中，森林植被和灌丛植被的水资源植被承载力盈余比（rwv）分别为 2.04

和 3.05，草原植被小于 1.00。这说明甘肃森林植被和灌丛植被属于水资源承载力盈余状态，盈余面积分别为 1.06 万 km² 和 2.01 万 km²，植被覆盖率分别增加 3.21 个百分点和 6.09 个百分点；草原植被需要减少（表 5-6）。

黑龙江水资源植被承载力盈余比为 1.03，小于 1.00，表明该区域植被处于盈余状态，乔灌草植被面积需要减少。其中，森林植被的水资源植被承载力盈余比（rwv）为 1.17，灌丛植被和草原植被均小于 1.00。这说明黑龙江森林植被属于水资源承载力盈余状态，盈余面积为 1.68 万 km²，植被覆盖率增加 5.15 个百分点；灌丛植被和草原植被均需要减少（表 5-6）。

5.1.8　三北工程重点建设区现状植被与水资源可承载植被对比

河套平原重点建设区水资源植被承载力盈余比为 1.03，大于 1.00，表明该区域植被处于盈余状态，乔灌草植被面积可增加。其中，草原植被的水资源植被承载力盈余比（rwv）分别为 1.06，灌丛植被和森林植被均小于 1.00。这说明河套平原重点建设区草原植被属于水资源承载力盈余状态，盈余面积分别为 0.26 万 km²，植被覆盖率增加 2.49 个百分点；灌丛植被和森林植被均需要减少（表 5-7）。

表 5-7　三北工程重点建设区水资源可承载植被与现状植被对比

气候带	植被	面积/万 km²			覆盖率/%		
		现状植被	水资源可承载植被	水资源可承载盈余	现状植被	水资源可承载植被	水资源可承载盈余
河套平原重点建设区	草原植被	4.66	4.92	0.26	45.20	47.69	2.49
	灌丛植被	0.16	0.10	-0.06	1.56	0.95	-0.61
	森林植被	0.21	0.15	-0.07	2.04	1.41	-0.63
	合计	5.03	5.16	0.13	48.80	50.05	1.25
松嫩平原重点建设区	草原植被	0.50	0.22	-0.28	9.89	4.31	-5.57
	灌丛植被	0.04	0.28	0.23	0.88	5.46	4.59
	森林植被	0.21	0.41	0.19	4.23	8.04	3.81
	合计	0.76	0.90	0.14	14.99	17.81	2.82
晋西北重点建设区	草原植被	0.49	0.41	-0.08	28.71	24.15	-4.56
	灌丛植被	0.34	0.45	0.10	20.06	26.16	6.10
	森林植被	0.21	0.18	-0.03	12.12	10.61	-1.51
	合计	1.04	1.04	0	60.89	60.92	0.02
呼伦贝尔沙地重点建设区	草原植被	5.79	5.08	-0.71	69.44	60.91	-8.53
	灌丛植被	0.11	0.41	0.30	1.32	4.97	3.65
	森林植被	0.75	1.34	0.60	8.95	16.09	7.14
	合计	6.64	6.83	0.19	79.71	81.97	2.26

续表

气候带	植被	面积/万 km²			覆盖率/%		
		现状植被	水资源可承载植被	水资源可承载盈余	现状植被	水资源可承载植被	水资源可承载盈余
浑善达克沙地重点建设区	草原植被	16.87	17.00	0.13	83.93	84.57	0.65
	灌丛植被	0.07	0.32	0.25	0.37	1.61	1.24
	森林植被	0.26	0.40	0.14	1.27	1.97	0.70
	合计	17.20	17.72	0.52	85.57	88.16	2.58
海河流域重点建设区	草原植被	0.02	—	-0.02	0.95	—	-0.95
	灌丛植被	0.68	0.43	-0.26	32.31	20.09	-12.23
	森林植被	0.27	0.55	0.28	12.64	25.85	13.22
	合计	0.97	0.97	0	45.90	45.94	0.03
晋陕峡谷重点建设区	草原植被	1.63	0.14	-1.49	37.80	3.30	-34.50
	灌丛植被	0.71	0.60	-0.10	16.40	14.00	-2.40
	森林植被	0.33	1.93	1.59	7.76	44.68	36.92
	合计	2.67	2.67	0	61.96	61.99	0.02
阿拉善地区重点建设区	草原植被	1.64	3.40	1.76	6.80	14.13	7.33
	灌丛植被	0.12	—	-0.12	0.51	—	-0.51
	森林植被	0.02	0.04	0.02	0.08	0.18	0.10
	合计	1.78	3.44	1.67	7.38	14.31	6.93
湟水河流域重点建设区	草原植被	0.83	0.83	0	52.88	52.88	0
	灌丛植被	0.19	0.19	0	12.00	12.00	0
	森林植被	0.11	0.11	0	7.23	7.23	0
	合计	1.13	1.13	0	72.11	72.11	0
准噶尔盆地南缘重点建设区	草原植被	4.72	7.04	2.32	36.27	54.10	17.83
	灌丛植被	0.10	0.03	-0.07	0.79	0.25	-0.53
	森林植被	0.47	0.05	-0.42	3.59	0.39	-3.20
	合计	5.29	7.13	1.84	40.64	54.74	14.10
塔里木盆地周边重点建设区	草原植被	26.90	19.22	-7.69	25.86	18.47	-7.39
	灌丛植被	0.56	0.02	-0.54	0.54	0.02	-0.52
	森林植被	0.90	0.05	-0.85	0.87	0.05	-0.82
	合计	28.36	19.29	-9.08	27.26	18.54	-8.72
河西走廊重点建设区	草原植被	2.66	2.85	0.19	22.47	24.04	1.57
	灌丛植被	0.11	0.13	0.02	0.91	1.06	0.15
	森林植被	0.12	0.18	0.06	0.97	1.49	0.52
	合计	2.88	3.16	0.28	24.35	26.59	2.24

续表

气候带	植被	面积/万 km²			覆盖率/%		
		现状植被	水资源可承载植被	水资源可承载盈余	现状植被	水资源可承载植被	水资源可承载盈余
柴达木盆地重点建设区	草原植被	7.37	7.37	0	38.86	38.86	0
	灌丛植被	0.17	0.17	0	0.90	0.90	0
	森林植被	0.12	0.12	0	0.64	0.64	0
	合计	7.67	7.67	0	40.40	40.40	0
天山北坡谷地重点建设区	草原植被	3.19	3.81	0.61	56.56	67.45	10.89
	灌丛植被	0.04	0.45	0.41	0.69	7.90	7.21
	森林植被	0.60	0.05	−0.55	10.58	0.92	−9.66
	合计	3.83	4.30	0.48	67.82	76.27	8.44
泾河渭河流域重点建设区	草原植被	2.44	0.47	−1.97	38.01	7.40	−30.61
	灌丛植被	0.71	1.39	0.67	11.13	21.61	10.49
	森林植被	0.58	1.88	1.30	9.03	29.24	20.20
	合计	3.74	3.74	0	58.17	58.25	0.08
科尔沁沙地重点建设区	草原植被	4.66	4.21	−0.45	19.62	17.74	−1.88
	灌丛植被	0.70	2.56	1.86	2.95	10.80	7.85
	森林植被	2.34	2.31	−0.04	9.87	9.72	−0.15
	合计	7.70	9.09	1.38	32.44	38.25	5.81
毛乌素沙地重点建设区	草原植被	8.09	7.59	−0.50	54.22	50.88	−3.35
	灌丛植被	0.25	0.50	0.25	1.70	3.35	1.65
	森林植被	0.32	0.73	0.41	2.14	4.92	2.78
	合计	8.66	8.82	0.16	58.07	59.15	1.08
松辽平原重点建设区	草原植被	0.12	—	−0.12	7.43	—	−7.43
	灌丛植被	0.21	0.03	−0.18	12.69	2.03	−10.66
	森林植被	0.53	0.83	0.30	31.95	50.10	18.15
	合计	0.86	0.86	0	52.07	52.13	0.06

　　松嫩平原重点建设区水资源植被承载力盈余比为 1.19，大于 1.00，表明该区域植被处于盈余状态，乔灌草植被面积可增加。其中，灌丛植被和森林植被的水资源植被承载力盈余比（rwv）分别为 6.24、1.90，草原植被小于 1.00。这说明松嫩平原重点建设区灌丛植被和森林植被均属于水资源承载力盈余状态，盈余面积为 0.23 万 km² 和 0.19 万 km²，植被覆盖率分别增加 4.59 个百分点和 3.81 个百分点；草原植被需要减少（表 5-7）。

　　晋西北重点建设区水资源植被承载力盈余比为 1.00，表明该区域植被处于平衡状态，乔灌草植被面积保持不变。其中，灌丛植被的水资源植被承载力盈余比（rwv）为 1.30，草原植被和森林植被均小于 1.00。这说明晋西北重点建设区灌丛植被属于水资源承载力盈余状态，盈余面积为 0.10 万 km²，植被覆盖率增加 6.10 个百分点；草原植被和森林植被均需要减少（表 5-7）。

呼伦贝尔沙地重点建设区水资源植被承载力盈余比为 1.03，大于 1.00，表明该区域植被处于盈余状态，乔灌草植被面积可增加。其中，森林植被和灌丛植被的水资源植被承载力盈余比（rwv）分别为 1.80 和 3.76，草原植被小于 1.00。这说明呼伦贝尔沙地重点建设区森林植被和灌丛植被属于水资源承载力盈余状态，盈余面积分别为 0.60 万 km² 和 0.30 万 km²，植被覆盖率分别增加 7.14 个百分点和 3.65 个百分点；草原植被需要减少（表 5-7）。

浑善达克沙地重点建设区水资源植被承载力盈余比为 1.03，大于 1.00，表明该区域植被处于盈余状态，乔灌草植被面积可增加。其中，草原植被、森林植被和灌丛植被的水资源植被承载力盈余比（rwv）分别为 1.01、1.55 和 4.32。这说明浑善达克沙地重点建设区草原植被、森林植被和灌丛植被属于水资源承载力盈余状态，盈余面积分别为 0.13 万 km²、0.14 万 km² 和 0.25 万 km²，植被覆盖率分别增加 0.65 个百分点、0.70 个百分点和 1.24 个百分点（表 5-7）。

海河流域重点建设区水资源植被承载力盈余比为 1.00，表明该区域植被处于平衡状态，乔灌草植被面积保持不变。其中，森林植被的水资源植被承载力盈余比（rwv）为 2.05，灌丛植被、草原植被均小于 1.00。这说明海河流域重点建设区森林植被属于水资源承载力盈余状态，盈余面积为 0.28 万 km²，植被覆盖率增加 13.22 个百分点；灌丛植被和草原植被均需要减少（表 5-7）。

晋陕峡谷重点建设区水资源植被承载力盈余比为 1.00，表明该区域植被处于平衡状态，乔灌草植被面积保持不变。其中，森林植被的水资源植被承载力盈余比（rwv）为 5.76，灌丛植被、草原植被均小于 1.00。这说明晋陕峡谷重点建设区森林植被属于水资源承载力盈余状态，盈余面积为 1.59 万 km²，植被覆盖率增加 36.92 个百分点；灌丛植被和草原植被均需要减少（表 5-7）。

阿拉善地区重点建设区水资源植被承载力盈余比为 1.94，大于 1.00，表明该区域植被处于盈余状态，乔灌草植被面积可增加。其中，森林植被和草原植被的水资源植被承载力盈余比（rwv）分别为 2.34 和 2.08，灌丛植被小于 1.00。这说明阿拉善地区重点建设区森林植被和草原植被属于水资源承载力盈余状态，盈余面积分别为 0.02 万 km² 和 1.76 万 km²，植被覆盖率分别增加 0.10 个百分点和 7.33 个百分点；灌丛植被需要减少（表 5-7）。

湟水河流域重点建设区位于青藏高寒带，水资源植被承载力盈余比为 1.00，表明该区域植被处于平衡状态，乔灌草植被面积保持不变（表 5-7）。

准噶尔盆地南缘重点建设区水资源植被承载力盈余比为 1.35，大于 1.00，表明该区域植被处于盈余状态，乔灌草植被面积可增加。其中，草原植被的水资源植被承载力盈余比（rwv）为 1.49，森林植被、灌丛植被均小于 1.00。这说明准噶尔盆地南缘重点建设区草原植被属于水资源承载力盈余状态，盈余面积为 2.32 万 km²，植被覆盖率增加 17.83 个百分点；森林植被和灌丛植被均需要减少（表 5-7）。

塔里木盆地周边重点建设区水资源植被承载力盈余比为 0.82，小于 1.00，表明该区域植被处于超载状态，乔灌草植被面积需要减少。其中，森林植被、灌丛植被和草原植被的水资源植被承载力盈余比（rwv）均小于 1.00。这说明塔里木盆地周边重点建设区森林植被、灌丛植被和草原植被均需要减少（表 5-7）。

河西走廊重点建设区水资源植被承载力盈余比为 1.10，大于 1.00，表明该区域植被处于盈余状态，乔灌草植被面积可增加。其中，森林植被、灌丛植被和草原植被的水资源植被承载力盈余比（rwv）分别为 1.56、1.21 和 1.07。这说明河西走廊重点建设区森林植被、灌丛植被和草原植被均属于水资源承载力盈余状态，盈余面积分别为 0.06 万 km²、0.02 万 km² 和 0.19 万 km²，植被覆盖率分别增加 0.52 个百分点、0.15 个百分点和 1.57 个百分点（表 5-7）。

柴达木盆地重点建设区位于青藏高寒带，各类植被面积不发生改变（表 5-7）。

天山北坡谷地重点建设区水资源植被承载力盈余比为 1.12，大于 1.00，表明该区域植被处于盈余状态，乔灌草植被面积可增加。其中，灌丛植被和草原植被的水资源植被承载力盈余比（rwv）分别为 11.52 和 1.19，森林植被小于 1.00。这说明天山北坡谷地重点建设区灌丛植被和草原植被属于水资源承载力盈余状态，盈余面积分别为 0.41 万 km² 和 0.61 万 km²，植被覆盖率分别增加 7.21 个百分点和 10.89 个百分点；森林植被需要减少（表 5-7）。

泾河渭河流域重点建设区水资源植被承载力盈余比为 1.00，表明该区域植被处于平衡状态，乔灌草植被面积保持不变。其中，森林植被、灌丛植被和水资源植被承载力盈余比（rwv）分别为 3.24、1.94，草原植被小于 1.00。这说明泾河渭河流域重点建设区森林植被和灌丛植被属于水资源承载力盈余状态，盈余面积分别为 1.30 万 km²、0.67 万 km²，植被覆盖率分别增加 20.20 个百分点和 10.49 个百分点；草原植被需要减少（表 5-7）。

科尔沁沙地重点建设区水资源植被承载力盈余比为 1.12，大于 1.00，表明该区域植被处于盈余状态，乔灌草植被面积可增加。其中，灌丛植被的水资源植被承载力盈余比（rwv）为 3.66，森林植被和草原植被均小于 1.00。这说明科尔沁沙地重点建设区灌丛植被属于水资源承载力盈余状态，盈余面积为 1.86 万 km²，植被覆盖率增加 7.85 个百分点；森林植被和草原植被均需要减少（表 5-7）。

毛乌素沙地重点建设区水资源植被承载力盈余比为 1.02，大于 1.00，表明该区域植被处于盈余状态，乔灌草植被面积可增加。其中，森林植被和灌丛植被的水资源植被承载力盈余比（rwv）分别为 2.30 和 1.97，草原植被小于 1.00。这说明毛乌素沙地重点建设区森林植被和灌丛植被属于水资源承载力盈余状态，盈余面积分别为 0.41 万 km² 和 0.25 万 km²，植被覆盖率分别增加 2.78 个百分点和 1.65 个百分点；草原植被需要减少（表 5-7）。

松辽平原重点建设区水资源植被承载力盈余比为 1.00，表明该区域植被处于平衡状态，乔灌草植被面积保持不变。其中，森林植被的水资源植被承载力盈余比（rwv）为 1.57，灌丛植被、草原植被均小于 1.00。这说明松辽平原重点建设区森林植被属于水资源承载力盈余状态，盈余面积为 0.30 万 km²，植被覆盖率增加 18.15 个百分点；灌丛植被和草原植被均需要减少（表 5-7）。

5.2 林草植被优化配置

根据现状与水资源可承载植被分布空间格局对比结果，确定三北工程区植被优化配置类型，分析不同优化配置类型面积构成与空间分布。

5.2.1 三北工程区植被优化配置类型划分

根据现状植被与水资源可承载植被分布空间格局对比结果，确定三北工程区植被优化配置类型，现状植被覆被类型和水资源可承载植被类型的对比关系结果见表5-8，主要有三种类型水分供需关系。

表5-8　现状植被与水资源可承载植被对比关系

类型		水资源承载力植被			
		森林植被	灌丛植被	草原植被	荒漠植被
现状植被	森林植被	平衡	超载1	超载2	超载3
	灌丛植被	盈余1	平衡	超载1	超载2
	草原植被	盈余2	盈余1	平衡	超载1
	荒漠植被	盈余3	盈余2	盈余1	平衡

类型1平衡型：植被需水量=有效降水量。
类型2盈余型：植被需水量<有效降水量。
类型3超载型：植被需水量>有效降水量。

在三北工程区，水资源越来越成为植被建设的关键影响因素，植被的优化配置，就是根据水资源承载力对现有植被进行转换，对于任何一个现状植被斑块，若植被需水量=有效降水量，则属于水资源承载力平衡型植被斑块，植被建设仅需要养护管理和保护，相应的植被优化配置类型为维持管护型；若植被需水量<有效降水量，则属于水资源承载力盈余型植被斑块，植被建设可进行升级改造，相应的植被优化配置类型为升级改造型；若植被需水量>有效降水量，则属于水资源承载力超载型植被斑块，植被建设的任务有两种选择，一种是降低植被等级，相应的植被优化配置类型为生态修复型，另一种是进行灌溉补水，弥补天然降水的不足，满足植被需水，相应的植被优化配置类型为灌溉补水型。

（1）升级改造型

对比现状植被栅格和水资源可承载植被栅格，可发现部分地区水资源可承载植被可分布森林，但实际上分布灌丛、草原、荒漠植被；水资源可承载植被可分布灌丛，但实际上为草原、荒漠植被；水资源可承载植被可分布草原，但实际上为荒漠植被。这几种情况下，都可将其归为现状植被需水量小于有效降水量，植被还有水资源利用空间，可以开展新的植被建设，该类型称为升级改造型。升级改造型根据其可发展的顶级群落类型进一步分为森林–升级改造型、灌丛–升级改造型、草原–升级改造型和荒漠–升级改造型四个二级类型。森林–升级改造型包括从灌丛到森林、从草原到森林和从荒漠到森林 3 种三级类型。灌丛–升级改造型包括从草原到灌丛和从荒漠到灌丛 2 种三级类型。草原–升级改造型是指从荒漠到草原升级改造类型（表5-9）。

表5-9 基于水资源承载力的三北工程区植被配置类型

水分供需关系	斑块植被类型	植被配置类型	目标植被	改造亚类型
植被需水量<有效降水量	盈余型自然或人工植被	升级改造型	森林–升级改造型	从灌丛到森林
				从草原到森林
				从荒漠到森林
			灌丛–升级改造型	从草原到灌丛
				从荒漠到灌丛
			草原–升级改造型	从荒漠到草原
植被需水量>有效降水量	超载型自然植被	维持管护型	—	—
	超载型人工植被	生态基础设施型	维持管护型	
		灌溉补水型	森林–灌溉补水型	从灌丛到森林
				从草原到森林
				从荒漠到森林
			灌丛–灌溉补水型	从草原到灌丛
				从荒漠到灌丛
			草原–灌溉补水型	从荒漠到草原
	非生态基础设施	生态修复型	灌丛–生态修复型	从森林到灌丛
			草原–生态修复型	从森林到草原
				从灌丛到草原
			荒漠–生态修复型	从森林到荒漠
				从灌丛到荒漠
				从草原到荒漠
植被需水量=有效降水量	平衡型自然或人工植被	维持管护型	—	—

（2）生态修复型

对比现状植被栅格和水资源可承载植被栅格，可发现部分地区水资源可承载植被可分布灌丛，但实际上分布森林；或者理论上为草原，实际上分布灌丛或森林；或者水资源可承载植被可分布荒漠，但实际上为草原、灌丛或森林。这几种情况下，都可将其归为现状植被需水量大于有效降水量，植被生长所需水分除了来自降水，还包括来自地下水、地表水（灌溉水或者冰雪融水）。植被实际需水量大于有效降水量的类型又可区分为两种类型，即自然植被和人工植被。

对于依赖地下水或冰雪融水的自然植被而言，其是经过长期自然演替之后出现的，与当地地理条件与水分状况相协调，不需要对这种类型的植被进行调整，仅需要进行必要的养护管理。而近几十年建造的人工植被需要消耗大量的地下水、灌溉水或冰雪融水，对于处于干旱半干旱气候带、水资源非常匮乏的三北地区而言，这种消耗水资源来维持植被的方式未来将难以为继。植被实际需水量大于有效降水量的人工植被中，有一部分是具有特别意义的人工植被，如位于城镇与农村居民点周边区域的植被。由于人类对树木具有天然亲近感，在人类聚居区域建造的林木景观是聚居区必要的生态基础设施。因此，需要通过灌溉或利用地下水或冰川融水来维持森林植被的长期生存。这部分植被也不需要进行调整，尽量通过提高水资源利用效率来减少植被对水资源消耗。

需要进行保护恢复的植被是指三北工程区内不位于人类聚居区周边的实际需水量大于有效降水量的人工植被。根据目标植被类型可将植被保护修复的类型分为灌丛–生态修复型、草原–生态修复型、荒漠–生态修复型。其中，灌丛–生态修复型仅包括从森林到灌丛的生态修复类型。草原–生态修复型包括从森林到草原的生态修复型和从灌丛到草原的生态修复型。荒漠–生态修复型包括从森林到荒漠的生态修复型、从灌丛到荒漠的生态修复型和从草原到荒漠的生态修复型（表5-9）。

（3）灌溉补水型

绿色植被是人类生存必不可少的基础，其提供生态效益、社会效益与人类生活息息相关。绿色植被甚至被认为是人类聚居地必要的生态基础设施。在干旱半干旱的三北工程区，绿色植被对当地居民生产生活意义重大。灌溉补水型是指在现状植被需水量大于有效降水量区域，有额外的地表水或地下水资源可通过灌溉或直接利用的方式用于植被建设，为人类聚居区域居民提供必要的生态基础设施。灌溉补水型植被建设主要位于城镇与农村居民点周边、道路两侧、河流两岸等区域。

灌溉补水型可分为森林–灌溉补水型、灌丛–灌溉补水型、草原–灌溉补水型。森林–灌溉补水型包括从灌丛到森林、从草原到森林、从荒漠到森林3种类型。灌丛–灌溉补水型包括从草原到灌丛和从荒漠到灌丛2种类型。草原–灌溉补水型是指从荒漠到草原灌溉补水类型（表5-9）。

（4）维持管护型

维持管护型是指仅需对植被进行必要养护以维持植被现状的植被类型。维持管护型包括三种情况：第一，现状植被与水资源可承载植被的植被类型相同；第二，现状植被比水资源可承载植被需水量高，但可利用当地地下水或冰雪融水的自然植被；第三，现状植被比水资源可承载植被需水量高，需要利用地下水、冰雪融水或灌溉水来维持生存的灌溉补水型植被，但暂时没有足够的水资源对其进行升级改造（表5-9）。

5.2.2 三北工程区植被优化配置类型面积与分布

根据三北工程区现状植被与水资源可承载植被对比分析结果，分析不同优化配置类型植被面积及其构成，确定不同优化配置类型空间分布，为提出优化配置方案提供基础。

5.2.2.1 三北工程区植被优化配置

总体来看，三北工程区不同优化配置类型植被面积及其构成见表5-10。可以看出，三北工程区植被优化配置总面积为 304.29 万 km²。其中，维持管护型面积为 218.52 万 km²，占三北工程区植被优化配置总面积的 71.82%；升级改造型面积为 48.55 万 km²，占 15.95%，其中灌溉补水型面积为 3.64 万 km²；生态修复型面积为 37.21 万 km²，占 12.23%。

表 5-10 三北工程区不同优化配置类型面积与比例

优化配置类型		现状植被	水资源可承载植被	面积/万 km²	比例/%
升级改造型	森林-升级改造型	灌丛	森林	6.60	2.17
		草原	森林	10.33	3.39
		荒漠	森林	1.01	0.33
	灌丛-升级改造型	草原	灌丛	7.62	2.51
		荒漠	灌丛	0.71	0.23
	草原-升级改造型	荒漠	草原	22.28	7.32
	小计			48.55	15.95
维持管护型	森林-维持管护型	森林	森林	35.91	11.80
	灌丛-维持管护型	灌丛	灌丛	3.41	1.12
	草原-维持管护型	草原	草原	87.47	28.75
	荒漠-维持管护型	荒漠	荒漠	91.73	30.14
	小计			218.52	71.82
生态修复型	灌丛-生态修复型	森林	灌丛	2.51	0.82
	草原-生态修复型	森林	草原	4.27	1.40
		灌丛	草原	2.01	0.66
	荒漠-生态修复型	森林	荒漠	1.38	0.45
		灌丛	荒漠	0.79	0.26
		草原	荒漠	26.27	8.63
	小计			37.21	12.23
合计				304.29	100.00

升级改造型：包括森林-升级改造型、灌丛-升级改造型和草原-升级改造型，分别占三北工程区植被优化配置总面积的 5.90%、2.74% 和 7.32%，其中从草原植被、荒漠植被升级为森林植被和灌丛植被的面积分别为 11.34 万 km² 和 8.33 万 km²，森林-升级改造型以草原-森林升级改造型为主，占三北工程区植被优化配置总面积的 3.40%；灌丛-升级改造型以草原-灌丛升级改造型为主，占三北工程区植被优化配置总面积的 2.50%；草原-升级改造型全部为荒漠-草原升级改造型（表 5-10 和图 5-2）。灌溉补水型包含在升级改造型中，三北工程区灌溉补水型植被面积为 3.64 万 km²，为森林-灌溉补水型和灌丛-灌溉补水型，仅占三北工程区植被优化配置总面积的 1.20%（表 5-10 和图 5-3）。可见，升级改造型以草原-森林升级改造型和荒漠-草原升级改造型为主。

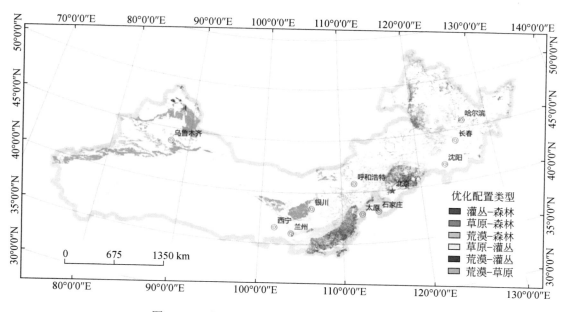

图 5-2 三北工程区升级改造型植被空间分布格局

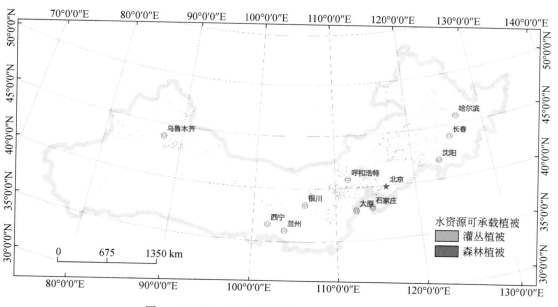

图 5-3 三北工程区灌溉补水型植被空间分布格局

维持管护型：包括森林–维持管护型、灌丛–维持管护型、草原–维持管护型和荒漠–维持管护型，分别占三北工程区植被优化配置总面积的 11.80%、1.12%、28.75% 和 30.15%（表 5-10 和图 5-4）。可见，维持管护型以荒漠–维持管护型和草原–维持管护型为主。

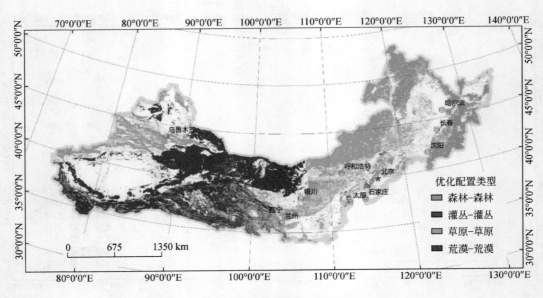

图 5-4   三北工程区维持管护型植被空间分布格局

生态修复型：包括灌丛–生态修复型、草原–生态修复型和荒漠–生态修复型，分别占三北工程区植被优化配置总面积的 0.82%、2.06% 和 9.33%。灌丛–生态修复型全部为森林–灌丛生态修复型；草原–生态修复型以森林–草原生态修复型为主，占三北工程区植被优化配置总面积的 1.40%；荒漠–生态修复型以草原–荒漠生态修复型为主，占三北工程区植被优化配置总面积的 8.62%（表 5-10 和图 5-5）。可见，生态修复型以草原–荒漠生态修复型为主。

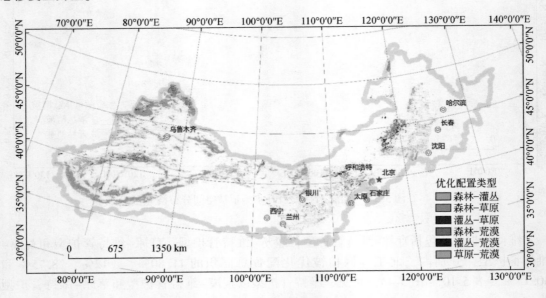

图 5-5   三北工程区生态修复型植被空间分布格局

5.2.2.2　不同气候带植被优化配置

干旱暖温带：包括升级改造型、维持管护型和生态修复型，面积分别为 11.39 万 km²、49.04 万 km² 和 18.47 万 km²，分别占干旱暖温带植被优化配置总面积的 14.43%、62.16% 和 23.41%。升级改造型以荒漠–草原升级改造型为主，占该气候带植被优化配置面积的 12.49%；维持管护型以荒漠–维持管护型为主，占该气候带植被优化配置面积的 45.71%；生态修复型以草原–荒漠生态修复型为主，占该气候带植被优化配置面积的 20.55%（表 5-11）。

寒温带：包括升级改造型和维持管护型，面积分别为 0.57 万 km² 和 4.80 万 km²，分别占寒温带植被优化配置面积的 10.57% 和 89.43%。升级改造型以草原–森林升级改造型为主，占该气候带植被优化配置面积的 7.47%；维持管护型全部为森林–维持管护型（表 5-11）。

湿润中温带：包括升级改造型、维持管护型和生态修复型，面积分别为 5.01 万 km²、22.32 万 km² 和 1.03 万 km²，分别占湿润中温带植被优化配置面积的 17.65%、78.70% 和 3.65%。升级改造型以草原–森林升级改造型为主，占该气候带植被优化配置面积的 6.58%；维持管护型以森林–维持管护型为主，占该气候带植被优化配置面积的 74.26%；生态修复型以森林–灌丛生态修复型为主，占该气候带植被优化配置面积的 2.51%（表 5-11）。

半湿润暖温带：包括升级改造型、维持管护型和生态修复型，面积分别为 12.38 万 km²、6.69 万 km² 和 1.41 万 km²，分别占半湿润暖温带植被优化配置面积的 60.43%、32.68% 和 6.88%。升级改造型以灌丛–森林升级改造型为主，占该气候带植被优化配置面积的 23.63%；维持管护型以森林–维持管护型为主，占该气候带植被优化配置面积的 17.61%；生态修复型以森林–灌丛生态修复型为主，占该气候带植被优化配置面积的 4.13%（表 5-11）。

干旱中温带：包括升级改造型、维持管护型和生态修复型，面积分别为 11.02 万 km²、51.06 万 km² 和 6.34 万 km²，分别占干旱中温带植被优化配置面积的 16.11%、74.62% 和 9.27%。升级改造型以荒漠–草原升级改造型为主，占该气候带植被优化配置面积的 14.78%；维持管护型以草原–维持管护型和荒漠–维持管护型为主，分别占该气候带植被优化配置面积的 40.89% 和 33.67%；生态修复型以草原–荒漠生态修复型为主，占该气候带植被优化配置面积的 7.45%（表 5-11）。

青藏高寒带：全部为维持管护型，面积为 57.84 万 km²。维持管护型以荒漠–维持管护型和草原–维持管护型为主，分别占该气候带植被优化配置面积的 54.64% 和 41.11%（表 5-11）。

半干旱中温带：包括升级改造型、维持管护型和生态修复型，面积分别为 8.18 万 km²、26.79 万 km² 和 9.93 万 km²，分别占半干旱中温带植被优化配置面积的 18.22%、59.67% 和 22.11%。升级改造型以草原–森林升级改造型为主，占该气候带植被优化配置面积的 7.29%；维持管护型以草原–维持管护型为主，占该气候带植被面积的 44.01%；生态修复型以草原–荒漠生态修复型为主，占该气候带植被优化配置面积的 10.99%（表 5-11）。

表5-11 三北工程区不同气候带植被优化配置类型面积及比例

优化配置方案	植被类型 现状	植被类型 水资源可承载	干旱暖温带 面积/万km²	比例/%	寒温带 面积/万km²	比例/%	湿润中温带 面积/万km²	比例/%	半湿润暖温带 面积/万km²	比例/%	干旱中温带 面积/万km²	比例/%	青藏高寒带 面积/万km²	比例/%	半干旱中温带 面积/万km²	比例/%
升级改造型	灌丛	森林	0.01	0.01	0.17	3.09	0.82	2.89	4.84	23.63	0.01	0.02	—	—	0.75	1.68
	森林	草原	0.24	0.30	0.40	7.47	1.87	6.58	3.94	19.21	0.61	0.90	—	—	3.27	7.29
	荒漠	森林	0.28	0.35	0	0	0.15	0.52	0.01	0.06	0.19	0.27	—	—	0.38	0.85
	草原	灌丛	0.96	1.22	—	—	1.03	3.64	3.57	17.41	0.09	0.13	—	—	1.97	4.40
	荒漠	灌丛	0.05	0.06	—	—	0.14	0.51	0.01	0.04	0.01	0.01	—	—	0.50	1.12
	荒漠	草原	9.85	12.49	—	—	1.00	3.52	0.02	0.08	10.12	14.78	0	0	1.29	2.88
	小计		11.39	14.43	0.57	10.57	5.01	17.65	12.38	60.43	11.02	16.11	0	0	8.18	18.22
维持管护型	森林	森林	0.05	0.07	4.80	89.43	21.06	74.26	3.61	17.61	0.04	0.06	0.86	1.48	5.49	12.22
	灌丛	灌丛	0.04	0.04	—	—	0.12	0.42	1.16	5.67	0	0	1.60	2.77	0.49	1.10
	草原	草原	12.89	16.34	—	—	1.14	4.03	1.93	9.40	27.98	40.89	23.78	41.11	19.76	44.01
	荒漠	荒漠	36.06	45.71	—	—	—	—	—	—	23.04	33.67	31.60	54.64	1.05	2.34
	小计		49.04	62.16	4.80	89.43	22.32	78.70	6.69	32.68	51.06	74.62	57.84	100.00	26.79	59.67
生态修复型	森林	灌丛	0.09	0.11	—	—	0.71	2.51	0.85	4.13	0.01	0.01	—	—	0.85	1.90
	草原	灌丛	0.79	1.00	—	—	0.29	1.01	0.34	1.65	0.58	0.85	—	—	2.27	5.06
	灌丛	荒漠	0.15	0.19	—	—	0.03	0.12	0.23	1.10	0.42	0.61	—	—	1.18	2.62
	森林	荒漠	0.73	0.93	—	—	—	—	—	—	0.10	0.14	—	—	0.55	1.22
	灌丛	荒漠	0.50	0.63	—	—	—	—	—	—	0.14	0.21	—	—	0.14	0.32
	草原	荒漠	16.21	20.55	—	—	1.03	3.65	1.41	6.88	5.10	7.45	0	0	4.93	10.99
	小计		18.47	23.41	0	0	1.03	3.65	1.41	6.88	6.34	9.27	0	0	9.93	22.11
合计			78.90	100.00	5.37	100.00	28.36	100.00	20.48	100.00	68.43	100.00	57.84	100.00	44.89	100.00

5.2.2.3 不同植被分区植被优化配置

森林植被区：包括升级改造型、维持管护型和生态修复型，面积分别为 20.25 万 km²、39.22 万 km² 和 4.35 万 km²，分别占森林植被区植被优化配置面积的 31.73%、61.46% 和 6.81%。升级改造型以草原-森林升级改造型为主，占该植被区植被优化配置面积的 12.22%；维持管护型以森林-维持管护型为主，占该植被区植被面积的 54.12%；生态修复型以森林-灌丛生态修复型为主，占该植被区植被优化配置面积的 3.19%（表 5-12）。

稀树灌草植被区：包括升级改造型、维持管护型和生态修复型，面积分别为 7.87 万 km²、26.27 万 km² 和 5.23 万 km²，分别占稀树灌草植被区植被优化配置面积的 19.99%、66.72% 和 13.28%。升级改造型以荒漠-草原升级改造型为主，占该植被区植被优化配置面积的 7.65%；维持管护型以草原-维持管护型为主，占该植被区植被优化配置面积的 64.54%；生态修复型以森林-草原生态修复型为主，占该植被区植被优化配置面积的 7.45%（表 5-12）。

草原植被区：包括升级改造型、维持管护型和生态修复型，面积分别为 11.13 万 km²、32.98 万 km² 和 6.27 万 km²，分别占草原植被区植被优化配置面积的 22.09%、65.47% 和 12.44%。升级改造型以荒漠-草原升级改造型为主，占该植被区植被优化配置面积的 19.47%；维持管护型以草原-维持管护型为主，占该植被区植被优化配置面积的 60.57%；生态修复型以草原-荒漠生态修复型为主，占该植被区植被优化配置面积的 9.61%（表 5-12）。

荒漠植被区：包括升级改造型、维持管护型和生态修复型，面积分别为 8.85 万 km²、62.81 万 km² 和 17.18 万 km²，分别占荒漠植被区植被优化配置面积的 9.96%、70.70% 和 19.34%。升级改造型以荒漠-草原升级改造型为主，占该植被区植被优化配置面积的 9.43%；维持管护型以荒漠-维持管护型为主，占该植被区植被优化配置面积的 63.50%；生态修复型以草原-荒漠生态修复型为主，占该植被区植被优化配置面积的 17.61%（表 5-12）。

高原植被区：包括升级改造型、维持管护型和生态修复型，面积分别为 0.45 万 km²、57.22 万 km² 和 4.18 万 km²，分别占高原植被区植被优化配置面积的 0.73%、92.51% 和 6.76%。升级改造型面积非常少；维持管护型以荒漠-维持管护型和草原-维持管护型为主，分别占该植被区植被优化配置面积的 53.10% 和 35.89%；生态修复型以草原-荒漠生态修复型为主，占该植被区植被优化配置面积的 6.67%（表 5-12）。

5.2.2.4 三北工程分区植被优化配置

东北华北平原农区：包括升级改造型、维持管护型和生态修复型，面积分别为 4.49 万 km²、28.51 万 km² 和 0.53 万 km²，分别占东北华北平原农区植被优化配置面积的 13.38%、85.05% 和 1.57%。升级改造型以草原-森林升级改造型和灌丛-森林升级改造型为主，分别占该三北工程分区植被优化配置面积的 6.61% 和 5.35%，其中从草原植被、荒漠植被升级为森林植被和灌丛植被的面积分别为 2.27 万 km² 和 0.35 万 km²；维持管护

表 5-12 三北工程不同植被分区植被优化配置类型面积及比例

优化配置方案	植被类型 现状植被	植被类型 水资源可承载植被	草原植被区 面积/万km²	草原植被区 比例/%	稀树灌草植被区 面积/万km²	稀树灌草植被区 比例/%	荒漠植被区 面积/万km²	荒漠植被区 比例/%	森林植被区 面积/万km²	森林植被区 比例/%	高原植被区 面积/万km²	高原植被区 比例/%
升级改造型	灌丛	森林	0	0.01	0.17	0.42	0.01	0.01	6.42	10.07	0	0
	草原	森林	0.47	0.94	1.91	4.86	0.14	0.16	7.80	12.22	0	0.01
	荒漠	森林	0.46	0.92	0.09	0.22	0.28	0.32	0.18	0.27	0	0
	草原	灌丛	0.08	0.15	2.59	6.57	—	—	4.91	7.70	0.05	0.08
	荒漠	灌丛	0.31	0.61	0.11	0.28	0.04	0.05	0.25	0.40	0	0
	荒漠	草原	9.81	19.47	3.01	7.65	8.38	9.43	0.68	1.07	0.40	0.64
	小计		11.13	22.09	7.87	19.99	8.85	9.96	20.25	31.73	0.45	0.73
维持管护型	森林	森林	0.05	0.10	0.56	1.43	0.02	0.03	34.54	54.12	0.73	1.18
	灌丛	灌丛	0.01	0.03	0.25	0.64	0.01	0.01	1.69	2.65	1.45	2.34
	草原	草原	30.51	60.57	25.41	64.54	6.37	7.17	2.98	4.66	22.20	35.89
	荒漠	荒漠	2.41	4.77	0.05	0.12	56.41	63.50	0.01	0.02	32.84	53.10
	小计		32.98	65.47	26.27	66.72	62.81	70.70	39.22	61.46	57.22	92.51
生态修复型	森林	灌丛	0.02	0.03	0.43	1.09	—	—	2.04	3.19	0.02	0.04
	森林	草原	0.61	1.22	2.93	7.45	0.08	0.09	0.64	1.00	0	0
	灌丛	草原	0.37	0.73	1.36	3.45	0.07	0.08	0.20	0.31	0.01	0.02
	森林	荒漠	0.29	0.57	0.02	0.06	0.78	0.88	0.28	0.44	0	0.01
	灌丛	荒漠	0.14	0.27	0.01	0.02	0.61	0.68	0.02	0.04	0.01	0.02
	草原	荒漠	4.84	9.61	0.48	1.21	15.64	17.61	1.17	1.84	4.13	6.67
	小计		6.27	12.44	5.23	13.28	17.18	19.34	4.35	6.81	4.18	6.76
合计			50.38	100.00	39.38	100.00	88.84	100.00	63.82	100.00	61.86	100.00

型以森林–维持管护型为主，占该三北工程分区植被优化配置面积的 83.10%；生态修复型以森林–灌丛生态修复型为主，占该植被区植被优化配置面积的 1.04%（表 5-13）。

表 5-13 三北工程分区植被优化配置类型面积

优化配置方案	植被类型		东北华北平原农区		风沙区		黄土高原丘陵沟壑区		西北荒漠区	
	现状植被	水资源可承载植被	面积/万 km²	比例/%	面积/万 km²	比例/%	面积/万 km²	比例/%	面积/万 km²	比例/%
升级改造型	灌丛	森林	1.79	5.35	1.92	2.90	2.88	15.26	0.01	0.01
	草原	森林	2.22	6.61	4.46	6.73	3.32	17.61	0.33	0.18
	荒漠	森林	0.05	0.16	0.19	0.29	0.01	0.05	0.75	0.40
	草原	灌丛	0.29	0.86	3.29	4.97	3.39	18.02	0.65	0.35
	荒漠	灌丛	0.06	0.17	0.13	0.19	0.01	0.05	0.52	0.28
	荒漠	草原	0.08	0.22	3.28	4.95	0.01	0.08	18.91	10.18
	小计		4.49	13.38	13.27	20.04	9.62	51.07	21.17	11.40
维持管护型	森林	森林	27.85	83.10	5.50	8.31	1.92	10.20	0.62	0.34
	灌丛	灌丛	0.36	1.07	0.80	1.20	1.26	6.71	0.99	0.54
	草原	草原	0.30	0.88	40.59	61.29	5.00	26.52	41.59	22.40
	荒漠	荒漠			0.10	0.15	0.22	1.18	91.40	49.23
	小计		28.51	85.05	46.99	70.94	8.40	44.61	134.61	72.50
生态修复型	森林	灌丛	0.35	1.04	1.62	2.45	0.46	2.47	0.07	0.04
	森林	草原	0.17	0.52	2.27	3.43	0.23	1.20	1.60	0.86
	灌丛	草原	0	0.01	1.54	2.32	0.12	0.66	0.34	0.18
	森林	荒漠	—	—	0.01	0.01	—	—	1.37	0.74
	灌丛	荒漠			0.01	0.01			0.78	0.42
	草原	荒漠			0.53	0.79			25.74	13.86
	小计		0.53	1.57	5.97	9.02	0.81	4.32	29.90	16.10
合计			33.52	100.00	66.23	100.00	18.84	100.00	185.68	100.00

风沙区：包括升级改造型、维持管护型和生态修复型，面积分别为 13.27 万 km²、46.99 万 km² 和 5.97 万 km²，分别占风沙区植被优化配置面积的 20.04%、70.94% 和 9.02%。升级改造型以草原–森林升级改造型和草原–灌丛升级改造型为主，分别占该三北工程分区植被优化配置面积的 6.73% 和 4.97%，其中从草原植被、荒漠植被升级为森林植被和灌丛植被的面积分别为 4.65 万 km² 和 3.42 万 km²；维持管护型以草原–维持管护型为主，占该三北工程分区植被优化配置面积的 61.29%；生态修复型以森林–草原生态修复型和森林–灌丛生态修复型为主，分别占该植被区植被优化配置面积的 3.43% 和 2.45%（表 5-13）。

黄土高原丘陵沟壑区：包括升级改造型、维持管护型和生态修复型，面积分别为 9.62 万 km²、8.40 万 km² 和 0.81 万 km²，分别占黄土高原丘陵沟壑区植被优化配置面积的 51.07%、44.61% 和 4.32%。升级改造型以草原-灌丛升级改造型为主，占该三北工程分区植被优化配置面积的 18.02%，其中从草原植被、荒漠植被升级为森林植被和灌丛植被的面积分别为 3.33 万 km² 和 3.4 万 km²；维持管护型以草原-维持管护型为主，占该三北工程分区植被优化配置面积的 26.52%；生态修复型以森林-灌丛生态修复型为主，占该植被区植被优化配置面积的 2.47%（表 5-13）。

西北荒漠区：包括升级改造型、维持管护型和生态修复型，面积分别为 21.17 万 km²、134.61 万 km² 和 29.9 万 km²，分别占西北荒漠区植被优化配置面积的 11.40%、72.50% 和 16.10%。升级改造型以荒漠-草原升级改造型为主，占该三北工程分区植被优化配置面积的 10.18%；维持管护型以荒漠-维持管护型为主，占该三北工程分区植被优化配置面积的 49.23%；生态修复型以草原-荒漠生态修复型为主，占该植被区植被优化配置面积的 13.86%（表 5-13）。

5.2.2.5　三北工程生态防护体系建设地区植被优化配置

东部丘陵平原区：包括升级改造型、维持管护型和生态修复型，面积分别为 7.81 万 km²、22.80 万 km² 和 1.64 万 km²，分别占东部丘陵平原区植被优化配置面积的 24.21%、70.70% 和 5.09%。升级改造型以灌丛-森林升级改造型和草原-森林升级改造型为主，分别占该分区植被优化配置面积的 8.33% 和 6.76%；维持管护型以森林-维持管护型为主，占该分区植被优化配置面积的 63.21%；生态修复型以森林-灌丛生态修复型为主，占该分区植被优化配置面积的 3.51%（表 5-14）。

表 5-14　三北工程生态防护体系建设地区植被优化配置类型面积及比例

优化配置方案	植被类型		东部丘陵平原区		内蒙古高原区		黄土高原区		西北高山盆地区	
	现状植被	水资源可承载植被	面积/万 km²	比例/%	面积/万 km²	比例/%	面积/万 km²	比例/%	面积/万 km²	比例/%
升级改造型	灌丛	森林	2.69	8.33	0.97	1.43	2.93	12.81	0.01	0.01
	草原	森林	2.18	6.76	4.09	6.04	3.77	16.49	0.27	0.15
	荒漠	森林	0.16	0.50	0.09	0.13	0.02	0.07	0.74	0.41
	草原	灌丛	1.49	4.61	1.71	2.53	3.89	17.00	0.53	0.29
	荒漠	灌丛	0.15	0.47	0.03	0.05	0.01	0.04	0.52	0.29
	荒漠	草原	1.14	3.53	3.33	4.91	0.10	0.46	17.70	9.81
	小计		7.81	24.21	10.22	15.08	10.72	46.87	19.76	10.95
维持管护型	森林	森林	20.38	63.21	12.86	18.96	1.97	8.61	0.65	0.36
	灌丛	灌丛	0.60	1.85	0.51	0.75	1.15	5.02	1.11	0.62
	草原	草原	1.82	5.65	38.04	56.11	7.55	33.00	39.61	21.95
	荒漠	荒漠	—	—	1.14	1.68	0.13	0.56	90.15	49.97
	小计		22.80	70.70	52.53	77.50	10.80	47.19	131.51	72.89

续表

优化配置方案	植被类型		东部丘陵平原区		内蒙古高原区		黄土高原区		西北高山盆地区	
	现状植被	水资源可承载植被	面积/万 km²	比例/%	面积/万 km²	比例/%	面积/万 km²	比例/%	面积/万 km²	比例/%
生态修复型	森林	灌丛	1.13	3.51	0.79	1.17	0.51	2.22	0.07	0.04
	森林	草原	0.43	1.33	1.74	2.57	0.55	2.39	1.55	0.86
	灌丛	草原	0.08	0.25	1.32	1.94	0.31	1.33	0.30	0.17
	森林	荒漠	—	—	0.01	0.01	—	—	1.37	0.76
	灌丛	荒漠	—	—	0.01	0.02	—	—	0.77	0.43
	草原	荒漠	—	—	1.15	1.70	—	—	25.09	13.90
	小计		1.64	5.09	5.03	7.42	1.36	5.94	29.14	16.15
合计			32.24	100.00	67.78	100.00	22.88	100.00	180.42	100.00

内蒙古高原区：包括升级改造型、维持管护型和生态修复型，面积分别为10.22万km²、52.53万km²和5.03万km²，分别占内蒙古高原区植被优化配置面积的15.08%、77.50%和7.42%。升级改造型以草原–森林升级改造型为主，占该分区植被优化配置面积的6.04%；维持管护型以草原–维持管护型为主，占该分区植被优化配置面积的56.11%；生态修复型以森林–草原生态修复型为主，占该分区植被优化配置面积的2.57%（表5-14）。

黄土高原区：包括升级改造型、维持管护型和生态修复型，面积分别为10.72万km²、10.80万km²和1.36万km²，分别占黄土高原区植被优化配置面积的46.87%、47.19%和5.94%。升级改造型以草原–灌丛升级改造型为主，占该分区植被优化配置面积的17.00%；维持管护型以草原–维持管护型为主，占该分区植被优化配置面积的33.00%；生态修复型以森林–草原生态修复型为主，占该分区植被优化配置面积的2.39%（表5-14）。

西北高山盆地区：包括升级改造型、维持管护型和生态修复型，面积分别为19.76万km²、131.51万km²和29.14万km²，分别占西北高山盆地区植被优化配置面积的10.95%、72.89%和16.15%。升级改造型以荒漠–草原升级改造型为主，占该分区植被优化配置面积的9.81%；维持管护型以荒漠–维持管护型为主，占该分区植被优化配置面积的49.97%；生态修复型以草原–荒漠生态修复型为主，占该分区植被优化配置面积的13.90%（表5-14）。

5.2.2.6 不同省份植被优化配置

对不同省份而言，新疆、内蒙古、青海、甘肃、黑龙江等省份植被面积相对较多，在三北工程区植被优化配置中占有相对重要的地位。

新疆：包括升级改造型、维持管护型和生态修复型，面积分别为16.13万km²、72.07万km²和26.36万km²，分别占新疆植被优化配置面积的14.08%、62.91%和23.01%。升级改造型以荒漠–草原升级改造型为主，占该省份植被优化配置面积的12.58%；维持管护型以荒漠–维持管护型为主，占该省份植被优化配置面积的42.56%；生态修复型以草原–

荒漠生态修复型为主，占该省份植被优化配置面积的 19.73%（表5-15）。

内蒙古：包括升级改造型、维持管护型和生态修复型，面积分别为 12.74 万 km²、69.30 万 km² 和 6.57 万 km²，分别占内蒙古植被优化配置面积的 14.38%、78.20% 和 7.41%。升级改造型以荒漠-草原升级改造型为主，占该省份植被优化配置面积的 6.19%；维持管护型以草原-维持管护型和荒漠-维持管护型为主，分别占该省份植被优化配置面积的 43.24% 和 20.30%；生态修复型以草原-荒漠生态修复型为主，占该省份植被优化配置面积的 2.59%（表5-15）。

青海：优化配置类型全部为维持管护型，面积为 31.12 万 km²，以草原-维持管护型和荒漠-维持管护型为主，分别占该省份植被优化配置面积的 47.85% 和 46.82%（表5-15）。

甘肃：包括升级改造型、维持管护型和生态修复型，面积分别为 4.76 万 km²、17.74 万 km² 和 1.72 万 km²，分别占甘肃植被优化配置面积的 19.65%、73.23% 和 7.12%。升级改造型以草原-灌丛升级改造型为主，占该省份植被优化配置面积的 8.99%；维持管护型以荒漠-维持管护型和草原-维持管护型为主，分别占该省份植被优化配置面积的 42.94% 和 25.08%；生态修复型以草原-荒漠生态修复型为主，占该省份植被优化配置面积的 5.29%（表5-15）。

黑龙江：包括升级改造型、维持管护型和生态修复型，面积分别为 2.42 万 km²、10.08 万 km² 和 0.13 万 km²，分别占黑龙江植被优化配置面积的 19.14%、79.84% 和 1.02%。升级改造型以草原-森林升级改造型为主，占该省份植被优化配置面积的 9.74%；维持管护型以森林-维持管护型为主，占该省份植被优化配置面积的 75.08%；生态修复型以森林-草原升级改造型为主，占该省份植被优化配置面积的 0.66%（表5-15）。

其他省份：北京以维持管护型为主，占该省份植被优化配置总面积的 62.58%，升级改造型占 30.56%，无生态修复型。河北以升级改造型为主，占该省份植被优化配置总面积的 50.25%，维持管护型和生态修复型分别占 42.33% 和 7.43%。吉林以维持管护型为主，占该省份植被优化配置总面积的 81.25%，升级改造型和生态修复型分别占 15.37% 和 3.38%。辽宁以维持管护型为主，占该省份植被优化配置总面积的 72.85%，升级改造型占 16.00%，生态修复型占 11.15%。宁夏以维持管护型为主，占该省份植被优化配置总面积的 62.20%，升级改造型和生态修复型分别占 27.37% 和 10.43%。山西以升级改造型为主，占该省份植被优化配置总面积的 52.43%，维持管护型和生态修复型分别占 34.01% 和 13.56%。陕西以升级改造型为主，占该省份植被优化配置总面积的 62.92%，维持管护型和生态修复型分别占 33.28% 和 3.80%。天津以维持管护型为主，占该省份植被优化配置总面积的 73.91%，升级改造型占 26.09%（表5-15）。

5.2.2.7 三北工程重点建设区植被优化配置

河套平原重点建设区以维持管护型为主，占本区植被优化配置总面积的 69.08%，升级改造型和生态修复型分别占 15.56% 和 15.36%。松嫩平原重点建设区以升级改造型为主，占本区植被优化配置总面积的 61.12%，维持管护型和生态修复型分别占 37.40% 和

表 5-15　不同省份植被优化配置类型面积

说明：各列表头"现状植被类型/水资源可承载植被类型"。优化配置方案分为升级改造型、维持管护型、生态修复型三大类。

省份	指标	升级改造型 森林/灌丛	草原/森林	荒漠/森林	荒漠/灌丛	草原/灌丛	荒漠/草原	小计	维持管护型 森林/森林	灌丛/灌丛	草原/草原	荒漠/荒漠	小计	生态修复型 森林/灌丛	森林/草原	灌丛/草原	森林/荒漠	灌丛/荒漠	草原/荒漠	小计	合计
北京	面积/万 km²	0.23	0.03	0	—	0	—	0.27	0.50	0.05	—	—	0.54	0.06	—	—	—	—	—	0.06	0.87
北京	比例/%	26.87	3.13	0.01	—	0.55	—	30.56	57.19	5.39	—	—	62.58	6.86	—	—	—	—	—	6.86	100.00
甘肃	面积/万 km²	0.30	1.00	0.12	0.01	2.18	1.16	4.76	0.67	0.60	6.08	10.41	17.74	0.20	0.14	0.05	0.01	0.04	1.28	1.72	24.23
甘肃	比例/%	1.22	4.11	0.50	0.04	8.99	4.78	19.65	2.75	2.46	25.08	42.94	73.23	0.84	0.57	0.20	0.06	0.16	5.29	7.12	100.00
河北	面积/万 km²	1.83	0.60	0	—	0.41	0.01	2.85	1.48	0.61	0.32	—	2.40	0.32	0.04	0.06	—	—	—	0.42	5.67
河北	比例/%	32.24	10.52	0.06	—	7.28	0.12	50.25	26.04	10.69	5.60	—	42.33	5.61	0.75	1.06	—	—	—	7.43	100.00
黑龙江	面积/万 km²	0.50	1.23	0.07	0.06	0.27	0.29	2.42	9.48	0.01	0.59	—	10.08	0.04	0.08	0.01	—	—	—	0.13	12.62
黑龙江	比例/%	3.95	9.74	0.55	0.45	2.17	2.29	19.14	75.08	0.05	4.71	—	79.84	0.30	0.66	0.05	—	—	—	1.02	100.00
吉林	面积/万 km²	0.14	0.19	0.07	0.04	0.07	0.70	1.21	6.04	0.01	0.37	—	6.42	0.06	0.19	0.02	—	—	—	0.27	7.90
吉林	比例/%	1.80	2.43	0.84	0.54	0.89	8.87	15.37	76.40	0.19	4.66	—	81.25	0.72	2.39	0.28	—	—	—	3.38	100.00
辽宁	面积/万 km²	0.30	0.21	0	0.01	0.19	—	0.70	3.12	0.09	—	—	3.21	0.49	—	—	—	—	—	0.49	4.40
辽宁	比例/%	6.76	4.71	0.09	0.15	4.30	—	16.00	70.81	2.03	—	—	72.85	11.14	—	—	—	—	—	11.15	100.00
内蒙古	面积/万 km²	0.65	4.16	0.13	0.08	2.25	5.48	12.74	12.65	0.34	38.32	17.99	69.30	0.97	1.90	1.29	0.02	0.10	2.30	6.57	88.61
内蒙古	比例/%	0.73	4.69	0.14	0.09	2.54	6.19	14.38	14.27	0.38	43.24	20.30	78.20	1.09	2.14	1.45	0.03	0.11	2.59	7.41	100.00
宁夏	面积/万 km²	0.01	0.11	0	0	0.45	0.21	0.79	0.02	0.03	1.73	0	1.78	0.02	0.11	0.08	0	0.01	0.08	0.30	2.87
宁夏	比例/%	0.46	3.90	0.03	0.02	15.70	7.26	27.37	0.77	1.02	60.36	0.05	62.20	0.83	3.71	2.71	0.07	0.26	2.85	10.43	100.00
青海	面积/万 km²	—	—	—	—	—	—	0	0.51	1.14	14.89	14.57	31.12	0	—	—	—	—	—	0	31.12
青海	比例/%	—	—	—	—	—	—	0	1.65	3.67	47.85	46.82	100.00	0	—	—	—	—	—	0	100.00
山西	面积/万 km²	0.83	1.16	0	0	0.46	0.01	2.46	0.57	0.45	0.57	—	1.60	0.21	0.26	0.16	—	—	—	0.64	4.70
山西	比例/%	17.71	24.69	0.04	0.02	9.84	0.13	52.43	12.23	9.55	12.23	—	34.01	4.53	5.56	3.47	—	—	—	13.56	100.00
陕西	面积/万 km²	1.79	1.46	0.01	0	0.92	0.02	4.20	0.77	0.08	1.37	—	2.22	0.11	0.08	0.07	—	—	—	0.25	6.67
陕西	比例/%	26.87	21.85	0.12	0	13.84	0.25	62.92	11.52	1.18	20.58	—	33.28	1.66	1.15	0.99	—	—	—	3.80	100.00
天津	面积/万 km²	0.01	0	—	—	—	—	0.01	0.03	—	—	—	0.03	—	—	—	—	—	—	—	0.05
天津	比例/%	25.22	0.87	—	—	—	—	26.09	73.91	—	—	—	73.91	—	—	—	—	—	—	—	100.00
新疆	面积/万 km²	0.01	0.19	0.61	0.51	0.41	14.41	16.13	0.07	0.01	23.22	48.76	72.07	0.03	1.47	0.28	1.34	0.64	22.60	26.36	114.56
新疆	比例/%	0.01	0.17	0.53	0.45	0.36	12.58	14.08	0.06	0.01	20.27	42.56	62.91	0.02	1.29	0.24	1.17	0.56	19.73	23.01	100.00

表 5-16 三北工程重点建设区植被优化配置类型面积

重点建设区	现状/水资源可承载	升级改造型 灌丛→森林	草原→森林	荒漠→森林	草原→灌丛	荒漠→灌丛	荒漠→草原	小计	维持管护型 森林→森林	灌丛→灌丛	草原→草原	荒漠→荒漠	小计	生态修复型 森林→灌丛	森林→草原	灌丛→草原	灌丛→荒漠	森林→荒漠	草原→荒漠	小计	合计
河套平原重点建设区	面积/万 km²	0	0.12	0.01	0.09	0	0.85	1.08	0.01	0	3.74	1.03	4.78	0	0.19	0.14	0.01	0.01	0.71	1.06	6.92
	比例/%	0.07	1.80	0.11	1.30	0.01	12.27	15.56	0.13	0.06	54.02	14.87	69.08	0.05	2.78	2.02	0.18	0.09	10.25	15.36	100.00
松嫩平原重点建设区	面积/万 km²	0.04	0.15	0.01	0.21	0.06	0.08	0.55	0.20	0	0.14	—	0.34	0.01	0	0	—	—	—	0.01	0.90
	比例/%	4.77	16.75	1.33	23.74	6.10	8.42	61.12	22.27	0.13	15.00	—	37.40	0.69	0.79	0.01	—	—	—	1.49	100.00
晋西北重点建设区	面积/万 km²	0.09	0.05	0	0.16	—	0	0.30	0.05	0.19	0.28	—	0.51	0	0	0.07	—	—	0.16	0.23	1.04
	比例/%	8.22	4.69	0.02	15.78	—	0.02	28.73	4.48	18.15	26.65	—	49.28	0.09	0.07	6.57	—	—	15.25	21.98	100.00
呼伦贝尔沙地重点建设区	面积/万 km²	0.05	0.60	0	0.36	0	0.18	1.20	0.68	0.01	4.83	—	5.53	0.05	0.02	0.04	—	—	—	0.11	6.83
	比例/%	0.79	8.77	0.06	5.20	0.01	2.69	17.52	10.00	0.18	70.75	—	80.93	0.67	0.24	0.64	—	—	—	1.55	100.00
浑善达克沙地重点建设区	面积/万 km²	0.03	0.36	0.02	0.31	0.01	0.66	1.36	0.02	0.01	16.04	0	16.06	0	0.04	0.11	0.12	0.03	0.17	0.48	17.89
	比例/%	0.16	1.99	0.11	1.72	0.04	3.71	7.59	0.09	0.03	89.62	0.01	89.75	0.01	0.24	0.64	0.65	0.17	0.95	2.66	100.00
海河流域重点建设区	面积/万 km²	0.38	0.01	0	0.01	0	—	0.40	0.16	0.30	—	—	0.46	0.11	—	—	—	—	—	0.11	0.97
	比例/%	39.29	0.58	0.05	1.50	0.02	—	41.44	16.36	31.05	—	—	47.41	11.15	—	—	—	—	—	11.15	100.00
晋陕峡谷重点建设区	面积/万 km²	0.66	1.01	0	0.50	0	—	2.17	0.26	0.04	0.12	—	0.42	0.06	0.01	0.01	—	—	—	0.08	2.67
	比例/%	24.78	37.65	0.03	18.72	0	—	81.19	9.62	1.51	4.61	—	15.73	2.36	0.55	0.17	—	—	—	3.08	100.00
阿拉善地区重点建设区	面积/万 km²	0	0.02	0.02	0	0	3.08	3.13	—	0.01	0.29	16.94	17.24	0.02	0.01	0.02	0.10	—	1.33	1.47	21.83
	比例/%	—	0.08	0.11	—	—	14.12	14.32	—	0.04	1.33	77.63	78.96	0.07	0.02	0.11	0.44	—	6.08	6.72	100.00
湟水河流域重点建设区	面积/万 km²	—	—	—	—	—	—	0	0.11	0.19	0.83	0.04	1.17	—	—	—	—	—	—	0	1.17
	比例/%	—	—	—	—	—	—	0	9.68	16.06	70.79	3.47	100.00	—	—	—	—	—	—	0	100.00

续表

重点建设区	优化配置方案 现状 水资源可承载	升级改造型 森林/灌丛	森林/草原	森林/荒漠	灌丛/草原	灌丛/荒漠	草原/荒漠	小计	维持管护型 森林/森林	灌丛/灌丛	草原/草原	荒漠/荒漠	小计	生态修复型 森林/灌丛	森林/草原	灌丛/草原	森林/荒漠	灌丛/荒漠	草原/荒漠	小计	合计
准噶尔盆地南缘重点建设区	面积/万 km²	—	0.02	0.03	0.01	0.02	2.49	2.57	0	—	4.05	0.29	4.35	0	0.43	0.08	0.04	0.03	0.64	1.21	8.12
	比例/%	—	0.23	0.40	0.15	0.26	30.59	31.62	0	—	49.91	3.61	53.52	0	5.27	0.93	0.47	0.33	7.85	14.86	100.00
塔里木盆地周边重点建设区	面积/万 km²	0	0.03	0.01	0.01	0	6.14	6.21	0	0.01	12.75	30.80	43.56	—	0.22	0.10	0.68	0.45	14.10	15.55	65.32
	比例/%	0.01	0.05	0.01	0.02	0	9.41	9.50	0	0.01	19.52	47.15	66.69	—	0.34	0.16	1.04	0.69	21.59	23.81	100.00
河西走廊重点建设区	面积/万 km²	0	0.06	0.09	0.07	0	0.96	1.18	0.02	0.06	1.79	4.41	6.27	0.05	0.08	0.02	0.01	0.03	0.75	0.89	8.35
	比例/%	0.02	0.73	1.12	0.79	0	11.51	14.18	0.24	0.66	21.41	52.82	75.13	0.05	0.95	0.25	0.14	0.36	8.95	10.69	100.00
柴达木盆地重点建设区	面积/万 km²	—	—	—	—	—	—	0	0.12	0.17	7.37	8.71	16.38	—	—	—	—	—	—	0	16.38
	比例/%	—	—	—	—	—	—	0	0.74	1.04	45.03	53.19	100.00	—	—	—	—	—	—	0	100.00
天山北坡合地重点建设区	面积/万 km²	0	0.01	0	0.38	0.03	0.48	0.90	0.04	0.01	2.77	0.01	2.82	0.03	0.53	0.03	0.04	0	0.03	0.62	4.35
	比例/%	0.01	0.32	0	8.74	0.74	10.96	20.78	0.86	0.16	63.73	0.22	64.96	0.61	12.20	0.71	0.08	0.01	0.66	14.25	100.00
泾河渭河流域重点建设区	面积/万 km²	0.62	0.78	0.02	1.21	0	0	2.62	0.47	0.08	0.45	0	1.01	0.09	0.01	0.01	0.08	0.01	0	0.12	3.74
	比例/%	16.69	20.80	0.05	32.35	0	0	69.98	12.65	2.16	12.09	0.01	26.91	2.51	0.35	0.25	0.08	0.25	—	3.11	100.00
科尔沁沙地重点建设区	面积/万 km²	0.19	1.12	0.11	1.26	0.12	1.15	3.95	0.88	0.30	2.28	0	3.46	0.89	0.57	0.20	0	0	0	1.67	9.09
	比例/%	2.14	12.35	1.23	13.83	1.27	12.70	43.52	9.68	3.31	25.11	0	38.09	9.82	6.31	2.26	0	0	0	18.38	100.00
毛乌素沙地重点建设区	面积/万 km²	0.05	0.60	0.02	0.42	0	0.29	1.38	0.07	0.04	6.92	0.02	7.05	0.04	0.21	0.17	0	0	0.14	0.57	8.99
	比例/%	0.53	6.69	0.19	4.67	0	3.21	15.30	0.75	0.42	77.04	0.20	78.41	0.48	2.34	1.87	0	0	1.61	6.29	100.00
松辽平原重点建设区	面积/万 km²	0.20	0.12	0	0.01	0	—	0.33	0.51	0.01	—	—	0.51	0.02	—	—	—	—	—	0.02	0.86
	比例/%	23.75	13.52	0.09	0.73	0.02	—	38.12	58.74	0.59	—	—	59.33	2.55	—	—	—	—	—	2.55	100.00

1.49%。晋西北重点建设区以维持管护型为主，占本区植被优化配置总面积的 49.28%，升级改造型和生态修复型分别占 28.73% 和 21.98%。呼伦贝尔沙地重点建设区以维持管护型为主，占本区植被优化配置总面积的 80.93%，升级改造型和生态修复型分别占 17.52% 和 1.55%。浑善达克沙地重点建设区以维持管护型为主，占本区植被优化配置总面积的 89.75%，升级改造型和生态修复型分别占 7.59% 和 0.95%。海河流域重点建设区主要为维持管护型和升级改造型，分别占本区植被优化配置总面积的 47.41% 和 41.44%，生态修复型占 11.15%。晋陕峡谷重点建设区以升级改造型为主，占本区植被优化配置总面积的 81.19%，维持管护型和生态修复型分别占 15.73%、3.08%（表 5-16）。

阿拉善地区重点建设区以维持管护型为主，占本区植被优化配置总面积的 78.96%，升级改造型和生态修复型分别占 14.32% 和 6.72%。湟水河流域重点建设区全部为维持管护型。准噶尔盆地南缘重点建设区以维持管护型为主，占本区植被优化配置总面积的 53.52%，升级改造型和生态修复型分别占 31.62% 和 14.86%。塔里木盆地周边重点建设区以维持管护型为主，占本区植被优化配置总面积的 66.69%，升级改造型和生态修复型分别占 9.50% 和 23.81%。河西走廊重点建设区以维持管护型为主，占本区植被优化配置总面积的 75.13%，升级改造型和生态修复型分别占 14.18% 和 10.69%。柴达木盆地重点建设区全部为维持管护型。天山北坡谷地重点建设区以维持管护型为主，占本区植被优化配置总面积的 64.96%，升级改造型和生态修复型分别占 20.78% 和 14.25%。泾河渭河流域重点建设区以升级改造型为主，占本区植被优化配置总面积的 69.98%，维持管护型和生态修复型分别占 26.91% 和 3.11%。科尔沁沙地重点建设区以升级改造型为主，占本区植被优化配置总面积的 43.52%，维持管护型和生态修复型分别占 38.09% 和 18.38%。毛乌素沙地重点建设区以维持管护型为主，占本区植被优化配置总面积的 78.41%，升级改造型和生态修复型分别占 15.30% 和 6.29%。松辽平原重点建设区以维持管护型以为主，占本区植被优化配置总面积的 59.33%，升级改造型和生态修复型分别占 38.12%、2.55%（表 5-16）。

5.3　林草植被优化配置方案

本节提出三北工程区植被优化配置原则，基于三北工程植被优化配置类型，分别提出三北工程植被优化配置方案，针对升级改造型和灌溉补水型提出植物物种选择与植被建设模式，针对生态修复型和维持管护型提出下一步保护、管理、恢复的措施与建议。

5.3.1　植被优化配置原则

为了进一步提高三北工程区植被覆盖率，林草植被恢复应遵循以下原则。

（1）充分考虑水资源约束作用，提高降水利用效率

三北工程区大部分位于干旱和半干旱气候带，大部分区域降水量小于 400 mm，水资源短缺问题突出。未来，三北工程区植被建设要充分考虑水资源约束，以利用自然降水为主，减少对地表与地下水资源的消耗。在植被建设过程中，需要根据区域降水量确定适宜的林草植被，宜乔则乔，宜灌则灌，宜草则草。在植被建设中尽量选择乡土树种、抗逆性强树种，采用抗旱造林技术，提高水资源利用效率。

（2）遵循生态规律，因地制宜，选择适宜植物

三北工程区空间范围包括东北、华北、西北三个区域，气候带从温带季风气候逐渐过渡到温带干旱和半干旱性大陆气候，降水量从东往西逐步递减，自然生境多种多样。因此，三北工程区植被建设需要遵循地理与生态规律，如植被沿经度与纬度的水平地带性分布规律、沿海拔的垂直地带性分布规律以及阴坡阳坡由水分与热量不同导致的差异，分别选择适宜的乔灌草植被，做到适地适树、适地适灌和适地适草。

（3）充分利用乡土树种，建立稳定植物群落

三北工程区植被区域包括森林（温带针叶林、温带针阔叶混交林、温带阔叶落叶林）、灌丛、草原、荒漠及高山植被。不同区域具有不同地带性植被，这些地带性植被物种为当地乡土物种，被历史证明为当地最稳定群落，能在当地长期生存。因此，三北工程区植被建设过程中，首先应该根据区域确定乔灌草或荒漠的植被类型，然后尽量采用当地乡土植物种，构建当地地带性植物群落，以便植被尽快达到稳定状态。

（4）注重经济效益与生态效益，适当增加经济树种比例

三北工程区所在范围是我国贫困人口分布较多的区域，在植被建设过程中应尽量考虑其未来产生的经济效益。一方面可尽快促进当地人口脱贫；另一方面可调动当地居民积极性，确保植被建设成果得到保存，造福百姓。在植被建设中，可适当考虑经济林比例，通过经济树种与生态树种混交或者经济林与生态林间杂分布，兼顾植被建设的生态效益与经济效益。

（5）构建复杂植被群落结构，增加植物群落抵抗力

在三北工程植被建设过程中，大量的同龄纯林极易产生病虫害、自然灾害等风险。未来，三北工程应在自然条件允许范围内，以建设相对复杂植被群落结构为目标。在三北工程植被建设过程中，控制单一植物种面积而增加混交植物种比例，包括不同针叶或阔叶树种混交，针阔混交，不同灌丛物种混交，不同草原植物混交；通过不同年份种植不同植被，模拟自然演替下植被群落；在适宜森林地区，构建乔灌草结合群落，在适宜灌丛地区，构建灌草结合群落。通过增加群落复杂性，增加植被对病虫害、旱灾、雪灾等抵抗力。

（6）关注退化林分修复，注重植被自然恢复

三北工程建设已经 40 余年，早期建设的防护林已经进入成过熟阶段，部分出现老化、退化需要通过更新、补植、平茬等措施进行退化林分修复，巩固三北工程植被建设成果。同时，三北工程区大部分区域位于生态环境脆弱区，由于自然与人为因素干扰，极易发生生态退化。部分地区开展植被建设不仅不能达到增加植被覆盖的目的，反而会导致原有植被破坏。因此，在三北工程区生态极其脆弱地区，可通过封山（沙）育林（草）、飞播造林方式，充分利用大自然自我修复力，并辅以必要的人工措施，促进林草植被自然恢复。

5.3.2 三北工程生态防护林体系建设地区生态建设与修复工程规模

本研究针对不同的植被优化配置类型中现状植被类型与水资源可承载植被类型，并考虑不同典型重点建设区植被特点，提出不同三北工程生态防护林体系建设地区植被优化配置的生态建设与修复工程规模。

维持管护型包括森林、灌丛和草地维持管护型。维持管护型的目的是使植被类型维持现状，并保持群落活力与健康。目前，三北工程区植被面临的问题包括农田防护林在内的大量人工林面临老化、退化的风险；大量人工纯林导致森林生态系统脆弱，易受病虫害和自然灾害侵害；采伐、放牧等人为干扰导致森林、灌丛、草地退化；灌丛缺乏平茬而质量下降；草地病虫鼠害严重等。森林维持管护型植被的生态修复工程包括农田防护林更新、森林抚育、退化林分修复、封山育林等。灌丛维持管护型的生态修复工程包括灌木林平茬复壮、封山育灌等。草原维持管护型的生态修复工程包括草地围栏封育、划区轮牧、草地病虫害防治等。

升级改造型包括从灌丛/草原/荒漠到森林、草原/荒漠到灌丛以及荒漠到草原的升级改造型。顶级群落为森林的升级改造型植被生态建设与修复工程包括灌木林升级造林、草地与荒漠人工造林、飞播造林、封山育林等。顶级群落为灌丛的升级改造型植被生态建设与修复工程包括草地与荒漠人工造灌、飞播造灌、封山育灌等。顶级群落为草原的升级改造型植被生态建设与修复工程包括人工种草、飞播种草、围栏封育等。

生态修复型包括从森林到灌丛/草地/荒漠、灌丛到草地/荒漠和草地到荒漠等的生态修复型。生态修复型的植被是目前水资源难以承载现有植被类型，需要过量消耗地下水或灌溉才能维持植被现有状况。适宜群落为灌丛的生态修复型植被的生态建设与修复工程包括人工造灌、飞播造灌、封山育灌等。适宜群落为草原的生态修复型植被的生态建设与修复工程包括人工种草、飞播种草、草地围栏封育等。

不同三北工程生态防护林体系建设地区不同优化配置类型生态建设与修复工程规模见表5-17和表5-18。东部丘陵平原区升级改造型以飞播造林、灌木林升级造林、草地与荒漠人工造林为主，维持管护型以农田防护林更新为主，生态修复型以人工造灌为主。东部丘陵平原区生态建设与修复工程主要包括林分修复、封育、森林/灌木抚育，面积分别为14.27万 km^2、4.65万 km^2 和4.50万 km^2。

表 5-17 三北工程生态防护林体系建设地区不同优化配置类型生态建设与修复工程规模

（单位：万 km^2）

植被优化配置类型	生态工程类型	东部丘陵平原区	内蒙古高原区	黄土高原区	西北高山盆地区
升级改造型	灌木林升级造林	1.35	0.49	1.47	0.01
	草地与荒漠人工造林	1.17	2.09	1.90	0.51
	飞播造林	1.51	1.55	2.02	0.31
	封山育林	1.01	1.03	1.34	0.20
	草地与荒漠人工造灌	0.82	0.87	1.95	0.53
	飞播造灌	0.49	0.52	1.17	0.32
	封山育灌	0.33	0.35	0.78	0.21
	人工种草	0.57	1.67	0.05	8.85

植被优化配置类型	生态工程类型	东部丘陵平原区	内蒙古高原区	黄土高原区	西北高山盆地区
升级改造型	飞播种草	0.34	1.00	0.03	5.31
	围栏封育	0.23	0.67	0.02	3.54
	小计	7.81	10.22	10.72	19.77
维持管护型	农田防护林更新	10.19	1.29	0.20	0.07
	森林抚育	4.08	6.43	0.99	0.33
	退化林分修复	4.08	3.86	0.59	0.20
	封山育林	2.04	1.29	0.20	0.07
	灌木林抚育	0.42	0.36	0.81	0.78
	封山育灌	0.18	0.15	0.35	0.33
	围栏封育	0.55	11.41	2.27	11.88
	划区轮牧	0.91	19.02	3.78	19.81
	草原病虫鼠害防治	0.36	7.61	1.51	7.92
	小计	22.80	51.41	10.67	41.37
生态修复型	人工造灌	0.57	0.40	0.26	0.04
	飞播造灌	0.34	0.24	0.15	0.02
	封山育灌	0.23	0.16	0.10	0.01
	人工种草	0.26	2.12	0.43	14.54
	飞播种草	0.15	1.27	0.26	8.72
	围栏封育	0.10	0.61	0.17	0.37
	小计	1.64	4.79	1.37	23.70
合计		32.25	66.42	22.76	84.84

表 5-18　三北工程生态防护林体系建设地区主要生态建设与修复工程规模

（单位：万 km²）

生态工程	东部丘陵平原区	内蒙古高原区	黄土高原区	西北高山盆地区
病虫害防治	0.36	7.61	1.51	7.92
飞播造林/灌	2.34	2.30	3.34	0.64
飞播种草	0.51	2.27	0.29	14.03
封育	4.65	15.67	5.23	16.62
划区轮牧	0.91	19.02	3.78	19.81
林分修复	14.27	5.14	0.79	0.26
人工造林/灌	3.90	3.84	5.57	1.07

生态工程	东部丘陵平原区	内蒙古高原区	黄土高原区	西北高山盆地区
人工种草	0.83	3.78	0.48	23.39
森林/灌木抚育	4.50	6.79	1.79	1.10
合计	32.25	66.42	22.76	84.84

内蒙古高原区升级改造型以草地与荒漠人工造林、人工种草、飞播造林为主，维持管护型以划区轮牧和围栏封育为主，生态修复型以人工种草和飞播种草为主。内蒙古高原区生态建设与修复工程主要包括划区轮牧、封育、病虫害防治，面积分别为 19.02 万 km^2、15.67 万 km^2 和 7.61 万 km^2。

黄土高原区升级改造型以飞播造林、草地与荒漠人工造灌、草地与荒漠人工造林为主，维持管护型以划区轮牧和围栏封育为主，生态修复型以人工种草、人工造灌和飞播种草为主。黄土高原区生态建设与修复工程主要包括人工造林/灌、封育、划区轮牧，面积分别为 5.57 万 km^2、5.23 万 km^2 和 3.78 万 km^2。

西北高山盆地区升级改造型以人工种草、飞播种草、围栏封育为主，维持管护型以划区轮牧、围栏封育和草原病虫鼠害防治为主，生态修复型以人工种草和飞播种草为主。西北高山盆地区生态建设与修复工程主要包括人工种草、划区轮牧、封育，面积分别为 23.39 万 km^2、19.81 万 km^2 和 16.62 万 km^2。

5.3.3 不同优化配置类型的植被优化配置方案

5.3.3.1 维持管护型

维持管护型是指仅需对植被进行必要养护以维持植被现状的植被类型。可采取相应的管护措施进行养护管理，包括管护、封育、森林抚育与修复、退化草地人工修复等措施。

（1）管护

对生长状况正常的植被，仅需要采取一般的管护措施以保护与维持植被状况。目前，全国不同省份通过森林和草地管护员来实现森林和草地植被管护。

森林与灌丛管护员主要职责包括宣传天然林资源保护政策和有关法律、法规；制止盗伐滥伐森林和林木、毁林开垦和侵占林地的行为，并及时报告有关情况；负责森林防火巡查，制止违章用火，发现火情及时采取有效控制措施并报告有关情况；及时发现和报告森林有害生物发生情况；制止乱捕乱猎野生动物和破坏野生植物的违法行为，并及时报告有关情况；阻止牲畜进入管护责任区毁坏林木及幼林；及时报告山体滑坡、泥石流、冰雪灾害等对森林资源的危害情况。

草地与荒漠管护员主要职责包括协助县草原监理机构和乡政府与其所监管对象签订目标责任书，落实补奖政策各项内容，查清牧户、草原、牲畜等基本情况；进行动态巡护，落实禁牧和草畜平衡制度，并根据巡护情况建立日志；开展草原保护法规和政策的宣传，及时制止、举报草原违法案件；对监管区内的草原基础设施进行监管，及时上报草原鼠虫害、火灾等情况。

（2）封育

对于受到较多人类干扰出现退化的森林、灌丛、草原和荒漠，可通过封育的方式维持与保护现有植被，促进植被恢复与自然演替，改善植被质量。封育包括全面封育、轮流封育和季节性封育。

全面封育需要在牲畜活动的频繁区域，采取人工方法在封育区域外设置围栏等措施，防止牲畜进入破坏原有的自然环境。在封育区的周边明显位置，如河流的交叉位置、主要的交通路口等地设置明显的标志。根据当地的实际情况，如果封育的面积过大或者是当地的人、畜对于封育区域内的植被破坏较大时，应设立巡逻制度，由专人负责巡逻。

轮流封育指在充分考虑当地居民的生产生活问题，将整个区域划分成若干个小的区域，实行的轮流封育办法。从总体上考虑，在不影响整片区域内的植被保护措施时，将其中的一部分进行开放，以满足周边居民的生产生活需要。有计划、有目的地组织周边的居民对即将开放的区域进行采摘和放牧。除开放区域外，其他地区一律全部封禁，与全面封育采取相同的办法，一般来说轮流封育间隔 5～10 年轮换 1 次。

季节性封育即半封的封育方式。一般在每年 3～9 月，即植被主要的生长期间对森林、灌丛、草原或荒漠进行封育，在封育期间禁止一切农事活动，以此来保证植被的正常生长。与此同时，每年会定期解封，在保证封育地区植被不受到破坏的情况下，组织周围的群众在指定的位置进行砍柴、割草、放牧及采集等。这样的方式不仅对植被的保护和自我修复起到了很好的作用，同时也兼顾了周围地区人们正常的生产生活。

封育具体措施包括建立封育管护站，在封育区周边设置封育围栏，设置专人看护，禁止无关人员进入封育区；建立动植物监测样地，对封育区内植被覆盖率、野生动物、幼树更新等情况进行全面监测；采取人工措施促进植被复壮，如施肥、移除杂草、补播、病虫害防治等。

（3）森林抚育与修复

森林抚育是指从造林起到成熟龄以前的森林培育过程中，为保证幼林成活，促进林木生长，改善林木组成和品质及提高森林生产率所采取的各项措施。此外，林分老化、自然灾害、管理不当等导致林分退化，需要进行林分修复。森林抚育与修复措施包括割除灌草、修枝、施肥、补植、抚育采伐、病虫害防治等工作。

在林分郁闭前或者郁闭后，灌木杂草影响目的树种生长，造成目的树种生长缓慢时，需要进行割灌除草抚育。在树种周边 2m 左右范围内将妨碍幼树、林木生长的灌木、杂草进行割除。修枝是对整枝生长不良或者枝条生长茂盛影响林内通风和光照的林分进行修理，以促进植物健康生长。补植是对郁闭度比较低的林分，或者在林中空地、林隙等处进行补植，以调整林分密度，提高林地生产力的一种抚育方式。抚育采伐是指森林在生长过程中采伐部分林木以保证林分正常生长，包括透光伐、疏伐、生长伐、卫生伐等。树种在生长过程中，由于上方或侧上方其他林木生长过快，出现遮阴问题，或者是林木郁闭后，树种的生长受到压制，受上层林木影响严重，为了促进树种的快速生长，需要进行透光伐。疏伐适用于生长密度过大的林分，一般是在幼龄林或中龄林阶段进行，如果林分的生长密度过大，不利于林木的生长，需要进行疏伐。为了促进目标林木的径向生长以及蓄积生长，通过单株抚育、团状抚育的方式，在确定目标树最终保留密度的基础上，将干扰树伐掉。卫生伐是将已经遭受自然灾害的森林中的危害木伐除，促进林分的健康生长。

（4）退化草地人工修复

当草地出现退化时，除了围栏封育、禁牧、休牧、轮牧等自然措施以外，还可以通过人工措施进行修复，包括松耙、划破草皮、浅翻耕、补播、施肥、鼠虫害防治等。

松耙是对中度退化的草甸或草甸草原，在春季进行松耙，耙深 6~8 cm，松耙后镇压地面，禁牧 2 年。划破草皮是对中度退化草地，在早春利用机具划破，深度为 10 cm，行距 30~60 cm，禁牧 2 年后适度割草利用。浅翻耕是对重度退化草地在雨季进行翻耕，禁牧 2 年后适度割草利用。补播是对降水量不少 250 mm 区域的中度和重度退化草地，在雨季前免耕补播或松土补播，禁牧 2 年后适度割草利用。施肥是对轻度、中度退化草地在融雪、冻融或降水水分补充前，采用沟施或撒施肥料进行草地养分补充。鼠虫害防治是通过化学、物理或生物方法防治草原虫害与鼠害。

5.3.3.2 升级改造型

升级改造型根据其可发展的顶级群落类型分为森林–升级改造型、灌丛–升级改造型、草原–升级改造型。森林–升级改造型包括从灌丛到森林、从草原到森林和从荒漠到森林 3 种类型。对于从灌丛到森林的森林–升级改造型，一般灌丛已经具备灌丛和草本结构，仅在灌丛群落中增加森林树种。从草原到森林的森林–升级改造型仅具有草本结构，可在草原植被中增加灌丛与森林，形成乔灌草三层结构的植物群落。从荒漠到森林的森林–升级改造型现状为荒漠，在升级改造过程中，需要增加草本、灌丛和森林植物物种，构建稳定群落结构。灌丛–升级改造型包括从草原到灌丛和从荒漠到灌丛 2 种类型。从草原到灌丛类型的灌丛–升级改造型仅需要增加灌丛植物即可。从荒漠到灌丛则需要增加草本与灌丛两种植物物种。草原–升级改造型是指从荒漠到草原升级改造类型，仅需要在荒漠上增加草本植物即可。对升级改造型而言，首先，需要基于改造建设的亚类型，根据不同区域乡土植物物种来选择适宜的植物物种；然后，根据现有的植被建设技术模式来建设方案。

（1）植物物种选择

不同区域、海拔、坡度、坡向等环境因素下，由于水热条件差异，植物物种存在一定差异。在开展植被升级改造时，需要根据当地乡土乔灌草植物物种，构建稳定植物群落。

寒温带针叶林区域的乡土针叶树种包括兴安落叶松、樟子松、红皮云杉等，乡土阔叶树种包括蒙古栎、黑桦、山杨、紫椴、白桦、钻天杨、甜杨等；乡土灌丛植物包括胡枝子、榛、毛榛、兴安杜鹃、狭叶杜香、越橘等；乡土草原植物包括关苍术、大叶草藤、蕨菜。

温带针阔叶混交林区域的乡土针叶树种包括红松、冷杉、紫杉、鱼鳞云杉、红皮云杉、臭冷杉等，乡土阔叶树种包括水曲柳、花曲柳、胡桃楸、山杨、白桦、黄檗、糠椴、千金榆、春榆、花楸、岳桦等；乡土灌丛植物包括胡枝子、毛榛、平榛、瘤枝卫矛、岩高兰、西伯利亚刺柏等；乡土草原植物包括羊胡子薹草、乌苏里薹草、凸脉薹草、四花薹草。

暖温带阔叶林区域的乡土针叶树种包括油松、侧柏、白杆、青杆、华北落叶松等，乡土阔叶树种包括麻栎、槲树、栓皮栎、蒙古栎、椴树、赤松、马鞍树、大果榆、核桃楸、黄檗、紫椴、大叶朴和灯台树等；乡土灌丛植物包括榛、毛榛、三桠乌药、瓜木、天女花、无梗五加、东北山梅花、接骨木、天女花、白檀等；乡土草原植物包括亚柄薹草、山萝花、黄背草、宽叶薹草、山茄子、羊乳、华东蹄盖蕨、盾叶唐松草等。

温带草原区域仅在部分区域有森林分布，其乡土针叶树种为樟子松、油松、西伯利亚落叶松、雪岭杉、新疆云杉、新疆冷杉、西伯利亚云杉、西伯利亚红松、西伯利亚冷杉等，乡土阔叶树种包括白桦、山杨、蒙古栎、黑桦、糠椴、槭树、榆树等；乡土灌丛植物包括小叶锦鸡儿、百里香、山杏、紫穗槐、胡枝子、大果榆、虎榛子、绣线菊等；乡土草原植物包括黄背草、大油芒、克氏针茅、羊草、线叶菊、贝加尔针茅、糙隐子草、冰草、白羊草、光颖芨芨草、草原早熟禾、牛筋草、马唐、野青茅等；荒漠的乡土植物物种包括女蒿、菁状亚菊、锦鸡儿等灌木和戈壁针茅、沙生针茅、石生针茅、短花针茅、无芒隐子草等。

青藏高原高寒植被区域也仅有少量森林分布，其乡土针叶树种为祁连圆柏等，没有乡土阔叶树种；乡土灌丛植物包括冰川茶藨子、金露梅、毛枝山居柳、鬼箭锦鸡儿、肋果沙棘等；乡土草原植物包括波伐线叶嵩草、北方嵩草、喜马拉雅嵩草、黑褐薹草、珠芽蓼、藏异燕麦、垂穗鹅观草、双叉细柄茅、线叶紫菀、高山唐松草、黄花棘豆等；荒漠乡土植物物种包括垫状驼绒藜、西藏亚菊、合头草、新疆盐爪爪等。

温带荒漠区域的荒漠乡土植物物种包括石生针茅、沙生针茅、糙隐子草、无芒隐子草、冰草、克氏针茅、东方针茅、沟叶羊茅等草原植物和冷蒿、百里香、菁状亚菊、岩蒿、女蒿、喀什蒿等灌木。

（2）植被建设技术模式

不同区域、海拔、坡度、坡向等环境因素下，水热条件和社会经济条件存在巨大差异，采用的植被建设模式也有所不同。在开展植被升级改造时，需要根据当地立地条件，因地制宜选用最适合当地水分条件和立地条件的植被建设模式，构建稳定植物群落。不同区域的参考模式可参考附件 1 和附件 2。

5.3.3.3 生态修复型

植被生态修复型分为灌丛–生态修复型、草原–生态修复型、荒漠–生态修复型。其中，灌丛–生态修复型是指将现状为森林的人工植被，通过栽植灌丛以及逐步减少至停止灌溉，将森林植被逐渐恢复为灌草植被。草原–生态修复型包括从森林到草原的生态修复型和从灌丛到草原的生态修复型。从森林到草原的生态修复型也需要通过播种草本植物以及逐步减少至停止灌溉，将森林逐步恢复为草原；从灌丛到草原的生态修复型需要通过播种草本植物，将灌丛逐渐恢复为草原。荒漠–生态修复型包括从森林到荒漠的生态修复型、从灌丛到荒漠的生态修复型和从草原到荒漠的生态修复型。从森林到荒漠的生态修复型也需要通过逐步减少至停止灌溉，将森林恢复为荒漠。从灌丛到荒漠的生态修复型可通过播种荒漠植物以及逐步减少至停止灌溉，将灌丛逐渐恢复为荒漠。从草原到荒漠的生态修复型可以通过播种荒漠植物以及逐步减少至停止灌溉，将草原逐渐恢复为荒漠。

5.3.3.4 灌溉补水型

灌溉补水型可分为森林−灌溉补水型、灌丛−灌溉补水型、草原−灌溉补水型和荒漠−灌溉补水型。其中，森林−灌溉补水型是指通过灌溉或直接利用水资源通过人工种植的方式建造森林植被。森林−灌溉补水型包括从灌丛到森林、从草原到森林、从荒漠到森林3种类型。对于从灌丛到森林的森林−灌溉补水型，一般灌丛已经具备灌丛和草原结构，仅在灌丛群落中增加森林树种。从草原到森林的森林−灌溉补水型仅具有草原结构，可在草原植被中增加灌丛与森林，形成乔灌草三层结构的植物群落。从荒漠到森林的森林−灌溉补水型现状为荒漠，在升级改造过程中，需要增加草原、灌丛和森林植物物种，构建稳定群落结构。灌丛−灌溉补水型包括从草原到灌丛、从荒漠到灌丛2种类型。从草原到灌丛类型的灌丛−灌溉补水型仅需要增加灌丛植物即可。从荒漠到灌丛则需要增加草原与灌丛两种植物物种。草原−灌溉补水型是指从荒漠到草原灌溉补水类型，仅需要在荒漠上增加草原植物即可。

灌溉补水型植被在建设过程中需要根据当地剩余水资源量以及其气候条件，选择耐旱的乔木、灌木或草本植物物种，构建相应的植被。植被建设可参照不同区域植被建设技术模式（附件2）。

5.3.4 三北工程区不同省份林草植被建设补充灌溉用水

生态建设灌溉可用水量是指区域内的产水量减去生产生活水消耗量后，再考虑可用于生态植被建设比例系数的水资源量。三北工程区生态建设灌溉可用水量通过综合模拟区内产水量、水消耗量和灌溉系数获得。本研究结果显示，三北工程区13个省（自治区、直辖市）的生态建设灌溉可用水量为0.35亿～289.81亿m³，其中天津最低，内蒙古最高。

生态环境补水量是各地区总用水量中扣除生活用水、工业用水和农业用水外的剩余部分。生态环境补水包括通过人工措施为城镇绿地和湿地环境用水的供水与部分河湖、湿地补水。生态环境补水理论上是可用作区域生态植被建设灌溉用水。结果显示，2016～2019年三北工程区13个省（自治区、直辖市）生态环境补水量逐年上升。2019年各省（自治区、直辖市）生态环境补水量为1.20亿～49.00亿m³，其中黑龙江最低，新疆最高。

在生态建设灌溉用水中扣除实际生态环境补水量后发现，三北工程区各省（自治区、直辖市）中，仅北京、宁夏和天津的生态建设灌溉可用水量低于生态环境补水量，需要区域以外的其他水源进行补水。而内蒙古等10个省（自治区、直辖市）生态建设灌溉可用水量均高于生态环境补水量，生态建设灌溉可用水量均有剩余，还具有生态建设灌溉的潜力，剩余量为3.83亿～264.81亿m³，其中青海最低，内蒙古最高（表5-19）。

表 5-19 不同省份模拟灌溉可用水与实际生态环境补水对比 （单位：亿 m³）

省份	生态建设灌溉可用水量	生态环境补水量				扣除 2019 年生态环境补水量的生态建设灌溉可用水量剩余
		2016 年	2017 年	2018 年	2019 年	
北京	4.00	11.10	12.70	13.40	16.00	−12.00
甘肃	10.67	4.10	4.70	4.70	5.20	5.47
河北	30.01	6.70	8.20	14.50	22.10	7.91
黑龙江	40.30	2.50	1.50	3.60	1.20	39.10
吉林	38.35	6.30	4.70	4.40	6.50	31.85
辽宁	15.71	5.60	5.50	5.70	6.00	9.71
内蒙古	289.81	23.10	23.10	24.60	25.00	264.81
宁夏	0.63	2.00	2.50	2.60	2.80	−2.17
青海	5.23	1.10	1.20	1.30	1.40	3.83
山西	14.41	3.30	3.00	3.50	4.90	9.51
陕西	20.41	3.10	3.50	4.80	4.50	15.91
天津	0.35	4.10	5.20	5.60	6.20	−5.85
新疆	100.03	6.50	10.20	30.50	49.00	51.03
合计	569.91	79.50	86.00	119.20	150.80	419.11

5.4 小结：适水性林草植被优化配置类型和方案

通过对比三北工程区现状植被与水资源可承载植被分布格局，确定现状与水资源可承载植被分布差异，针对不同差异类型确定植被优化配置类型，提出植被优化配置方案。

（1）三北工程区现状与水资源可承载植被分布对比分析

对比现状植被与水资源可承载植被发现，水资源植被承载力盈余比（rwv）为 0.98，植被覆盖率保持在 42.00%，总体上属于植被水资源承载力平衡状态。森林水资源植被承载力盈余比（rwv）为 1.22，属于水资源承载力盈余状态，灌丛水资源植被承载力盈余比（rwv）为 1.11，属于水资源承载力盈余状态，草原水资源承载力盈余比（rwv）为 0.88，属于水资源承载力超载状态。

不同气候带中，干旱暖温带水资源植被承载力处于超载状态，半湿润暖温带、寒温带、青藏高寒带水资源植被承载力整体处于平衡状态，湿润中温带、干旱中温带、半干旱中温带水资源植被承载力处于盈余状态。不同植被分区中，森林植被区水资源植被承载力处于平衡状态，稀树灌草植被区和草原植被区处于盈余状态，荒漠植被和高原植被区水资源植被承载力处于超载状态。

不同三北工程分区中，东北华北平原农区和黄土高原丘陵沟壑区水资源植被承载力处于平衡状态，风沙区水资源植被承载力处于盈余状态，西北荒漠区水资源植被承载力处于超载状态。

不同三北工程区生态防护体系建设地区中，东部丘陵平原区和内蒙古高原区水资源植被承载力处于盈余状态，黄土高原区水资源植被承载力处于平衡状态，西北高山盆地区水资源植被承载力处于超载状态。不同省份中植被面积较大的省份，新疆水资源植被承载力处于超载状态，甘肃水资源植被承载力处于平衡状态，内蒙古、黑龙江水资源植被承载力处于盈余状态。

不同三北工程重点建设区中，塔里木盆地周边重点建设区水资源植被承载力处于超载状态，晋西北重点建设区、海河流域重点建设区、晋陕峡谷重点建设区等水资源植被承载力处于平衡状态，松嫩平原重点建设区、河套平原重点建设区、呼伦贝尔沙地重点建设区、浑善达克沙地重点建设区等水资源植被承载力处于盈余状态。

（2）三北工程区植被优化配置类型

根据现状与水资源可承载植被分布空间格局对比结果，确定三北工程区植被优化配置类型，包括升级改造型、生态修复型、灌溉补水型和维持管护型，分析不同优化配置类型植被面积及其构成，确定不同优化配置类型空间分布。三北工程区植被优化配置总面积为304.29 万 km²。其中，维持管护型面积为 218.52 万 km²，占三北工程区植被优化配置总面积的 71.82%；升级改造型面积为 48.55 万 km²，占 15.95%，其中灌溉补水型面积为 3.64万 km²；生态修复型面积为 37.21 万 km²，占 12.23%。升级改造型以荒漠-草原升级改造型为主，其中从草原植被、荒漠植被升级为森林植被和灌丛植被的面积分别为 11.34 万km² 和 8.33 万 km²；维持管护型以荒漠-维持管护型为主；生态修复型以草原-荒漠生态修复型为主。

对不同气候带而言，干旱暖温带、寒温带、湿润中温带、干旱中温带、青藏高寒带和半干旱中温带均以维持管护型为主，半湿润暖温带以升级改造型为主。不同植被分区中，各植被分区均以维持管护型为主，其中森林植被区以森林-维持管护型为主，草原植被区和稀树灌草植被区以草原-维持管护型为主，荒漠植被区和高原植被区以荒漠-维持管护型为主。

不同三北工程分区中，东北华北平原农区以森林-维持管护型为主，风沙区以草原-维持管护型为主，黄土高原丘陵沟壑区以草原-维持管护型为主，西北荒漠区以荒漠-维持管护型为主。

不同三北工程生态防护林体系建设地区中，东部丘陵平原区以森林-维持管护型为主，内蒙古高原区以草原-维持管护型为主，黄土高原区以草原-维持管护型为主，西北高山盆地区以荒漠-维持管护型为主。

对不同省份而言，新疆、内蒙古、青海、甘肃、黑龙江等省份植被面积相对较多，在三北工程区植被优化配置中占有相对重要的地位。新疆、甘肃以荒漠-维持管护型为主，内蒙古、青海以草原-维持管护型为主，黑龙江以森林-维持管护型为主。不同三北工程重点建设区中，河套平原重点建设区、呼伦贝尔沙地重点建设区、晋西北重点建设区和科尔沁沙地重点建设区 14 个重点建设区以维持管护型为主。松嫩平原重点建设区、晋陕峡谷重点建设区、泾河渭河流域重点建设区和科尔沁沙地重点建设区 4 个重点建设区以升级改造型为主。

（3）三北工程区植被优化配置方案

构建了三北工程区植被优化配置原则，基于三北工程植被优化配置类型，分别提出了不同三北工程生态防护林体系建设地区生态建设与修复工程规模：东部丘陵平原区生态建设与修复工程主要包括林分修复、封育、森林/灌木抚育，面积分别为 14.27 万 km²、4.65 万 km² 和 4.50 万 km²；内蒙古高原区生态建设与修复工程主要包括划区轮牧、封育、病虫害防治，面积分别为 19.02 万 km²、15.67 万 km² 和 7.61 万 km²；黄土高原区生态建设与修复工程主要包括人工造林/灌、封育、划区轮牧，面积分别为 5.57 万 km²、5.23 万 km² 和 3.78 万 km²；西北高山盆地区生态建设与修复工程主要包括人工种草、划区轮牧、封育，面积分别为 23.39 万 km²、19.81 万 km² 和 16.62 万 km²。针对升级改造型和灌溉补水型提出了不同植被区域、立地条件和建设类型的植物物种选择，提出了不同气候带植被建设模式建议。针对生态修复型和维持管护型提出了下一步保护、管理、恢复的措施与建议。

本研究结果显示，三北工程区 13 个省（自治区、直辖市）的生态建设灌溉可用水量为 0.35 亿~289.81 亿 m³，其中天津最低，内蒙古最高；2019 年各省（自治区、直辖市）生态环境补水量为 1.20 亿~49.00 亿 m³，其中黑龙江最低，新疆最高；内蒙古等 10 个省（自治区、直辖市）具有生态建设灌溉的潜力，剩余量为 3.83 亿~264.81 亿 m³，其中青海最低，内蒙古最高。

第6章 | 根据水资源承载力
建设和保护林草植被

三北防护林体系建设工程面积达449.28万km²，是迄今为止人类历史上规模最大、建设持续时间最长的生态防护林建设工程。经过40余年建设，三北工程按期完成造林任务，累计完成造林面积4.61×10⁷hm²，森林面积增加了2.16×10⁷hm²。

随着造林成果不断增加，三北工程建设过程中的问题也逐渐显露并亟待解决，特别是由于三北工程区大部分区域地处干旱半干旱水资源稀缺地区，水资源供需矛盾日益严重，水资源缺乏成为三北工程区乔灌草植被建设的主要制约因素。植被建设对水循环的影响也成为当前学术界争议的焦点。多位研究者指出，三北工程造成地表径流减少和地下水位下降，加剧了三北地区缺水问题；同时，也有研究者认为植被建设具有削减洪峰，增加枯水期径流的作用。此外，三北工程区现状乔灌草植被覆盖率为42%，是否已经达到以降水为来源的水资源利用的极限？位于三北工程区内的黄土高原区乔灌草植被覆盖率现状为58.51%，有研究者指出该区域乔灌草植被覆盖率阈值范围应在50%以内，但也有研究者认为可在34%~70%。目前，三北工程乔灌草植被覆盖率阈值暂无定论。

三北工程未来的建设必须牢固树立以水定林草的发展理念，从造林种草的实际需要和水资源承载力相适应出发，以不同区域的自然降水为主要依据，因地制宜发展雨养林草植被，建设稳定高效可持续的生态系统。为准确了解三北工程区水资源承载力状况，根据水资源承载力科学布局和实施三北工程区林草植被建设的需要，2019~2020年，国家林业和草原局开展"三北工程建设水资源承载能力与林草资源优化配置研究"重大项目。该项目在三北工程区、典型重点工程区、重点县3个空间尺度上，基于降水量及其地表分配研究水资源承载能力与林草资源优化配置，主要结果如下。

6.1 三北工程区水资源空间格局与变化趋势

6.1.1 降水时空格局及变化趋势

(1) 降水现状

基于三北工程区1980~2018年700余个县级站点降水数据，采用皮尔逊Ⅲ型曲线计算平水年（50%降水频率）降水量，通过空间插值分析三北工程区降水量时空格局。结果显示，平水年降水量变化范围为26.78~939.08 mm，平均值为290.47 mm，降水总量为1.183×10¹² m³，降水量空间上自东南向西北递减。

三北工程区平水年降水量小于 200 mm 的面积占总面积的 47.12%，降水量 200 ~ 350 mm占 18.81%，降水量 350 ~450 mm 占 13.31%，降水量大于 450 mm 占 20.76%。显然，三北工程区大部分地区属于干旱半干旱地区，因而在植树造林的生态建设中，必须考虑降水对植被的承载能力。

按不同三北工程区分区来看，平水年降水量平均值西北荒漠区仅为 121.89 mm，风沙区为 358.25 mm，黄土高原丘陵沟壑区为 472.93 mm，东北华北平原农区较高，为 572.75 mm。

（2）降水变化趋势

根据 1980 ~ 2018 年逐年降水量数据发现，1980 年以来，三北工程区年降水总量呈现波动中略有增加的变化特征。利用 Mann-Kendall 法检验 1951 ~ 2018 年三北工程区降水量变化趋势。结果也发现，三北工程区有 35.12% 的区域年降水量呈明显增加趋势，主要位于西北部地区，特别是青海北部以及新疆西部和南部；有 59.87% 的区域呈不明显减少或增加趋势，维持相对稳定，主要位于三北工程区东部和中部区域；有 5.01% 的区域呈减少趋势，主要位于辽宁北部、内蒙古呼伦贝尔和河北东部。这表明，在整个三北工程区，60% 的区域年降水量基本维持稳定，只有约 5% 面积的区域年降水量有下降趋势，35% 面积的区域年降水量呈现明显增加趋势。这为未来三北工程区林草植被恢复和建设提供了有利降水条件。

（3）植被可利用有效降水

植被可利用有效降水是指渗入土壤并储存在植物主要根系吸水层中的降水量，等于降水量扣除地表和地下径流量。地表和地下径流量根据不同区域顶级植物群落下地表和地下径流系数进行计算。本研究分别计算了 1980 ~ 2018 年和未来 30 年植被可利用有效降水量。取二者最小值得出，三北工程区最小植被可利用年有效降水量在 13.31 ~ 852.31 mm，平均为 218.45 mm，最小植被可利用有效降水总量为 9.81×10^{11} m³，约占平水年降水总量的 83.01%。

按不同三北工程区分区来看，最小植被可利用有效降水平均值西北荒漠区仅为 104.92 mm，风沙区为 297.15 mm，黄土高原丘陵沟壑区为 381.39 mm，东北华北平原农区较高，为 454.30 mm。

6.1.2 浅层地下水

根据国家级、省级、地市级地下水监测网络监测点数据，三北工程区水文地质调查数据以及实地补充调查数据，分析三北工程区浅层地下水历史变化趋势。2015 年，东北华北平原农区地下水埋深基本小于 10m，而其他地区地下水埋深小于 10m 比例较少，不能够支撑植被自然生长存活，需要其他方式补水。2010 ~ 2019 年，三北工程区大部分地区地下水埋深增加，西北地区东部地下水埋深增加趋势明显，新疆吐鲁番地区地下水埋深有逐年下降的趋势，青海湟水河谷地及柴达木盆地监控地地下水埋深变化波动不大；华北地区山西境内地下水埋深略有下降；东北地区松辽平原基本趋于稳定。

总体来讲，三北工程区除东北平原和河套平原外绝大部分区域的地下水埋深在 10m 以上，不能直接被植被利用，2010 年以来，三北工程区大部分地区地下水平均埋深增加，地下水位下降，导致部分地区人工林枯死或退化。

6.1.3 生态建设灌溉可用水量

三北工程区降水产生的河川径流量扣除供给农业、居民、工业以及城市植被水资源消耗量，剩余部分可供重点区域林草植被建设灌溉之用。本研究基于 InVEST 模型模拟三北工程区水供给量，根据耕地、工业用地、居民用地、城市林草植被面积和不同土地利用类型单位面积水资源消耗量计算水资源消耗总量，得出三北工程区水资源剩余量，其中30%可用于当地生态建设灌溉。

三北工程区范围广大，由于流域之间连通性问题，跨流域调水难度非常大。本研究以三级流域单元为研究单元，仅当三级流域内部可用于生态植被建设的灌溉水量大于 0 时，才考虑在该流域单元内通过灌溉来补充植被耗水亏缺量以开展植被建设。三北工程区范围内涉及的 100 个三级流域单元中灌溉可用水量大于 0 的三级流域单元仅 47 个。这 47 个流域单元的灌溉可用水量之和为整个三北工程灌溉可用水总量，为 569.91 亿 m³。47 个流域单位面积灌溉水量在 2.90 ~ 70.99 mm，其中西北诸河流域的疏勒河三级流域单元最低，辽河流域的鸭绿江二级流域的浑江口以上三级流域单元最高。从灌溉可用水总量上来看，47 个流域单元的灌溉可用水总量在 0.02 亿 ~ 64.94 亿 m³，其中黄河流域的伊洛河三级流域单元最低，西北诸河流域的内蒙古东部三级流域单元最高。

基于以上考虑，确定三北工程区不同区域生态建设灌溉可用水量，总量为 569.91 亿 m³，其中西北荒漠区为 164.28 亿 m³，风沙区为 270.63 亿 m³，黄土高原丘陵沟壑区为 19.73 亿 m³，东北华北平原农区为 115.30 亿 m³。

6.2 三北工程区水资源林草植被承载能力

6.2.1 林草植被生态需水量阈值

林草植被在本研究中被划分为森林植被、灌丛植被、草原植被和荒漠植被。不同植被在不同气候带条件下生态需水量不同。本研究以累计面积百分比 10.0% 时植被生态需水量作为植被生态需水量阈值，森林植被的生态需水量阈值在 328.5 ~ 454.3 mm，灌丛植被的生态需水量阈值在 288.2 ~ 414.2 mm，草原植被的生态需水量阈值在 187.9 ~ 353.3 mm，荒漠植被的生态需水量阈值在 65.5 ~ 170.2 mm。依据该阈值，可确定降水对不同类型林草植被的承载能力规模。

6.2.2 水资源可承载林草植被

基于不同气候带植被生态需水量阈值、三北工程区植被可利用有效降水量、灌溉水量等确定三北工程区水资源可承载植被。三北工程区水资源可承载乔灌草植被总面积为 184.14 万 km²，林草植被覆盖率为 41.00%，总体上植被水资源承载力处于盈余状态。对不同植被类型而言，森林植被覆盖率为 11.99%，比现状植被 9.81% 多出 2.18 个百分点，森林植被有较大增加空间；灌丛植被覆盖率 3.17%，比现状植被 2.85% 多出 0.32 个百分点，灌丛植被也有一定增加潜力；草原植被覆盖率 25.84%，比现状植被 29.33% 少 3.49 个百分点，表明三北工程区约有占比达 3.49% 的草地植被类型可升级改造为森林植被或灌丛植被。此外，三北工程区水资源可承载荒漠植被面积为 1.20×10^6 km²，荒漠植被覆盖率为 26.76%。

三北工程区不同区域结果有较大差异，总体来讲，东部丘陵平原区、内蒙古高原区、黄土高原区乔灌植被仍有较大的发展空间。

6.3 三北工程区适水性林草植被优化配置方案

根据现状植被与水资源可承载植被空间分布栅格对比结果，确定三北工程区植被优化配置类型，包括升级改造型、生态修复型、灌溉补水型和维持管护型。升级改造型植被面积为 48.55 万 km²，占三北工程区植被优化配置总面积的 15.96%，其中灌溉补水型面积为 3.64 万 km²；维持管护型面积为 218.52 万 km²，占 71.81%；生态修复型面积为 37.23 万 km²，占 12.23%。根据三北工程区各省份生态建设灌溉可用水量，扣除生态环境补水量后发现，内蒙古等 10 个省份还具有生态建设灌溉的潜力，剩余量为 3.83 亿~264.81 亿 m³，可为灌溉补水型植被建设提供水资源保障。

6.4 根据水资源承载力建设和保护林草植被的建议

（1）基于水资源承载能力，编制县域尺度的林草植被建设与保护方案

三北工程区 80% 的区域降水量小于 450 mm，现有植被与水资源承载力之间的关系敏感复杂，新时期林草植被的建设迫切需要编制基于水资源承载力的林草植被建设方案。现有数据和技术积累可以支撑在县域尺度进行高分辨率水资源林草植被承载力空间计算，通过现状林草植被与水资源可承载林草植被规模对比，识别不同空间单元现状植被与水资源可承载植被的匹配关系，进而编制基于水资源承载能力的乔灌草植被优化配置方案。三北工程区各县编制基于水资源承载能力的林草植被建设与保护方案并以此进行林草植被建设布局，可将以水定绿落到实处。

（2）将已有林草植被维持管护列入三北工程主要任务之中

三北工程已开展 40 年，现有林草植被覆盖率达到了 42%，面积达到了 188.56 万 km²，其中面积占 71.8% 的斑块与水资源可承载植被一致，未来这些区域的林草植被建设，应将已有林草植被维持管护纳入三北工程主要任务之中，巩固已有工程建设成果。此外，尽管这些斑块在水资源承载力范围之内，但早期建设的防护林等林草植被已经进入老化、退化阶段，需要通过补植、更新、平茬等进行退化林分修复。

（3）对局部水资源超载的林草植被进行生态改造修复

通过近几十年的生态保护建设，三北工程区林草植被面积有较大幅度的扩大，林草植被覆盖率、森林蓄积量均有显著提高，生态环境明显改善。尽管总体上来看，现有林草植被的规模与水资源承载力是适应的，但随着林草植被群落面积的扩大和生物量的不断生长，局部林草植被难免出现水资源超载现象，尤其是西北荒漠区，超载现象尤为突出。估计占林草总面积12%的林草植被存在不同程度水资源超载情况或受到降水不足的影响。在这些区域，现有植被群落耗水超过水资源承载能力，需要通过调整树种结构，栽植或播种相应灌木或草本植物物种，停止灌溉等措施逐渐将现有植物群落恢复到适宜该区域水资源理论承载能力的植物群落，促进植物群落稳定发展。建议允许对局部水资源超载的林草植被进行生态改造修复，将林草植被改造修复纳入三北工程任务之中。

（4）在水资源承载力仍有盈余的区域建设高质量乔灌植被

三北工程区仍有水资源承载力盈余的斑块面积约有48.55万 km^2，占三北工程区植被优化配置总面积的16%。从水资源承载力角度看，森林植被覆盖率可从现有的9.81%提高到11.99%，灌丛植被覆盖率可从2.85%提高到3.17%，说明森林植被有较大增加余地，灌丛植被也有一定扩大潜力。位于三北工程区400mm降水等值线附近、占比约达3.49%的草地植被类型可升级改造为森林植被或灌丛植被，建议未来植被建设遵循地理与生态规律，如植被沿经度与纬度的水平地带性分布规律、沿海拔的垂直地带性分布规律以及阴坡阳坡由水分与热量不同导致的差异，分别选择适合乔灌植被，做到适地适树、适地适灌，充分利用乡土树种，建立稳定林草植被群落，建设高质量乔灌植被。

（5）同时注重生态效益和经济效益，适当增加经济树种比例，干旱区造林要关注用水成本

三北工程区所在范围也是我国贫困人口分布较多的区域，植被建设过程中应尽量考虑其未来产生的经济效益。本研究发现，东北地区、黄土高原南部、华北土石山区雨水资源相对丰富，适合乔木树种生长。在植被建设中，可适当考虑经济林比例，通过经济树种与生态树种混交或者经济林与生态林间杂分布，兼顾植被建设的生态效益与经济效益。通过调动当地居民积极性，确保植被建设成果得到保存。此外，在调查中注意到，在一些干旱区，曾经营造了大片的乔木生态林，这些乔木生态林每年每亩需要浇水500 m^3 以上。近年来，随着水资源有偿使用和征收水费等政策的实施，灌溉水成本正在逐渐成为越来越沉重的财政负担。未来在干旱区进行造林时，即使有水资源承载力保障，也须考虑用水成本负担，量力而行。

（6）各地量力而行，逐步提高生态用水份额，保障林草植被建设生态用水

绿色林草植被是人类生存必不可少的基础，其生态效益、社会效益与人类生活息息相关，甚至被认为是人类聚居地必要的生态基础设施。在干旱半干旱的三北工程区，绿色植被对当地居民生产生活意义重大。位于城镇与农村居民点周边、道路两侧、河流两岸等区域，在降水植被承载力不足的情况下，难免需要有额外的地表水或地下水资源通过灌溉或直接利用的方式用于植被建设，为人类聚居区域居民提供必要的生态基础设施。整个三北工程区，灌溉补水型的植被建设用水约为 $5.70×10^{10}$ m³，但现有供给的人工生态环境补水量为 150.8 亿 m³。从三北工程区相关省份来看，除北京、天津和宁夏外，现有供给的人工生态环境补水量尽管在逐年提高，但灌溉补水型的植被建设用水量仍有较大潜力，各地可量力而行逐步提高生态用水份额，保障林草植被建设生态用水。

参 考 文 献

阿拉木萨，慈龙骏，杨晓晖，等．2016．科尔沁沙地不同密度小叶锦鸡儿灌丛水量平衡研究．应用生态学报，17（1）：35-39．

安塞．2017．京津冀地区土地利用/覆被与地表蒸散发动态变化及关系研究．石家庄：河北科技大学硕士学位论文．

包铁军．2005．皇甫川流域植被生态用水分析．呼和浩特：内蒙古大学硕士学位论文．

包永志，段利民，刘廷玺，等．2019．小叶锦鸡儿（*Caragana microphylla*）群落蒸散发模拟．中国沙漠，39（4）：177-186．

鲍卫锋，黄介生，于福亮．2005．区域生态需水量计算方法研究．水土保持学报，19（5）：139-142．

卞戈亚，周明耀，朱春龙．2003．生态需水量计算方法研究现状及展望．水资源保护，（6）：46-49．

卜崇峰，蔡强国，崔琰．2004．黄土丘陵沟壑区狼牙刺灌木林地的土壤水分动态．自然资源学报，19（3）：379-385．

蔡体久．1989．落叶松人工林水文生态功能的研究．哈尔滨：东北林业大学硕士学位论文．

曹丽娟，刘晶淼．2005．陆面水文过程研究进展．气象科技，32（2）：97-103．

曹园园，璩向宁，蔡静，等．2015．彭阳县土地利用及林草生态需水量变化研究．人民黄河，（9）：65-67，71．

常国梁，赵万启，贺康宁，等．2005．青海大通退耕还林工程区的林木耗水特性．中国水土保持科学，3（1）：58-65．

陈昌毓．1993．祁连山北坡水热条件对林草分布的影响．山地学报，（2）：73-80．

陈丽华，王礼先．2001．北京市生态用水分类及森林植被生态用水定额的确定．水土保持研究，8（4）：161-164．

陈天林，徐学选，张北赢，等．2008．黄土丘陵区刺槐生长季生态需水研究．水土保持通报，28（2）：54-57．

陈晓燕．2010．大青山前山区主要植被类型土壤水分动态和植被承载力研究．呼和浩特：内蒙古农业大学博士学位论文．

陈亚宁，李卫红，徐海量，等．2003．塔里木河下游地下水位对植被的影响．地理学报，58（4）：542-549．

成向荣．2008．黄土高原农牧交错带土壤–人工植被–大气系统水量转化规律及模拟．中国科学院研究生院（教育部水土保持与生态环境研究中心）博士学位论文．

程慎玉，刘宝勤．2005．生态环境需水研究现状与进展．水科学与工程技术，（6）：39-41．

丁宝永，等．1989．阔叶松人工林水文效应的研究．全国森林水文学术讨论会文集．北京：测绘出版社．

董晓红．2007．祁连山排露沟小流域森林植被水文影响的模拟研究．北京：中国林业科学研究院硕士学位论文．

段爱旺，孙景生，刘钰，等．2004．北方地区主要农作物灌溉用水定额．北京：中国农业科学技术出版社．

段文标，刘少冲．2006．莲花湖库区水源涵养林林地产流产沙分析．水土保持学报，（5）：12-15．

樊军．2005．水蚀风蚀交错带土壤水分运动与数值模拟研究．北京：中国科学院水利部水土保持研究所博士学位论文.

范磊，侯光才，陶正平. 2018. 毛乌素沙漠萨拉乌苏组地下水特征与植被分布关系. 水土保持学报，32（4）：151-157.

房宽厚. 2008. 中国土木建筑百科辞典. 北京：中国建筑工业出版社.

丰华丽，王超，李剑超. 2002. 干旱区流域生态需水量的估算原则分析. 环境科学与技术，25（1）：31-33.

丰华丽，郑红星，曹阳. 2005. 生态需水计算的理论基础和方法探析. 南京晓庄学院学报，21（5）：50-55.

冯伟. 2015. 毛乌素沙地东北缘土壤水分动态及深层渗漏特征. 北京：中国林业科学研究院博士学位论文.

冯晓曦，秦作栋，郑秀清，等. 2014. 基于 SEBS 模型的柳林泉域蒸散发研究. 太原理工大学学报，45（2）：259-264.

高人. 2002. 辽宁东部山区几种主要森林植被类型水量平衡研究. 水土保持通报，（2）：5-8.

龚诗涵，肖洋，方瑜，等. 2016. 中国森林生态系统地表径流调节特征. 生态学报，36（22）：7472-7478.

郭忠升，邵明安. 2003a. 半干旱区人工林草地土壤旱化与土壤水分植被承载力. 生态学报，23（8）：1640-1647.

郭忠升，邵明安. 2003b. 雨水资源、土壤水资源与土壤水分植被承载力. 自然资源学报，18（5）：522-528.

郭忠升，邵明安. 2004. 土壤水分植被承载力数学模型的初步研究. 水利学报，（10）：97-101.

郭忠升. 2004. 黄土丘陵半干旱区土壤水分植被承载力研究. 咸阳：西北农林科技大学博士学位论文.

国家林业局. 2016. 旱区造林绿化技术模式选编. 北京：中国林业出版社.

韩琦，谈广鸣，付湘，等. 2018. 河流环境流量计算方法及其应用. 武汉大学学报（工学版），51（3）：189-197.

韩英，饶碧玉. 2006. 植被生态需水量计算方法综述. 水利科技与经济，12（9）：605-606.

何永涛，李文华，李贵才，等. 2004. 黄土高原地区森林植被生态需水研究. 环境科学，25（3）：35-39.

何永涛，闵庆文，李文华. 2005. 植被生态需水研究进展及展望. 资源科学，27（4）：8-12.

何志斌，赵文智，方静. 2005. 黑河中游地区植被生态需水量估算. 生态学报，25（4）：705-710.

侯琼，陈素华，乌兰巴特尔. 2008. 基于 SPAC 原理建立内蒙古草原干旱指标. 中国沙漠，28（2）：134-139.

胡广录，赵文智，谢国勋. 2008. 干旱区植被生态需水理论研究进展. 地球科学进展，23（2）：193-200.

胡婉婷，张维江，李金燕，等. 2015. 六盘山海子流域植被生态需水量研究. 农业科学研究，36（1）：40-44.

黄从红. 2014. 基于 InVEST 模型的生态系统服务功能研究——以四川宝兴县和北京门头沟区为例. 北京：北京林业大学博士学位论文.

黄辉，孟平，张劲松，等. 2011. 华北低丘山地人工林蒸散的季节变化及环境影响要素. 生态学报，31（13）：3569-3580.

黄天明，王雄师，石培泽. 2004. 干旱区生态需水量估算与退化生态重建. 干旱区资源与环境，18（8）：43-47.

黄小涛，罗格平. 2017. 新疆草地蒸散与水分利用效率的时空特征. 植物生态学报，41（5）：506-518.

黄新会，王占礼，牛振华. 2004. 水文过程及模型研究主要进展. 水土保持研究，11（4）：105-108.

黄奕龙，陈利顶，傅伯杰，等. 2005. 黄土丘陵小流域植被生态用水评价. 水土保持学报，19（2）：152-155.

黄枝英. 2012. 北京山区典型林分水分循环与水量平衡研究. 北京：北京林业大学博士学位论文.

贾宝全, 许英勤. 1998. 干旱区生态用水的概念和分类. 干旱区地理, 21（2）：8-10.

贾宝全, 慈龙骏. 2000. 新疆生态用水量的初步估算. 生态学报, 20（2）：243-250.

贾仰文, 王浩, 倪广恒, 等. 2005. 分布式流域水文循环模型原理与实践. 北京：中国水利电力出版社.

姜德娟, 王会肖, 李丽娟. 2003. 生态环境需水量分类及计算方法综述. 地理科学进展, 22（4）：369-378.

姜萍, 郭芳, 罗跃初, 等. 2007. 辽西半干旱区典型人工林生态系统的水土保持功能. 应用生态学报, 18（12）：2905-2909.

蒋定生, 黄国俊, 帅启富, 等. 1992. 渭北旱源降水对作物生长适宜度的模糊分析. 中科院水利部西北水土保持研究所集刊, 16：61-71.

蒋俊. 2008. 南小河沟流域林地土壤水分动态特征及水量平衡研究. 西安：西安理工大学硕士学位论文.

金晓媚, 万力, 张幼宽, 等. 2007. 银川平原植被生长与地下水关系研究. 地学前缘, 14（3）：197-203.

金晓媚, 万力, 薛忠歧, 等. 2008. 基于遥感方法的银川盆地植被发育与地下水关系研究. 干旱区资源与环境, 22（1）：129-132.

金晓媚, 王松涛, 夏薇. 2016. 柴达木盆地植被对气候与地下水变化的响应研究. 水文地质工程地质, 43（2）：31-36, 43.

雷志栋, 杨诗秀, 谢森传. 1984. 潜水稳定蒸发的分析与经验公式. 水利学报,（8）：60-64.

雷志栋, 杨诗秀, 谢传森. 1985. 土壤动力学. 北京：清华大学出版社.

李春梅, 高素华. 2004. 我国北方半干旱区草地水分供需状况研究. 干旱区研究, 21（4）：28-32.

李海军, 张新平, 张毓涛, 等. 2011. 基于月水量平衡的天山中部天然云杉林森林生态系统蓄水功能研究. 水土保持学报, 25（4）：227-232.

李纪人, 黄诗峰. 2003. "3S" 技术水利应用指南. 北京：中国水利水电出版社.

李世荣, 周心澄, 李福源, 等. 2006. 青海云杉和华北落叶松混交林林地蒸散和水量平衡研究. 水土保持学报, 20（2）：118-121.

李文华, 何永涛, 杨丽韫. 2001. 森林对径流影响研究的回顾与展望. 自然资源学报, 16（5）：398-406.

连晋姣. 2016. 基于遥感方法的黑河中游荒漠绿洲区生长季蒸散量估算. 咸阳：西北农林科技大学博士学位论文.

梁明武, 高春荣. 2012. 北京都市水源涵养林建设与植被承载力问题探讨. 安徽农业科学, 40（28）：13857-13861.

梁瑞驹, 王芳. 2001. 中国西北地区的生态需水. 中国水利学会 2000 年学术年会论文集, 71-76.

梁文涛, 尹航, 张燕飞, 等. 2017. 内蒙古达茂旗荒漠草原地表蒸散量时空特征研究. 内蒙古水利,（9）：4-5.

刘昌明, 孙睿. 1999. 水循环的生态学方面：土壤–植被–大气系统水分能量平衡研究进展. 水科学进展, 10（3）：251-259.

刘昌明. 2004. 西北地区水资源配置生态环境建设和可持续发展战略研究. 北京：科学出版社.

刘国华. 2016. 黑河上游典型草地土壤水分与产流入渗特征研究. 兰州：兰州大学硕士学位论文.

刘建立. 2008. 六盘山叠叠沟坡面生态水文过程与植被承载力研究. 北京：中国林业科学研究院博士学位论文.

刘可, 杜灵通, 侯静, 等. 2018. 2000–2014 年宁夏草地蒸散时空特征及演变规律. 草业学报, 27（3）：1-12.

刘蕾, 夏军, 丰华丽. 2005. 陆地系统生态需水量计算方法初探. 中国农村水利水电,（2）：32-34.

刘世荣, 温远光, 王兵, 等. 1996. 中国森林生态系统水文生态功能规律. 北京：中国林业出版社.

刘新平，赵哈林，何玉惠，等. 2009. 生长季流动沙地水量平衡研究. 中国沙漠，29（4）：663-667.

刘艺侠. 2013. 相同给水条件下额济纳流域主要自然景观效益分析. 呼和浩特：内蒙古师范大学硕士学位论文.

刘战东，段爱旺，肖俊夫，等. 2009. 冬小麦生育期有效降水计算模式研究. 灌溉排水报，28（2）：21-25.

刘正佳，于兴修，王丝丝，等. 2012. 薄盘光滑样条插值中三种协变量方法的降水量插值精度比较. 地理科学进展，31（1）：56-62.

刘志武，雷志栋，党安荣，等. 2004. 遥感技术和 SEBAL 模型在干旱区腾发量估算中的应用. 清华大学学报（自然科学版），44（3）：421-424.

龙腾锐，姜文超，何强. 2004. 水资源承载力内涵的新认识. 水利学报，1：33-44.

吕锡芝. 2013. 北京山区森林植被对坡面水文过程的影响研究. 北京：北京林业大学博士学位论文.

马育军. 2011. 基于三温模型的青海湖流域典型陆地生态系统蒸散发反演与验证. 发挥资源科技优势保障西部创新发展——中国自然资源学会 2011 年学术年会论文集（下册）：317-318.

满春，蔡永茂，王小平，等. 2016. 表层阻力和环境因素对杨树（Populus sp.）人工林蒸散发的控制. 生态学报，36（17）：5508-5518.

苗淑娟. 2012. 卧虎山水库流域产汇流研究. 济南：济南大学硕士学位论文.

闵庆文，何永涛，李文华，等. 2004. 基于农业气象学原理的林地生态需水量估算——以泾河流域为例. 生态学报，24（10）：2131-2135.

聂立水. 2005. 油松栓皮栎混交林土壤–植物–大气系统水分特征研究. 北京：北京林业大学博士学位论文.

潘帅. 2013. 区域水资源植被承载力计算系统开发及其应用. 北京：中国林业科学研究院硕士学位论文.

潘韬，吴绍洪，戴尔阜，等. 2013. 基于 InVEST 模型的三江源区生态系统水源供给服务时空变化. 应用生态学报，24（1）：183-189.

庞忠和，黄天明，杨硕，等. 2018. 包气带在干旱半干旱地区地下水补给研究中的应用. 工程地质学报，26（1）：51-61.

齐蕊，王旭升，万力，等. 2017. 地下水和干旱指数对植被指数空间分布的联合影响：以鄂尔多斯高原为例. 地学前缘，24（2）：265-273.

钱永兰，吕厚荃，张艳红. 2010. 基于 ANUSPLIN 软件的逐日气象要素插值方法应用与评估. 气象与环境学报，26（2）：7-15.

曲仲湘，吴玉树，王焕校，等. 1983. 植物生态学. 北京：高等教育出版社.

屈艳萍，康绍忠，王素芬. 2014. 甘肃石羊河流域人工种植新疆杨耗水规律研究. 中国水利水电科学研究院学报，（2）：130-137.

任杰. 2006. 典型荒漠化草地 GSPAC 系统水分动态模拟与生态需水研究. 呼和浩特：内蒙古农业大学硕士学位论文.

任青山，等. 1991. 白桦次生林土壤径流规律研究. 森林生态系统定位研究. 哈尔滨：东北林业大学出版社：361-367.

司建华，龚家栋，张勃. 2004. 干旱地区生态需水量的初步估算——以张掖地区为例. 干旱区资源与环境，18（1）：49-53.

粟晓玲，康绍忠. 2003. 生态需水的概念及其计算方法. 水科学进展，14（6）：740-744.

隋媛媛，许晓鸿，张瑜，等. 2014. 吉林省中东部低山丘陵区坡耕地和林地水量平衡——以东辽县杏木小流域为例. 水土保持研究，21（3）：197-200.

孙岚，吴国雄，孙菽芬. 2000. 陆面过程对气候影响的数值模拟：SSiB 与 IAP/LASGL9R15 AGCM 耦合及其模式性能. 气象学报，58（2）：179-193.

孙立达，朱金兆．1995．水土保持林体系综合效益研究与评价．北京：中国科学技术出版社．

孙宪春，金晓媚，万力．2008．地下水对银川平原植被生长的影响．现代地质，22（2）：321-324．

汤奇成．1995．绿洲的发展与水资源的合理利用．干旱区资源与环境，9（3）：107-111．

田有亮，何炎红，郭连生．2008．乌兰布和沙漠东北部土壤水分植被承载力．林业科学，44（9）：13-19．

佟斯琴，张继权，哈斯，等．2016．基于 MOD16 的锡林郭勒草原 14 年蒸散发时空分布特征．中国草地学
　　报，38（4）：83-91．

王芳，梁瑞驹，杨小柳，等．2002a．中国西北地区生态需水研究——干旱半干旱地区生态需水理论分析．
　　自然资源学报，17（1）：1-8．

王芳，王浩，陈敏建，等．2002b．中国西北地区生态需水研究——基于遥感和地理信息系统技术的区域
　　生态需水计算及分析．自然资源学报，17（2）：129-137．

王根绪，程国栋．2002．干旱内陆流域生态需水量及其估算——以黑河流域为例．中国沙漠，22（2）：
　　129-134．

王金叶．2006．祁连山水源涵养林生态系统水分传输过程与机理研究．长沙：中南林业科技大学博士学位
　　论文．

王鹏涛，延军平，蒋冲，等．2016．2000-2012 年陕甘宁黄土高原区地表蒸散时空分布及影响因素．中国
　　沙漠，36（2）：499-507．

王文川，雷冠军，刘惠敏，等．2015．基于群居蜘蛛优化算法的自适应数值积分皮尔逊-Ⅲ型曲线参数估
　　计．应用基础与工程科学学报，23（S1）：122-133．

王西琴，刘昌明，杨志峰．2002．生态及环境需水量研究进展与前瞻．水科学进展，13（4）：507-514．

王延平，邵明安．2005．陕北黄土丘陵壑区杏林地土壤水分植被承载力．林业科学，45（12）：1-7．

王永利，云文丽，苗百岭，等．2008．内蒙古典型草原区地表径流的分布格局与动态．水土保持研究，
　　15（4）：114-117．

王云霓．2015．六盘山南坡典型森林的水文影响及其坡面尺度效应．北京：中国林业科学研究院博士学位
　　论文．

卫三平．2008．黄土丘陵区土壤-植被-大气系统水能传输模拟研究．咸阳：西北农林科技大学博士学位
　　论文．

魏晓华，等．1991．蒙古栎林生态系统的水文效应．森林生态系统定位研究．哈尔滨：东北林业大学出版
　　社：332-345．

魏彦昌，苗鸿，欧阳志云，等．2004．海河流域生态需水核算．生态学报，24（10）：2100-2107．

闻婧．2007．松花江干流水源涵养林林地蒸散及水量平衡．哈尔滨：东北林业大学硕士学位论文．

武吉华，张绅，江原，等．2004．植物地理学（第 4 版）．北京：高等教育出版社．

夏军，郑冬燕，刘青蛾．2002．西北地区生态环境需水估算的几个问题探讨．水文，22（5）：12-17．

夏哲超，潘志华，安萍莉．2007．生态恢复目标下的生态需水内涵探讨．中国农业资源与区划，（4）：
　　5-8．

徐佩，彭培好，王玉宽，等．2007．九寨沟自然保护区生态水的计量与评价研究．地球与环境，（1）：
　　61-64．

徐学选．2001．黄土高原土壤水资源及其植被承载力研究．咸阳：西北农林科技大学博士学位论文．

徐学选，高鹏，蒋定生．2000．延安降水对农作物生长适宜性的模糊分析．水土保持研究，（2）：73-77．

闫满存，王光谦．2010．基于生态恢复的塔里木河干流生态需水量预测．地理科学进展，29（9）：
　　1121-1128．

阳伏林，周广胜．2010．内蒙古温带荒漠草原能量平衡特征及其驱动因子．生态学报，30（21）：
　　5769-5780．

杨海军,孙立达,余新晓.1993.晋西黄土区水土保持林水量平衡的研究.北京林业大学学报,(3):42-50.

杨文娟.2018.祁连山青海云杉林空间分布和结构特征及蒸散研究.北京:中国林业科学研究院博士学位论文.

杨文治,邵明安.2000.黄土高原土壤水分研究.北京:科学出版社.

杨志峰,崔保山.2003.生态环境需水量理论、方法与实践.北京:科学出版社.

雍正,赵成义,施枫芝,等.2020.近20年塔里木河干流区地下水埋深变化特征及其生态效应研究.水土保持学报,34(3):182-189.

张海清.2006.额济纳旗胡杨林主要建群种生态用水研究.呼和浩特:内蒙古农业大学硕士学位论文.

张凯,韩永翔,司建华,等.2006.民勤绿洲生态需水与生态恢复对策.生态学杂志,25(7):813-817.

张琨,吕一河,傅伯杰,等.2020.黄土高原植被覆盖变化对生态系统服务影响及其阈值.地理学报,75(5):949-960.

张丽,董增川.2005.黑河流域下游天然植被生态需水及其预测研究.水利规划与设计,(2):44-48.

张丽,董增川,赵斌.2003.干旱区天然植被生态需水量计算方法.水科学进展,14(6):745-748.

张巧凤,刘桂香,于红博,等.2017.锡林郭勒草原蒸散发月季动态及相关因子分析.水土保持研究,24(3):164-169.

张飒.2018.陕北荒漠区生态水文模型与演化规律研究.西安:西安理工大学硕士学位论文.

张小由,龚家栋,周茂先,等.2004.柽柳灌丛热量收支特性与蒸散研究.高原气象,23(2):228-232.

张晓明,孙中锋,张学培.2003.晋西黄土残塬沟壑区不同林分暴雨产流产沙作用分析.中国水土保持科学,1(3):37-42.

张新建,袁凤辉,陈妮娜,等.2011.长白山阔叶红松林能量平衡和蒸散.应用生态学报,22(3):607-613.

张燕.2010.北京地区杨树人工林能量平衡和水量平衡.北京:北京林业大学博士学位论文.

张颖.2015.生态效益评估与资产负债表编制——以内蒙古扎兰屯市森林资源为例.北京:中国经济出版社.

张远,杨志峰.2002.黄淮海地区林地最小生态需水量研究.水土保持学报,16(2):72-75.

张志强,王礼先,余新晓,等.2001.森林植被影响径流形成机制研究进展.自然资源学报,16(1):79-84.

赵晨光,庞德胜,马扎雅泰.2018.阿拉善白刺生长季需水量估算.防护林科技,175(4):28-31.

赵梦杰,姚文艺,王金花,等.2015.植被覆盖率对黄土高原地区土壤入渗及产流影响的试验研究.中国水土保持,(6):41-43.

赵文智,常学礼,何志斌,等.2006.额济纳荒漠绿洲植被生态需水量研究.中国科学:D辑,36(6):559-566.

赵文智,程国栋.2001.干旱区生态水文过程研究若干问题评述.科学通报,46(22):1851-1857.

郑涵,王秋凤,李英年,等.2013.海北高寒灌丛草甸蒸散量特征.应用生态学报,24(11):3221-3228.

郑红星,刘昌明,丰华丽.2004.生态需水的理论内涵探讨.水科学进展,15(5):626-633.

周宏飞,王大庆,马健,等.2009.天山山区草地覆被和雨强对产流和产沙的影响研究——以天山天池自然保护区为例.水土保持通报,(5):26-29.

周洪华,吾买尔江·吾布力,郝兴明,等.2017.孔雀河流域天然植被生态需水量估算.环境与可持续发展,(2):14-18.

周梅.2003a.大兴安岭落叶松林生态系统水文过程与规律研究.北京:北京林业大学博士学位论文.

周梅 . 2003b. 大兴安岭森林生态系统水文规律研究 . 北京：中国科学技术出版社 .

周文佐 . 2003. 基于 GIS 的我国主要土壤类型土壤有效含水量研究 . 南京：南京农业大学硕士学位论文 .

朱存福 . 2001. 嫩江上游流域的水量平衡与流域森林经营的研究 . 哈尔滨：东北林业大学硕士学位论文 .

朱金兆，朱清科，张建军，等 . 2010. 中国生态系统定位观测与研究数据集森林生态系统卷山西吉县站 . 北京：中国农业出版社 .

朱劲伟，史继德 . 1982. 小兴安岭红松阔叶林的水文效应 . 东北林业大学学报，（4）：37-44.

朱明明 . 2017. 河北省主要作物全生育期有效降雨量及需水规律研究 . 大连：辽宁师范大学硕士学位论文 .

朱映新 . 2007. 苏州市降雨径流关系及下垫面变化对径流量影响研究 . 南京：河海大学硕士学位论文 .

庄季屏 . 1986. 土壤–植物–大气连续体系中的水分运转 . 干旱区研究，（3）：9-20.

邹曙光 . 2012. 内蒙古典型草原区小流域产流过程研究 . 呼和浩特：内蒙古农业大学硕士学位论文 .

左其亭 . 2002. 干旱半干旱地区植被生态用水计算 . 水土保持学报，16（3）：114-117.

Administration S F. 1979-2018. China Forestry Statistical Yearbook. Beijing：China Forestry Press.

Ahrends A, Hollingsworth P, Beckschäfer P, et al. 2017. China's fight to halt tree cover loss. Proceedings of the Royal Society B：Biological Sciences, 284.

Canadell J, Jackson R B, Ehleringer J B, et al. 1996. Maximum rooting depth of vegetation types at the global scale. Oecologia, 108（4）：583-595.

Cao S, Suo X, Xia C. 2020. Payoff from afforestation under the Three- North Shelter Forest Program. Journal of Cleaner Production, 256：120461.

Chen S, Chen J, Lin G, et al. 2009. Energy balance and partition in Inner Mongolia steppe ecosystems with different land use types. Agricultural & Forest Meteorology, 149（11）：1800-1809.

Chu X, Zhan J, Li Z, et al. 2019. Assessment on forest carbon sequestration in the Three- North Shelterbelt Program region, China. Journal of Cleaner Production, 215：382-389.

Cleick P H. 1998. Water in crisis：Paths to sustainable water use. Ecological Applications, 8（3）：571-579.

Cowan I R. 1965. Transport of water in the soil- plant- atmosphere system. Journal of Applied Ecology, 2（1）：221-239.

Deng C, Zhang B, Cheng L, et al. 2019. Vegetation dynamics and their effects on surface water- energy balance over the Three-North Region of China. Agricultural and Forest Meteorology, 275：79-90.

Duan H, Yan C, Tsunekawa A, et al. 2011. Assessing vegetation dynamics in the Three- North Shelter Forest region of China using AVHRR NDVI data. Environmental Earth Sciences, 64（4）：1011-1020.

Famigliette J S, Wood E F. 1994. Multiscale modeling of spatially variable water and energy balance processes. Water Resour. Res., 30（11）：3061-3078.

Feng X, Fu B, Piao S, et al. 2016. Revegetation in China's Loess Plateau is approaching sustainable water resource limits. Nature Climate Change, 6（11）：1019-1022.

Gao Y, Feng Z, Li Y, et al. 2014. Freshwater ecosystem service footprint model：A model to evaluate regional freshwater sustainable development—A case study in Beijing-Tianjin- Hebei, China. Ecological Indicators, 39（4）：1-9.

Ge J, Pitman A, Guo W, et al. 2020. Impact of revegetation of the Loess Plateau of China on the regional growing season water balance. Hydrology and Earth System Sciences, 24：515-533.

Gerlein-Safdi C, Keppel- Aleks G, Wang F, et al. 2020. Satellite Monitoring of Natural Reforestation Efforts in China's Drylands. One Earth, 2（1）：98-108.

Hao Y, Wang Y, Huang X, et al. 2007. Seasonal and interannual variation in water vapor and energy exchange over a typical steppe in Inner Mongolia, China. Agricultural & Forest Meteorology, 146（1-2）：57-69.

Jia Y H, Shao M A. 2014. Dynamics of deep soil moisture in response to vegetational restoration on the Loess Plateau of China. Journal of Hydrology, 519: 523-531.

Jiang C, Wang X, Zhang H, et al. 2019. Re-orienting ecological restoration in degraded drylands for a more sustainable soil-water relationship: Non-linear boundary of limited water resources in combating soil loss. Journal of Arid Environments, 167: 87-100.

Li D, Wu S, Liu L, et al. 2017. Evaluating regional water security through a freshwater ecosystem service flow model: A case study in Beijing-Tianjian-Hebei region, China. Ecological Indicators, 81: 159-170.

Li S G, Asanuma J, Kotani A, et al. 2007. Evapotranspiration from a Mongolian steppe under grazing and its environmental constraints. Journal of Hydrology, 333 (1): 133-143.

Liu S, Li S G, Yu G R, et al. 2010. Seasonal and interannual variations in water vapor exchange and surface water balance over a grazed steppe in central Mongolia. Agricultural Water Management, 97 (6): 857-864.

Marquí Nez J, Lastra J, Garcí A P. 2003. Estimation models for precipitation in mountainous regions: the use of GIS and multivariate analysis. Journal of Hydrology, 270 (1): 1-11.

Na R, Du H, Na L, et al. 2019. Spatiotemporal changes in the Aeolian desertification of Hulunbuir Grassland and its driving factors in China during 1980-2015. CATENA, 182 (1): 04123.

Odum E P. 1971. Fundamentals of Ecology. Pliladelphia: W. B. Saunders Company.

Patwardhan A S, Nieber J L, Johns E L, et al. 1991. 有效降雨量的估算方法. 东北水利水电, (5): 41-47.

Philip J R. 1966. Transport of water in soil-plant-atmosphere system. Journal of Applied Ecology, (17): 245-268.

Shao Y, Zhang Y, Wu X, et al. 2018. Relating historical vegetation cover to aridity patterns in the greater desert region of northern China: Implications to planned and existing restoration projects. Ecological Indicators, 89: 528-537.

Waller P, Yitayew M. 2016. Crop Evapotranspiration. Berlin: Springer International Publishing.

Wang F, Pan X, Wang D, et al. 2013. Combating desertification in China: Past, present and future. Land Use Policy, 31: 311-313.

Wang X M, Zhang C X, Hasi E, et al. 2010. Has the Three Norths Forest Shelterbelt Program solved the desertification and dust storm problems in arid and semiarid China? Journal of Arid Environments, 74 (1): 13-22.

Wen X, Deng X, Zhang F. 2019. Scale effects of vegetation restoration on soil and water conservation in a semi-arid region in China: Resources conservation and sustainable management. Resources, Conservation and Recycling, 151: 104474.

Xu D, Ding X. 2018. Assessing the impact of desertification dynamics on regional ecosystem service value in North China from 1981 to 2010. Ecosystem Services, 30: 172-180.

Xu J. 2011. China's new forests aren't a green as they seem. Nature, 477: 371.

Xu X, Zhang D, Zhang Y, et al. 2020. Evaluating the vegetation restoration potential achievement of ecological projects: A case study of Yan'an, China. Land Use Policy, 90: 104293.

Zastrow M. 2019. China's tree-planting drive could falter in a warming world. Nature, 573: 474-475.

Zhang C, Wang X, Li J, et al. 2020a. Identifying the effect of climate change on desertification in northern China via trend analysis of potential evapotranspiration and precipitation. Ecological Indicators, 112: 106141.

Zhang J, Zhang Y, Qin S, et al. 2020b. Carrying capacity for vegetation across northern China drylands. Science of The Total Environment, 710: 136391.

Zhang L, Dawes W R, Walker G R. 2001. Response of mean annual evapotranspiration to vegetation changes at catchment scale. Water Resources Research, 37 (3): 701-708.

Zhang Z, Huisingh D. 2018. Combating desertification in China: Monitoring, control, management and revegetation. Journal of Cleaner Production, 182: 765-775.

Zheng X, Zhu J J, Yan Q L, et al. 2012. Effects of land use changes on the groundwater table and the decline of Pinus sylvestris var. mongolica plantations in southern Horqin Sandy Land, Northeast China. Agricultural Water Management, 109: 94-106.

Zheng X, Zhu J, Xing Z. 2016. Assessment of the effects of shelterbelts on crop yields at the regional scale in Northeast China. Agricultural Systems, 143: 49-60.

附件 1　术语与数据说明

1. 概念解释

1）植被覆盖率：指某一地域植物垂直投影面积与该地域面积之比，用百分数表示。

2）森林植被：由常绿针叶林、常绿阔叶林、落叶阔叶林、落叶针叶林及针叶阔叶混交林组成的森林群落。

3）灌丛植被：以灌木占优势组成的植被类型，郁闭度>30%。灌木指高 3m 以下，通常丛生、无明显主干的木本植物，但有时也有明显主干。

4）草原植被：以草本植物占优势且树木或灌木覆盖度<10%，主要包括草原、草丛、草甸和灌丛草地等。

5）荒漠植被：地表为土质、植被覆盖度低的极端大陆性干旱地区或雪线以上的高寒山地的植被类型。

6）平水年：本书中平水年是指降水量保证率为50%的年份，用来代表正常年份的降水量。

7）植被可利用有效降水量：是指来源于降水，储存于土壤，可供植被群落蒸腾等生理生态所需的水量。本书中指植被群落的最大可利用水量，即降水扣除地表径流与地下径流后剩余的植被可利用的有效降水量。

8）最小植被可利用有效降水量：本书中指现状植被可利用有效降水量与未来 30 年植被可利用有效降水量的最小值。

9）生态建设灌溉可用水量：是指一个地区以降水为来源的年产水量扣除生产生活年用水量的剩余水量的 30%。其他 70% 用作河流环境流量，用于维持保证河流径流量以维持河道生态平衡和净化能力。

10）产水量：是指降水量减去蒸散量后剩余水量，包括地表产流、土壤含水量、枯落物持水量、冠层截留量等。本书利用 InVEST 模型中的产水模块计算。

11）水消耗量：一个地区农业、居民和工业水消耗量。

12）植被生态需水量：植被生态需水量是指植被用以维持正常生长需要的最小水量，本书中以植物实际蒸散量作为植被生态需水量。本书以累计面积百分比 10.0% 时植被生态需水量作为植被生态需水量阈值。

13）水资源可承载植被：基于地区最小植被可利用有效降水量，结合森林、灌丛、草原和荒漠植被生态需水量阈值，分别确定的森林、灌丛、草原或荒漠植被类型。

14）现状植被：利用遥感影像解译后获得的最近年份的三北工程区植被分布，分为森林、灌丛、草原和荒漠植被。

15）水资源植被承载力盈余比：指某一个区域某类水资源可承载植被面积与实际植被覆被面积之比，反映该区域实际植被是否在水资源承载力范围内。

16）乔灌草植被：三北工程区内的森林、灌木、草原植被，又称林草植被。

17）优化配置：对照三北工程区水资源可承载植被布局与现状植被空间分布，根据三北工程区水资源承载植被调整现状植被布局，提出的不同区域植被管理建议。

18）维持管护型：若植被需水量＝有效降水量，则属于水资源承载力平衡型植被，植被建设仅需要养护管理和保护，植被优化配置类型为维持管护型。

19）升级改造型：若植被需水量＜有效降水量，属于水资源承载力盈余型植被，植被建设可进行升级改造，植被优化配置类型为升级改造型。

20）生态修复型：若植被需水量＞有效降水量，则属于水资源承载力超载型植被，植被建设可选择降低植被等级，植被优化配置类型为可命名为生态修复型。

21）灌溉补水型：若植被需水量＞有效降水量，属于水资源承载力超载型植被，因其特殊地理区位可选择灌溉补水进行植被建设，弥补天然降水的不足，植被优化配置类型可命名为灌溉补水型。

2. 关于三北工程建设分区

1）三北工程区：三北工程建设的整体区域，包括 725 个县。

2）三北工程分区：在三北五期规划中，对前四期工程规划中的一级区进行了调整，形成了东北华北平原农区、风沙区、黄土高原丘陵沟壑区、西北荒漠区四个一级区。

3）三北工程生态防护林体系建设地区：在 2018 年三北工程建设 40 周年时，中央领导对三北工程建设做出了重要的批示，并在"三北工程 40 周年总结表彰大会"上发表了重要讲话，明确指出要对"三北防护林体系建设总体规划"进行修编。根据中央领导的批示、讲话精神和新时代生态文明建设的总体要求，在总体规划修编和六期工程规划编制时，对五期工程规划的分区进行了区域和布局调整，形成了东部丘陵平原区、内蒙古高原区、黄土高原区、西北高山盆地区四个一级区。

4）重点建设区：它是三北工程分区中的 18 个二级区。

5）生态防护林体系建设区：它是三北工程生态防护林体系建设地区中的 29 个二级区。

3. 数据说明

1）空间分辨率：在三北工程区、重点建设区和重点县三个空间层次开展研究工作，所需数据存在较大差别，因此根据空间尺度不同，采用了不同的空间分辨率，其中三北工程区和重点建设区尺度上采用的空间分辨率为 1 km×1 km，重点县尺度上采用的空间分辨率为 15 m×15 m。

2）气象数据：1980～2015 年的气象站点降水数据来源于中国地面气候资料日值数据集（V3.0）（http：//data. cma. cn/），该气象数据经中国气象局严格质量监控，各要素项数据的实有率普遍在 99% 以上，数据的正确率均接近 100%，包括 2474 个国家气象站点数据。

3）土地覆被数据：来源于中国科学院遥感与数字地球研究所。

4）地下水数据：来源于研究区各级地下水监测网络（国家级、省级、地市级）的监测点数据、研究区水文地质调查数据、遥感解译数据和本项目组成员野外补充调查数据。其中，地下水位数据主要来源于中国地下环境监测工程及各地区自备监测点。

附件 2　不同区域植被建设技术模式

1. 半湿润暖温带

（1）北京市山地防护林模式

地理位置：北京市延庆区

立地条件：华北石质山地

模式 1

造林树种	混交方式	株距/m	行距/m	每穴栽植/株数	苗木规格			每公顷用苗量/株数
					苗龄	基径/cm	苗高/cm	
侧柏	4 行	3	3	1			100 ~ 200	544
元宝枫	6 行	3	3	1	4 ~ 5	1 ~ 1.5	150 ~ 200	748

模式 2

造林树种	混交方式	株距/m	行距/m	每穴栽植/株数	苗木规格			每公顷用苗量/株数
					苗龄	基径/cm	苗高/cm	
油松	3 行	3	3	1	2		50 ~ 100	408
栓皮栎	7 行	2	3	1	5		50	1275

造林技术：

◇整地：人工穴状整地，保留穴外植被

◇栽植：油松、侧柏、栓皮栎土球苗栽植，元宝枫裸根苗栽植

◇抚育：灌溉、覆盖保墒、松土除草、修枝、修筑作业步道

来源：国家林业局，2016

（2）太行山山前冲积平原防护林模式

地理位置：河北省任丘市

立地条件：平原农田

造林树种	混交方式	株距/m	行距/m	每穴栽植/株数	苗木规格			每公顷用苗量/株数
					苗龄	基径/cm	苗高/cm	
毛白杨、旱柳、沙兰杨	无	4	15	1	2 ~ 3		600 ~ 800	182

造林技术：

◇整地：穴状整地

◇栽植：起苗随栽

◇抚育：松土除草、浇水施肥、修枝

来源：国家林业局，2016

（3）晋西黄土丘陵区生态经济型防护林模式

地理位置：山西省石楼县

立地条件：土石山坡

造林树种	混交方式	株距/m	行距/m	每穴栽植/株数	苗木规格			每公顷用苗量/株数
					苗龄	基径/cm	苗高/cm	
生态林	5行	2	3	1	2			969
红枣	4行	3	5	1	2	0.6	80	510

造林技术：

◇整地：等高线垒石造田、水平带倒坡整地、鱼鳞坑整地

◇栽植：红枣剪根吸水栽植、灌定根水，生态林容器苗栽植

◇抚育：松土除草、修枝、施肥

来源：国家林业局，2016

（4）陕北黄土丘陵区三位一体造林绿化模式

地理位置：陕西省吴起县

立地条件：黄土高原梁状丘陵沟壑区

灌草先行

造林树种	混交方式	株距/m	行距/m	每穴栽植/株数	苗木规格			每公顷用苗量/株数
					苗龄	基径/cm	苗高/cm	
沙棘	1行	2	2	1	1	0.5	40～60	2505
紫花苜蓿/沙打旺	1行							

森林为继

造林树种	混交方式	株距/m	行距/m	每穴栽植/株数	苗木规格			每公顷用苗量/株数
					苗龄	基径/cm	苗高/cm	
山杏/山桃/杨树	1行	3.5	3.5	1	1	0.8	80	840
沙棘	2行	2	2	1	1	0.5	40～60	2505
紫花苜蓿/沙打旺	1行							

造林技术：

◇整地：鱼鳞坑整地

◇栽植：截干覆土、植苗与直播

◇抚育：中耕除草、修枝

来源：国家林业局，2016

2. 干旱暖温带

（1）库尔勒市城市外围荒山多功能景观林模式

地理位置：新疆维吾尔自治区库尔勒市

立地条件：沙漠绿洲

造林树种	混交方式	株距/m	行距/m	每穴栽植/株数	苗木规格			每公顷用苗量/株数
					苗龄	基径/cm	苗高/cm	
紫穗槐	5 行	1.5	4	1				670
胡杨	7 行	1.5	4	1				938
刺槐	2 行	1.5	4	1				268
侧柏	1 行	1.5	4	1				134

造林技术：

◇整地：大坑穴整地

◇栽植：根系浸泡栽植、施用旱地龙、滴灌

◇抚育：灌溉、病虫害防治

来源：国家林业局，2016

（2）河西走廊绿洲乔灌草混交模式

地理位置：甘肃省临泽县

立地条件：河西走廊平地

造林树种	混交方式	株距/m	行距/m	每穴栽植/株数	苗木规格			每公顷用苗量/株数
					苗龄	基径/cm	苗高/cm	
紫花苜蓿	1 行		0.2					
沙棘/沙枣	1 行	1	4	1	1~2			505
紫花苜蓿	1 行							
柽柳	1 行	1	4	1	1~2			505
紫花苜蓿	1 行							
沙棘/沙枣	1 行	1	4	1	1~2			505
紫花苜蓿	1 行							
柽柳	1 行	1	4	1	1~2			505
紫花苜蓿	1 行							
沙棘/沙枣	1 行	1	4	1	1~2			505
紫花苜蓿	1 行							

造林技术：

◇整地：水平沟整地、穴状整地、开挖引水沟

◇栽植：坐水栽植、浇水保苗、牧草条播

◇抚育：灌溉、施肥、修枝、病虫害防治

来源：国家林业局，2016

（3）吐鲁番梭梭沟植沟灌防风固沙林模式

地理位置：新疆维吾尔自治区吐鲁番市

立地条件：沙地

| 造林树种 | 混交方式 | 株距/m | 行距/m | 每穴栽植/株数 | 苗木规格 | | | 每公顷用苗量/株数 |
					苗龄	基径/cm	苗高/cm	
梭梭	无	1	6	3				5151

造林技术：

◇整地：机械推平、机械开沟、冬灌

◇栽植：穴状栽植、灌溉

◇抚育：

来源：国家林业局，2016

（4）河西走廊北山荒漠植被封禁保护模式

地理位置：河西走廊北山

具体措施：为防止环境继续恶化，划建沙化土地封禁保护区，保护恢复当地荒漠原生植被。在沙化土地封禁保护区范围内，禁止一切破坏植被的活动。禁止在沙化土地封禁保护区内安置移民。对沙化土地封禁保护区范围内的农牧民，县级以上地方人民政府应当有计划地组织迁出，并妥善安置。沙化土地封禁保护区范围内尚未迁出的农牧民的生产生活，由沙化土地封禁保护区主管部门妥善安排。未经国务院或者国务院指定的部门同意，不得在沙化土地封禁保护区范围内进行修建铁路、公路等建设活动。

3. 湿润中温带

（1）大兴安岭平原丘陵区农田防护林模式

地理位置：内蒙古自治区扎赉特旗

立地条件：大兴安岭低山丘陵区沙丘漫岗顶部

| 造林树种 | 混交方式 | 株距/m | 行距/m | 带宽/m | 每穴栽植/株数 | 苗木规格 | | | 每公顷用苗量/株数 |
						苗龄	基径/cm	苗高/cm	
杨树	无	2.5	2.5	10	1			250	1665

造林技术：

◇整地：穴状整地

◇栽植：浸泡灌水深栽、覆膜保墒

◇抚育：松土除草、病虫害防治、修枝

来源：国家林业局，2016

（2）辽西北沙地松树山杏混交模式

地理位置：辽宁省康平县

立地条件：辽西北沙地

造林树种	混交方式	株距/m	行距/m	带宽/m	每穴栽植/株数	苗木规格			每公顷用苗量/株数
						苗龄	基径/cm	苗高/cm	
油松/樟子松	1 行	2	2		1	2			1275
山杏	1 行	2	2		1	2			1275

造林技术：

◇整地：穴状整地

◇栽植：容器苗坐水栽植、覆盖保墒增温

◇抚育：松土除草、病虫害防治

来源：国家林业局，2016

（3）吉林松嫩平原风沙盐碱地造林模式

地理位置：吉林省大安市

立地条件：松嫩平原风沙盐碱地

造林树种	混交方式	株距/m	行距/m	带宽/m	每穴栽植/株数	苗木规格			每公顷用苗量/株数
						苗龄	基径/cm	苗高/cm	
杨树/榆树	2 行	3	3		1	2			748
小花碱茅/朝鲜碱茅/羊草	撒播								
沙棘/柽柳	5 行	1	1		1	2			5555

造林技术：

◇整地：筑台整地、排水排盐

◇栽植：深栽踏实

◇抚育：病虫害防治

来源：国家林业局，2016

4. 半干旱中温带

（1）坝上沙化土地林草带模式

地理位置：河北御道口牧场

立地条件：高原沙化土地

造林树种	混交方式	株距/m	行距/m	带宽/m	每穴栽植/株数	苗木规格			每公顷用苗量/株数
						苗龄	基径/cm	苗高/cm	
樟子松	4 行	1	2	8	1	4	0.6	35	1665
沙打旺/披碱草	1 带			18	播种				

造林技术：

◇整地：机械整地

◇栽植：雨季容器苗造林、草地开沟条播或撒播

◇抚育：松土除草

来源：国家林业局，2016

（2）大兴安岭低山丘陵侵蚀沟水土保持林模式

地理位置：内蒙古自治区科尔沁右翼前旗

1）立地条件：大兴安岭低山丘陵区沙丘漫岗顶部

造林树种	混交方式	株距/m	行距/m	带宽/m	每穴栽植/株数	苗木规格			每公顷用苗量/株数
						苗龄	基径/cm	苗高/cm	
杨树									
沙棘									
柠条									

造林技术：

◇整地：机械大犁开沟整地

◇栽植：

◇抚育：松土除草

来源：国家林业局，2016

2）立地条件：大兴安岭低山丘陵区缓坡沙地

造林树种	混交方式	株距/m	行距/m	带宽/m	每穴栽植/株数	苗木规格			每公顷用苗量/株数
						苗龄	基径/cm	苗高/cm	
柠条/沙棘	2 行	2	2		1				510
杨树	6 行	2	2	20	1				1530
柠条/沙棘	2 行	2	2		1				510
柠条/沙棘	1 行	2	2		1				510
杨树	4 行	2	2	12	1				1887
柠条/沙棘	1 行	2	2		1				510

造林技术：

◇整地：机械大犁开沟整地

◇栽植：

◇抚育：松土除草

来源：国家林业局，2016

（3）大青山前坡抗旱造林模式

地理位置：内蒙古自治区呼和浩特市

1）立地条件：大青山前坡石质低山区坡下部、缓坡

造林树种	混交方式	株距/m	行距/m	带宽/m	每穴栽植/株数	苗木规格			每公顷用苗量/株数
						苗龄	基径/cm	苗高/cm	
森林	2 行	2	2		1	2			1020
灌木	1 行	2	2		2	2			1020
森林	2 行	2	2		1	2			1020
灌木	1 行	2	2		2	2			1020

2）立地条件：大青山前坡石质低山区中上坡或陡坡

造林树种	混交方式	株距/m	行距/m	带宽/m	每穴栽植/株数	苗木规格			每公顷用苗量/株数
						苗龄	基径/cm	苗高/cm	
森林	1 行	2	2		1	2			510
灌木	1 行	2	2		2	2			1020
森林	1 行	2	2		1	2			510
灌木	2 行	2	2		2	2			2040
森林	1 行	2	2		1	2			510

造林技术：

◇整地：鱼鳞坑整地、水平沟整地

◇栽植：容器苗栽植、泥浆蘸根、生根粉浸根、菌根化苗、深栽踏实、坐水覆膜、抗旱注水枪

◇抚育：松土除草、抗旱注水枪补注、病虫害防治

来源：国家林业局，2016

（4）流动沙地直播生物沙障沙模式

地理位置：内蒙古自治区呼伦贝尔市鄂温克族自治旗

立地条件：流动沙地

造林树种	混交方式	株距/m	行距/m	带宽/m	每穴栽植/株数	苗木规格			每公顷用苗量/株数
						苗龄	基径/cm	苗高/cm	
杨柴	1								
燕麦	5								

造林技术：

◇整地：人拉式直播机械开沟

◇栽植：播种、覆土

◇抚育：禁牧管护、设置围栏

来源：国家林业局，2016

5. 干旱中温带

（1）陇中黄土丘陵沟壑区刺槐混交林模式

地理位置：甘肃省中部

立地条件：黄土丘陵坡地

造林树种	混交方式	株距/m	行距/m	每穴栽植/株数	苗木规格			每公顷用苗量/株数
					苗龄	基径/cm	苗高/cm	
紫穗槐	2 行	1.5	2	1				333
刺槐	2 行	2	2	1				255
侧柏	2 行	2	2	1				255
刺槐	2 行	2	2	1				255
沙棘	2 行	2	3	1				255

造林技术：

◇整地：反坡梯田整地、鱼鳞坑整地、穴状整地

◇栽植：刺槐截干、适当深栽

◇抚育：松土除草、培土、2 年平茬

来源：国家林业局，2016

（2）库布齐沙漠治沙造林模式

地理位置：内蒙古自治区达拉特旗

1）立地条件：流动沙丘

造林树种	混交方式	株距/m	行距/m	带宽/m	每穴栽植/株数	苗木规格			每公顷用苗量/株数
						苗龄	基径/cm	苗高/cm	
沙柳/杨柴	带状	1	4	1		1	1～2		2626
沙蒿/羊柴/沙打旺	带状			4					

造林技术：

◇整地：无

◇栽植：深坑栽植、覆盖拦沙、撒播草种

◇抚育：禁牧管护、设置围栏

来源：国家林业局，2016

2）立地条件：平缓沙地

造林树种	混交方式	株距/m	行距/m	带宽/m	每穴栽植/株数	苗木规格			每公顷用苗量/株数
						苗龄	基径/cm	苗高/cm	
沙柳	带状	1	4	1		1	1~2		2626
沙蒿/羊柴/沙打旺	带状			4					

造林技术：

◇整地：机械开沟

◇栽植：深坑栽植、覆盖拦沙、撒播草种

◇抚育：禁牧管护、设置围栏

来源：国家林业局，2016

（3）内蒙古阿拉善左旗沙漠种子大粒化飞播造林模式

地理位置：内蒙古自治区阿拉善左旗

立地条件：腾格里沙漠

造林树种	混交方式	株距/m	行距/m	带宽/m	每穴栽植/株数	苗木规格			每公顷用苗量/株数
						苗龄	基径/cm	苗高/cm	
沙拐枣	种子混播								
花棒	种子混播			4					

造林技术：

◇整地：无

◇栽植：种子大粒化加工、保水增肥、飞播

◇抚育：围栏封育 5 年

来源：国家林业局，2016

（4）额济纳西部荒漠区封禁保护模式

为防止牲畜入内，重点地段需设置围栏网。在植被盖度较低的地方，通过人工补播等方式促进植被的恢复与更新。在封禁区设立多个固定监测点，定期对封禁保护区内沙丘移动、植被盖度、种类、人工促进更新状况进行监测，每年监测 1 次，及时了解、掌握封禁保护效果及保护区内植被的消长变化情况。

6. 寒温带

（1）大兴安岭西部中部红皮云杉造林模式

地理位置：内蒙古自治区库都尔林业局

1）立地条件：大兴安岭西部中部采伐迹地

造林树种	混交方式	株距/m	行距/m	每穴栽植/株数	苗木规格			每公顷用苗量/株数
					苗龄	基径/cm	苗高/cm	
红皮云杉	无	1.5	2	1				3400

2）立地条件：大兴安岭西部中部疏林地

造林树种	混交方式	株距/m	行距/m	每穴栽植/株数	苗木规格			每公顷用苗量/株数
					苗龄	基径/cm	苗高/cm	
红皮云杉	5 行	1.5	2	1				1665
白桦/山杨	5 行	1.5	2	1				1665

3）立地条件：大兴安岭西部中部沼泽地

造林树种	混交方式	株距/m	行距/m	每穴栽植/株数	苗木规格			每公顷用苗量/株数
					苗龄	基径/cm	苗高/cm	
兴安落叶松	4 行	1.5	2	1				1334
山杨	3 行	1.5	2	1				1001
白桦	3 行	1.5	2	1				1001

造林技术：
◇整地：穴状整地
◇栽植：随栽随取
◇抚育：松土除草、病虫害防治
来源：兰福生等，2019

（2）大兴安岭低山丘陵地区落叶松造林技术
地理位置：内蒙古自治区加格达奇林业局
立地条件：大兴安岭低山丘陵地区

造林树种	混交方式	株距/m	行距/m	每穴栽植/株数	苗木规格			每公顷用苗量/株数
					苗龄	基径/cm	苗高/cm	
大果沙棘	无	2	3	1				1665

造林技术：
◇整地：穴状整地
◇栽植：雌雄配比、深坑栽植
◇抚育：松土施肥、割草、补植、病虫害防治、平茬
来源：兰福生等，2019

7. 青藏高寒带

（1）杨柳插杆深栽和编织袋沙障模式

地理位置：青海省乌兰县

立地条件：柴达木盆地东北沙丘迎风坡

造林树种	混交方式	株距/m	行距/m	每穴栽植/株数	苗木规格			每公顷用苗量/株数
					苗龄	基径/cm	苗高/cm	
青杨	3 行	1.5	1.5			3.5	140	1903
柠条/沙蒿	方格状							
乌柳	4 行	1.5	1.5			1.5	120	2537
柠条/沙蒿	方格状							

造林技术：

◇整地：PVC 沙障设置

◇栽植：灌木点播、浸泡扦插、深栽

◇抚育：松土除草、培土、2 年平茬

来源：国家林业局，2016

（2）中国沙棘营养土坨造林模式

地理位置：青海省海晏县

立地条件：青藏高原沙区

造林树种	混交方式	株距/m	行距/m	每穴栽植/株数	苗木规格			每公顷用苗量/株数
					苗龄	基径/cm	苗高/cm	
沙棘	无	1.5	1.5	1	2	0.35	25~40	4489

造林技术：

◇整地：穴状整地

◇栽植：配置营养土、土坨栽植

◇抚育：禁牧

来源：国家林业局，2016